天地一体化信息网络丛书

Space-ground
Integrated
Information
Network

天地一体的天基传输网络

孙晨华　贾钢　尹波　章劲松　周红彬　著

人民邮电出版社
北京

图书在版编目（CIP）数据

天地一体的天基传输网络 / 孙晨华等著. -- 北京 : 人民邮电出版社, 2022.11
（天地一体化信息网络丛书）
ISBN 978-7-115-59834-9

Ⅰ. ①天… Ⅱ. ①孙… Ⅲ. ①通信网—研究 Ⅳ. ①TN915

中国版本图书馆CIP数据核字(2022)第146695号

内 容 提 要

本书内容包含了作者在卫星通信和天地一体化网络领域 10 多年的研究成果和工程实践经验，广泛而深入地阐述了相关概念及内涵、全球天基传输网络概况、星座构型、传输体制、链路预算、业务接入及路由交换体制、协议体系、典型站型及网络应用等，兼具系统性和工程实用性，具有很高的实际工程参考价值和较高的理论研究价值。

本书适合从事卫星互联网工程、卫星通信工程、卫星通信网络、中继卫星网络、卫星应用推广等工作的工程技术人员，以及相关专业的本科生、硕士研究生和博士研究生阅读。

◆ 著　　孙晨华　贾　钢　尹　波　章劲松　周红彬
责任编辑　冯　华
责任印制　马振武
◆ 人民邮电出版社出版发行　　北京市丰台区成寿寺路 11 号
邮编　100164　　电子邮件　315@ptpress.com.cn
网址　https://www.ptpress.com.cn
三河市中晟雅豪印务有限公司印刷
◆ 开本：710×1000　1/16
印张：20.5　　2022 年 11 月第 1 版
字数：375 千字　　2022 年 11 月河北第 1 次印刷

定价：199.80 元

读者服务热线：(010)81055493　印装质量热线：(010)81055316
反盗版热线：(010)81055315
广告经营许可证：京东市监广登字 20170147 号

前言

提到“天基传输网络”，大家也许比较陌生，可以将其理解为各类高/中/低轨卫星通信系统、高/中/低轨卫星中继系统，以及着眼于未来发展，极有可能形成的卫星通信和中继融合系统的总称。当前的卫星通信系统以基于单星转发器的地球站间组网为主要模式；而卫星中继系统则以同一时刻跟踪单目标或者极少数目标为主要模式。随着通信卫星和中继卫星轨道越来越多样，尤其是轨道向更低、数量更多方向发展以及星载天线由机械式向相控阵扫描式方向发展，星间星地一体化组网、海量人机物一体化组网能力特征凸显。因此本书将这些系统统称为天基传输网络，以强调“网络化”的发展趋势。

讨论与天基传输网络密切相关的概念时，不得不提“互联网”“卫星互联网”以及“移动互联网”。“互联网”可以有两种理解：一种是广义的理解，即认为它是所有互联网的总称，包括基于固定网的互联网、基于移动通信网的移动互联网，以及基于卫星通信网的卫星互联网；另一种是比较狭义的理解，即认为它是基于固定网的互联网。基于固定网的互联网是互联网的最早形态，也是互联网的基础，移动互联网的终端虽然是移动的，但是需要依托基站和地面基础承载网来实现。当今时代的确可以说是互联网“一统天下”、移动互联网“攻城略地”、卫星互联网“开疆拓土”的时代。2021 年 8 月 27 日，中国互联网络信息中心发布的《中国互联网络发展状况统计报告》显示，截至 2021 年 6 月，我国网民规模达 10.11 亿人，其中

100Mbit/s 及以上接入速率的固定宽带用户数接近 5 亿。据工业和信息化部统计，截至 2021 年 9 月，我国移动电话基站总数达 969 万个，其中 4G 基站总数为 586 万个，占比约为 60.5%；5G 基站总数为 115.9 万个，占比约为 12.0%。移动电话用户规模为 16.43 亿，人口普及率升至 116.3 部/百人，高于全球的 104.3 部/百人。其中，4G 和 5G 用户数分别达到 10.69 亿和 3.55 亿，两者在移动电话用户数中合计占比达 86.7%。尽管固定网的互联网和移动互联网已经非常发达，但是由于网络的距离和布设条件限制，其只能覆盖地球陆地面积的 20%、地球表面的 5.8%，这无疑促进了卫星互联网的快速发展。

前面已经提到，天基传输网络是卫星互联网的基础网络，正像移动通信网是移动互联网的基础网络一样。显然卫星互联网是传统互联网、移动互联网的立体延伸，向全球的远距离大覆盖延伸主要依靠卫星通信网，而向空间纵深延伸则依赖太空领域的新发展，比如太空航天器组网、多层星座组网，以及通信中继融合等的发展均将牵引卫星互联网向太空纵深发展，而这种纵深的网络构建可能需要更多的创新技术，如协议技术、高动态接入技术等。无论是互联网、移动互联网还是卫星互联网，其构成都是基础网络+互联网信息服务系统。近年，互联网信息服务系统蓬勃发展，已经有了相当成熟的应用。这些互联网信息服务系统可以跨固定网、移动网、天基网统一应用。因此卫星互联网需要重点解决的瓶颈是天基传输网络构建，这也是选择“天基传输网络”作为本书名字的原因所在。尽管基于卫星通信网的卫星互联网在 20 世纪就被提出了，但在今天数字化、全球化的背景下，卫星互联网有了超出传统卫星通信系统支持互联网应用的新的服务能力需求，包括全球化服务能力、高速率与低成本产业化能力、高质量用户体验能力。本书正是从传统卫星通信能力、未来高质量支持卫星互联网应用能力出发，给出了各类天基传输网络的核心关键设计内容。

本书共有 9 章内容，内容安排由孙晨华同志提出和确定。从概念内涵到核心体制协议，再到未来发展终端，从已经完成的系统到即将建设的系统，再到未来建设系统的相关技术，在本书均能找到支撑。

第 1 章详细梳理、分析了天地一体化、天基传输网络、卫星互联网等诸多概念，并加以解释，给出了“技术体制”的内涵，由孙晨华同志编写。

第 2 章全面梳理了国内外天基传输网络的发展情况，包括空间段及网络发展脉络，对读者了解行业现状和发展趋势十分有利。本章由孙晨华同志编写，尹波同志、贾钢同志做了很多补充工作。

第 3 章基于全球覆盖的设定，给出了典型星座构型设计。本章由孙晨华同志提出目录和编写要点，审核把关全部内容；周红彬同志编写大部分内容；孙晨华同志编写第 3.3 节，并由周红彬同志做补充。

第 4 章总结了当前和未来发展涉及的传输体制相关内容，包括调制解调、编译码、多址方式等，由孙晨华同志提出目录和编写要点，贾钢同志编写大部分内容。

第 5 章的内容是设计天基传输网络必然涉及的链路预算，给出了基于不同类型卫星和网络的链路传输模型，特别体现了各类模型的差异，从工程应用的角度给出了必要的经验值。本章目录和编写要点由孙晨华同志提出，章劲松同志编写大部分内容，孙晨华同志进行内容审核、补充完善。

第 6 章的内容是作者对各类天基传输网络路由交换的深刻理解和机理总结，对基于透明转发器、单星处理转发器、多星组网转发器的整个网络路由交换体制进行了详细说明。本章由孙晨华同志和尹波同志编写。

第 7 章系统地介绍了地面网络协议、天基传输网络协议。之所以介绍地面网络协议，是因为天基传输网络协议与地面网络协议具有高度的关联性和融合性；同时给出了现有天基传输网络协议，也给出了未来天基传输网络协议，尤其是提出了控制与数据分离的软件定义天基网络协议模型。本章目录和编写要点由孙晨华同志提出，尹波同志编写大部分内容。

第 8 章从网络特点、站型、典型应用方面多层次、多角度给出了多个行业的典型网络构建方案构想，由孙晨华同志编写。

第 9 章给出了天基传输网络未来两个发展重点，一是网络融合和网信融合方向，二是人工智能技术应用方向，希望更多人参与研究，共同推动行业发展。本章由孙晨华同志编写。

贾钢同志配合孙晨华同志对全书进行了审查修改、补充完善。特别地，对中国电科网络通信研究院（中国电科 54 所）卫星通信专业部天基网络协议创新工作室张亚生及全体同志表示感谢，感谢他们多年来为本书涉及的成果付出的心血和智慧。

本书也是孙晨华同志带领中国电科网络通信研究院卫星通信专业部从事多年工程和新技术研究的总结。特别对卫星通信专业部的全体同志表示感谢！

在本书编写过程中，作者参考了很多国内外著作和文献，在此对这些参考文献的作者表示感谢！

由于时间仓促，作者对内容的表达缺乏反复仔细推敲，书中语句可能不够精练和准确，同时难免存在疏漏和错误，敬请读者批评指正。

作 者

2022 年 3 月

目 录

第1章
相关概念及内涵梳理研究

本章对当前有关天基传输网络、天地一体化网络的众多概念进行了分析和梳理，澄清了很多概念内涵。首先对“大”/“小”天地一体化信息网络的区别和联系进行了讲解，总结了“大”/“小”天地一体化信息网络的特点，并举例说明了“大”/“小”天地一体化信息网络的典型系统场景；然后对天地一体的天基传输网络相关概念和工程相关概念内涵进行了详细解读；最后对天基传输网络技术体制进行了简要介绍。

传统上，与卫星通信系统相关的概念主要包括卫星通信、卫星通信系统、卫星通信系统工程、通信卫星、通信卫星系统、通信卫星系统工程、地面系统、应用系统、运控系统、测控系统、低轨星座等。随着技术的发展和新应用需求的牵引，天地一体化信息网络、天地一体信息通信网络、天地一体天基信息网络、天基信息网络、天基传输网络、卫星互联网、低轨卫星互联网、天基骨干网、天基接入网等新概念不断被提出，很多人对这些新概念的内涵感到困惑。以“天地一体化”相关概念为例，随着我国“科技创新2030—重大项目”之一——天地一体化信息网络项目的启动，这些概念成为研究热点，从事不同专业的团队从各自不同的视角诠释着不同内涵的“天地一体化”；而对于“十三五”以来不断被提出的天基骨干网、天基接入网、卫星互联网等概念，相关人员同样有着各自的理解和困惑，这些概念定义的是一种新系统？还是传统卫星通信系统或者其他信息系统被赋予了新的发展期望、新的发展形态？研究表明，这些新概念大多是基于传统系统新发展的定义。本章从多个角度、多个层面对这些概念进行梳理和分析。

1.1 “大”天地一体化信息网络、“小”天地一体化信息网络

1.1.1 “大”/“小”天地一体化信息网络与天基信息网络的关系

如图 1-1 所示，“大”天地一体信息网络包括“小”天地一体化信息网络和地面

信息网络，而“小”天地一体化信息网络就是通常所说的天基信息网络。因此当提到天基部分时，往往是指天基信息网络，特别值得关注的是，天基信息网络具有天地一体的特征，不仅仅包含“天上的”空间段部分，还包括地面站等信息节点。地面信息网络是指不依赖于“天”，仅依托地面设施就可以形成服务能力的信息网络。

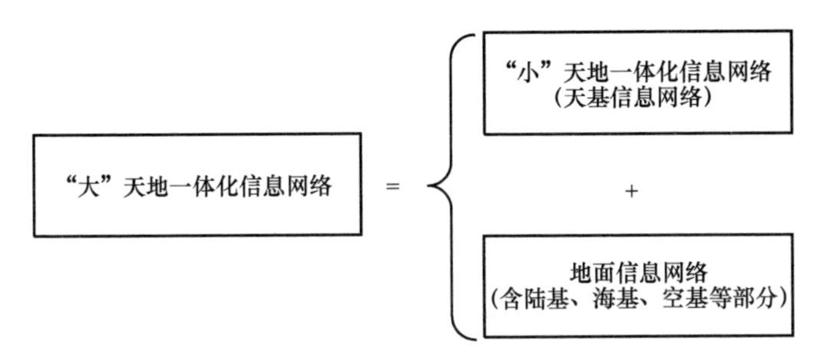

图 1-1 “大”/“小”天地一体化信息网络之间的关系

1.1.2 常见的天地一体化信息网络定义及理解

表 1-1 给出了关于天地一体化信息网络的部分定义，这些定义出自不同的机构、团队。定义的内涵有重叠，也有不同，下面对主要的几个定义进行分析。

表 1-1 天地一体化信息网络的主要定义

序号	定义名称	定义提出方	定义所属类型
1	天地一体化信息网络	工业和信息化部电子科学技术委员会	“小”天地一体化
2	天地一体化信息网络	“科技创新 2030—重大项目”	“小”天地一体化
3	天地一体化网络	国内相关团队	“大”天地一体化
4	天空地一体化信息网络	中国电子科技集团公司第五十四研究所团队	“大”天地一体化
5	天地一体化信息网络	航天恒星科技有限公司团队	“大”天地一体化、“小”天地一体化
6	天地一体化网络	国内相关团队	“大”天地一体化
7	空间信息网络	国家自然科学基金委员会	“大”天地一体化
8	空间信息网络	某领域专家组	“小”天地一体化
9	民用空间基础设施	国家发展和改革委员会等	“小”天地一体化

（续表）

序号	定义名称	定义提出方	定义所属类型
10	天基信息基础设施	中国电科技术创新基金项目组	“小”天地一体化
11	天基信息网络（天基信息系统）	中国航天科技集团有限公司团队	“小”天地一体化
12	天基网络信息体系	某部门	“小”天地一体化

定义 1 及理解：由工业和信息化部电子科学技术委员会提出。天地一体化信息网络是由多颗不同轨道、不同种类、不同性能的卫星形成星座覆盖全球，通过星间链路、星地链路将地面、海上、空中和深空中的用户、飞行器以及各种通信平台密集联合，以互联网协议（IP）为信息承载方式，采用智能高速星上处理、交换和路由技术，面向光学、红外多光谱等信息，按照信息资源有效综合利用的原则，进行信息准确获取、快速处理和高效传输的一体化高速宽带大容量信息网络，即天基、空基和陆基一体化综合网络[1]。工业和信息化部电子科学技术委员会认为天地一体化信息网络由全球覆盖的各类卫星以及密集联合的陆、海、空、天各类用户和通信平台构成。

定义 2 及理解：由 2015 年天地一体化信息网络重大工程项目（目前已合并到卫星互联网工程）提出。天地一体化信息网络是维护和拓展国家核心安全利益、实现全球互联互通的重大信息基础设施，是以地面网络为依托、天基网络为拓展，天地互联、全球覆盖的信息网络，为陆、海、空、天用户提供随遇接入、按需服务、安全可信的信息支持。该定义指出天地一体化信息网络以地面网络为依托，以天基网络为拓展[2]。

定义 3 及理解：天地一体化网络是将天基网络作为地面网络的延伸，从而构建覆盖空天地的一体化网络系统。该定义明确提出将天基网络作为地面网络的延伸，构成天地一体化网络。

定义 4 及理解：中国电子科技集团公司第五十四研究所是我国较早研究卫星通信的单位，研究团队基于多年从事相关研制、建设和预研研究工作的体会和着眼点，提出天空地一体化信息网络。天空地一体化信息网络是指信息收集、处理、存储、分发、管理与保护的基础设施集合，主要由通信基础、计算基础、信息服务（含频谱、定位导航授时）基础、安全基础等设施组成；是信息系统互操作和共享的基石，是信息与使用信息的用户无缝连接的公共信息环境和信息服务保障环境，涉及海上、

地面、空中、太空甚至外太空纵深范围内各信息节点和用户，是系统中的系统综合。该定义认为空天地一体化信息网络是各类基础设施的集合，是信息与使用信息的用户无缝连接的公共信息环境和信息服务保障环境，是各类信息节点和用户的集合，是系统的系统。

定义 5 及理解：由航天恒星科技有限公司团队提出。天地一体化信息网络的天地一体化含义通常有两种：一种是单个天基网（如卫星通信网）与地基网（如地面通信网）通过信息或业务融合、设备综合或网络互联互通的方式构成的天地一体化信息网络；另一种是单个天基网（如卫星通信网）自身的空间段（如通信卫星）与地面段（如各种通信地球站组成的应用系统）通过星地链路构成的天地一体化信息网络。前者可被称为“大”天地一体化信息网络，后者可被称为“小”天地一体化信息网络[3]。该定义给出了“大”天地一体化信息网络和“小”天地一体化信息网络的不同概念，“大”天地一体化信息网络包含天基信息网络和地基信息网络，“小”天地一体化信息网络就是天基信息网络，包含空间段和地面段。

定义 6 及理解：天地一体化网络由通信、侦察、导航、气象等多种功能的异构卫星/卫星网络、深空网络、空间飞行器以及地面有线和无线网络设施组成，它通过星间链路、星地链路将地面、海上、空中和深空的用户、飞行器以及各种通信平台密集联合。从组网、传输和路由等角度来看，天地一体化网络具有典型的大尺度属性，具有网络全覆盖、空天地海网络协作、智能控制和处理、快速反应、高效应对等鲜明特征。该定义认为天地一体化网络既包括深空网络、卫星网络，也包括地面有线网络和无线网络，强调了大尺度属性。

定义 7 及理解：由国家自然科学基金委员会提出。空间信息网络是以天基平台（同步轨道卫星或中低轨道卫星、空间站等）或空基平台（如平流层气球、有人飞机或无人飞机等）为载体，实时获取、传输和处理空间信息的网络系统。该定义明确指出含有无人飞机或有人飞机平台的空基部分既是天地一体信息网络的薄弱环节，也是其发展重点。

定义 8 及理解：由某领域专家组提出。空间信息网络是以航天器为载体进行信息获取、传输和处理的网络系统，是由通过星间链路、星地链路连接在一起的不同轨道、不同种类、不同特征的卫星、星座及相应地面基础设施组成的网络，以及其所支持的指挥、控制、通信与其他各种应用系统的集合。虽然该定义的名称是空间信息网络，但定义却强调了以“航天器”为载体以及星间链路、星地链路的链接，因此本质上是天基信息网络，该定义也强调了空间信息网络包含地面设施。

定义 9 及理解：由国家发展和改革委员会、财政部、国家国防科技工业局发布的《国家民用空间基础设施中长期发展规划（2015—2025 年）》提出。民用空间基础设施是指利用空间资源，主要为广大用户提供遥感、通信广播、导航定位以及其他产品和服务的天地一体化工程设施，由功能配套、持续稳定运行的空间系统、地面系统及其关联系统组成。民用空间基础设施既是信息化、智能化和现代化社会的战略性基础设施，也是推进科学发展、转变经济发展方式、实现创新驱动的重要手段和维护国家安全的重要支撑[4]。这里的民用空间基础设施是指民用天基信息网络。该定义使用了“空间基础设施”词汇，明确提出“利用空间资源，主要为广大用户提供遥感、通信广播、导航定位以及其他产品与服务的天地一体化工程设施，由功能配套、持续稳定运行的空间系统、地面系统及其关联系统组成”，强调了由空间系统和地面系统组成，这里的空间资源可被理解为空间频率轨道、卫星等资源，属于天基部分，因此这里的“空间基础设施”本质上也是天基信息网络。

定义 10 及理解：由中国电科技术创新基金项目组提出。天基信息基础设施以不同轨道上的通信卫星、中继卫星以及导航卫星为信息传输及交换、时空基准的节点，在地面运控系统、测控系统的支持下，通过星间链路、星地链路为全球分布的天基、空基（包括临近空间）、地基以及海基各类用户提供信息传输与分发、导航定位等功能，是综合电子信息系统共用信息基础设施的天基部分。该定义使用了“天基基础设施”这一名词，明确提出了以通信卫星、中继卫星、导航卫星为节点，为陆、海、空、天用户提供服务，因此是典型的天基信息网络内涵。

定义 11 及理解：由中国航天科技集团有限公司团队提出。天基信息网络也叫天基信息系统，它是彼此独立却又互相关联的卫星通信系统、卫星遥感系统、卫星导航系统、载人航天系统、空间物理探测系统、空间天文观测系统、月球和行星深空探测系统以及多功能的临近空间飞行器系统等各种空间信息系统的总称[5]。在天基信息网络中，卫星通信系统、卫星遥感系统和卫星导航系统被统称为卫星应用系统，天地一体化信息网络通常是指这三大应用系统形成的网络。该定义从组成的角度提出，说明天基信息网络由以卫星通信系统、卫星遥感系统、卫星导航系统等为代表的典型系统构成，也说明了天地一体化信息网络（“小”天地一体化信息网络）的概念。

定义 12 及理解：由某部门提出。天基网络信息体系由装载导航定位、传输交换、

信息获取、处理融合、共享服务等载荷的天基节点及地面配套设施构成，通过星间链路、星地链路动态连接全球陆、海、空、天各类感知、决策和交战节点，可为联合作战提供广域的战场感知、网络互联、时空基准等服务。该定义具有军事特色，强调对感知、决策和交战各方的天基服务能力。

1.1.3　关于“大”/“小”天地一体化信息网络的总结

通过对常见定义进行梳理，可以总结出“大”天地一体化信息网络和“小”天地一体化信息网络的几个特点。

（1）“大”天地一体化信息网络特点总结

第一，有广义和狭义之分。“大”天地一体化信息网络，从广义上讲，应该包括自然空间内所有与信息相关的基础设施和信息服务、信息应用；从狭义上讲，可以包括不同领域、不同功能，由天基部分、地基部分组成，有信息生成或承载信息的网络。

第二，有民用和军用之分。民用方面，从全球看，地面固定网、地面移动网、天基网已经发展成事实上的天地一体化信息网络；军用方面，美国与我国有差异，美国以 GIG、JIE 以及一些专用系统为核心，我国也有各类不同用途的信息系统。

第三，涵盖“小”天地一体化信息网络。“大”天地一体化信息网络中的“天”是指天基信息网络，也就是“小”天地一体化信息网络；“大”天地一体化信息网络中的“地”是指不依赖于天基部分的具有独立功能的信息网络[6]。

第四，纵向一体化是重点。纵向一体化是指天、地相关专业领域一体化，比如卫星通信与地面移动网络、互联网一体化，卫星导航与地基导航一体化，卫星遥感与地面信息获取系统一体化。

（2）“小”天地一体化信息网络特点总结

第一，其是天基信息网络的别称，具有“星地一体”的特征。因此严格来讲，“小”天地一体化信息网络应该被称为“星地一体化”信息网络。但是鉴于已经产生的影响，本文依然按照大家的习惯，称之为“天地一体化信息网络”。

第二，具有内部一体化和外部一体化特征。内部一体化是指空间段与地面段一体化；外部一体化是指其与地面信息系统一体化，但仅限于解决一体化接口，不包含地面信息系统本身。

第三，具有纵向一体化和横向一体化特征。纵向一体化是指同一领域的天地一体化，解决互联互通互操作接口和体制标准问题；横向一体化是指不同天基领域的信息系统一体化，如通导遥一体化、通信中继一体化。

1.1.4 “大”/“小”天地一体化信息网络典型系统场景举例

图 1-2 给出了“大”天地一体化信息网络和“小”天地一体化信息网络的典型系统场景，“小”天地一体化信息网络也就是天基信息网络。

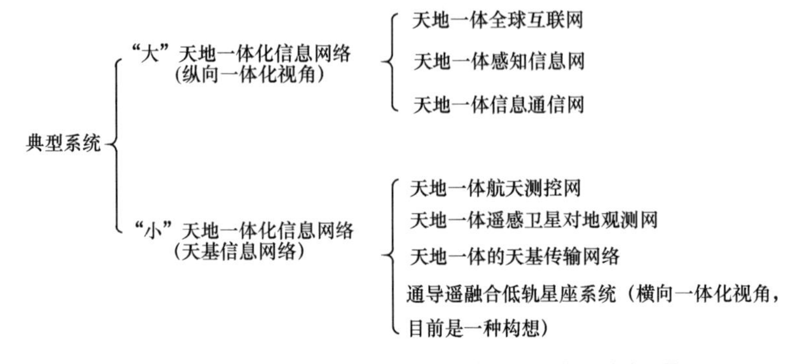

图 1-2 “大”/“小”天地一体化信息网络的典型系统场景

（1）“大”天地一体化信息网络的典型系统场景

天地一体全球互联网可以说是世界上最大的天地一体化信息网络，是以地面固定网、地面移动网和天基网（卫星网）为基础设施，承载各类信息和服务的全球共用系统，如图 1-3 所示。

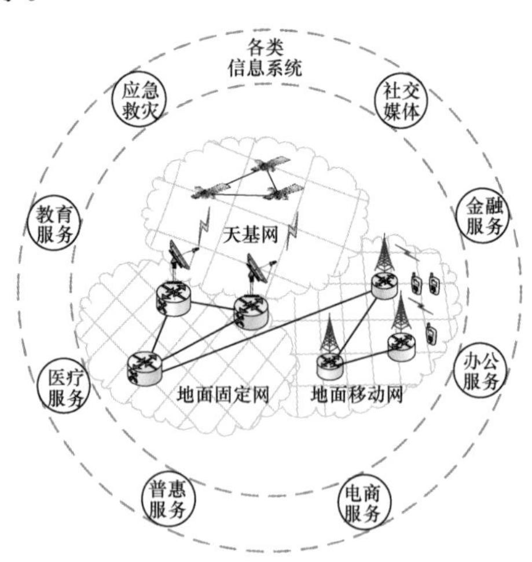

图 1-3 天地一体全球互联网

天地一体感知信息网包括由地面各类传感器和数据处理中心构成的地基感知网，由天基各类感知类卫星、地面站、天基信息处理中心构成的天基感知网，以及天地一体信息融合处理中心，如图 1-4 所示。

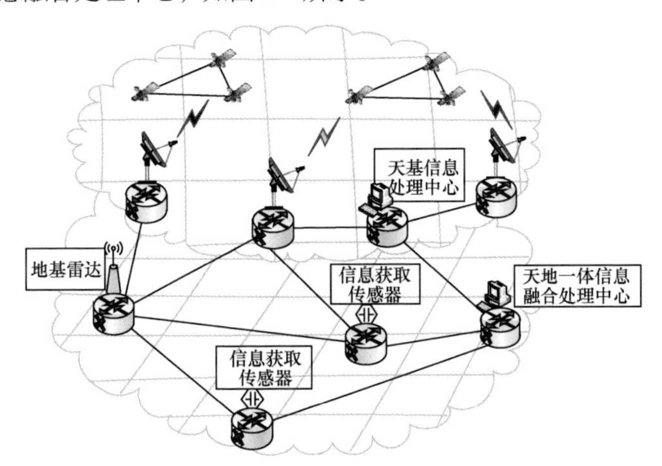

图 1-4　天地一体感知信息网

天地一体信息通信网包括天基传输网络、地面固定网和地面移动网，天基传输网络由高/低轨空间段和地面段组成，如图 1-5 所示。

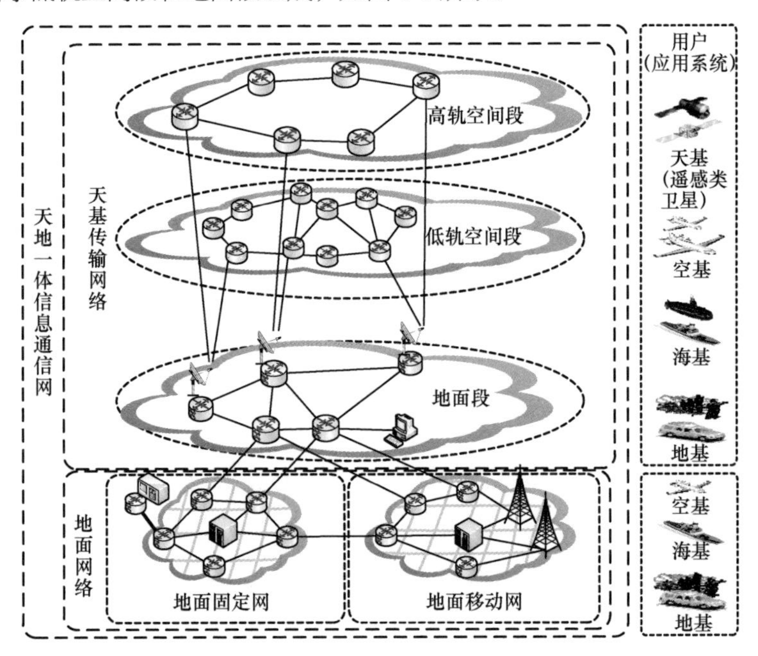

图 1-5　天地一体信息通信网

（2）“小”天地一体化信息网络的典型场景（部分）

天地一体航天测控网早期也被称为天地一体化航天互联网，是从航天测控网的角度提出的，是一种航天器子网+地面接入网+空间接入网+主干网的结构。主干网主要包括中继卫星星地链路和基于地面网构建的虚拟专用网络（VPN），空间接入网是指中继卫星及对空链路，地面接入网主要包括地面测控站和地面数据接收站及其对空链路，航天器子网包括空间站、典型的对地观测卫星及其他类型的卫星和航天器[7]，如图 1-6 所示。

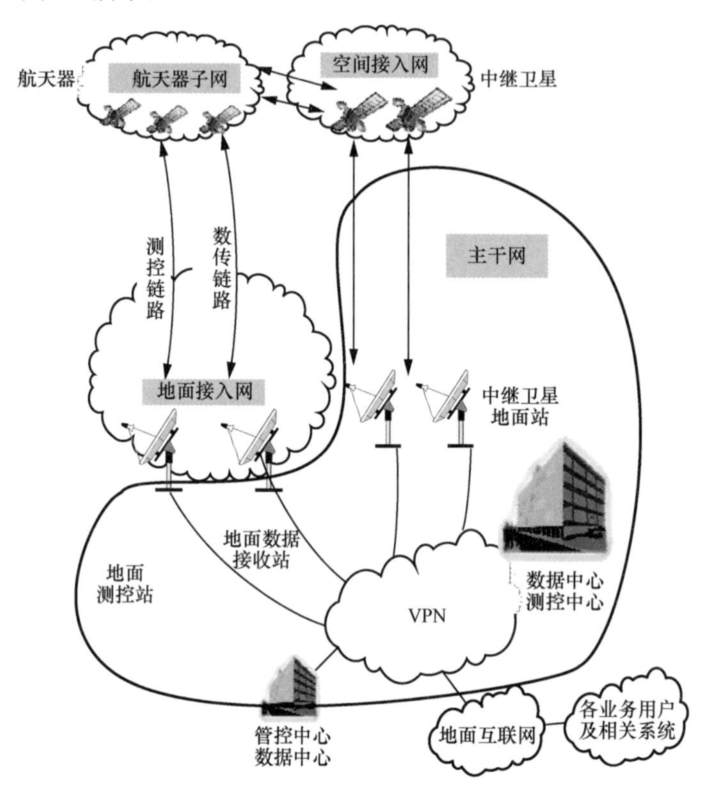

图 1-6 天地一体航天测控网

天地一体遥感卫星对地观测网包括空间段各类遥感卫星，地面运控站、测控站或测控数传一体化站，以及用于信息产品分发的地面 VPN，这些站主要完成对空间段的卫星测控、载荷配置、数据接收及任务管控。图 1-7 所示为具有天地一体化测控功能、天地一体化数传功能，以及通过地面互联网传输实现数据处理和产品分发的天地一体遥感卫星对地观测网。

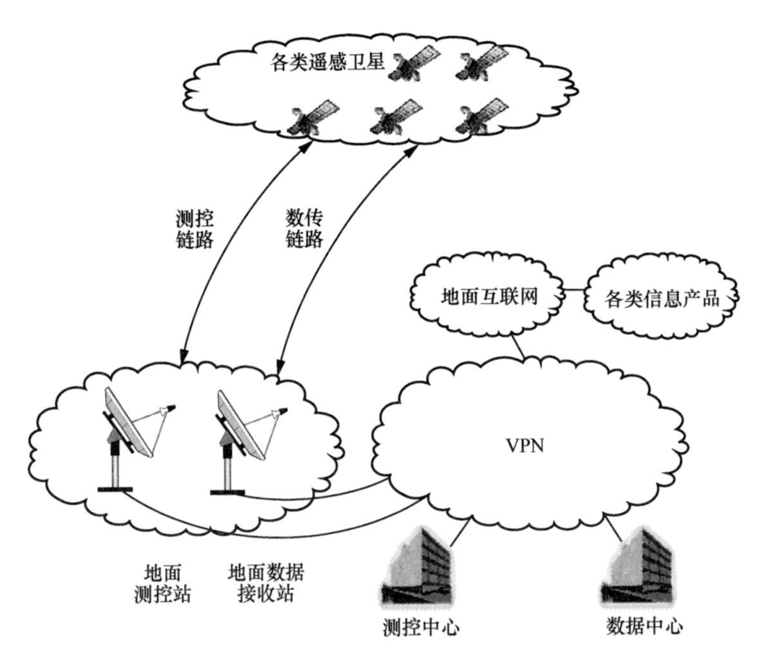

图 1-7　天地一体遥感卫星对地观测网

天地一体的天基传输网络包括空间段、地面段和用户段三部分。空间段是指各类通信卫星或中继卫星（包含高轨、中轨和低轨卫星）；地面段主要包括关口站网、运控中心、网管中心等；用户段包括车载、便携、船载、机载、星载、箭载、弹载、手持等各类固定、机动以及动中通站型或终端，如图 1-8 所示。天地一体的天基传输网络是目前最复杂的天基信息网络，是本书的重点内容。

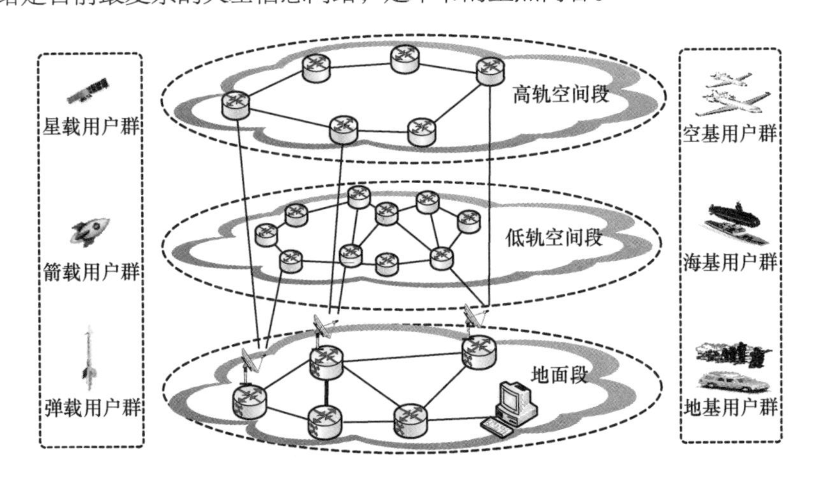

图 1-8　天地一体的天基传输网络

1.2 天地一体的天基传输网络相关概念

1.2.1 天基传输网络名词术语及演进

天地一体的天基传输网络也被称为天基传输网络，或者天基传输与分发系统。它是指将以卫星为主的空间飞行器作为信号中继站，将信源传递到信宿的航天装备系统，也是一类特殊的通信网络系统。天基传输网络通常被认为是卫星通信系统和卫星中继系统的总称（从广义上讲，卫星广播系统被归类为卫星通信），未来则是卫星通信和卫星中继融合系统。天基传输网络涉及的概念随着该领域的发展而变化，传统上从卫星通信和卫星中继两个相对独立的方向定义各自领域的概念，随着对陆、海、空、天一体化组网的不断研究，卫星通信和卫星中继融合发展备受关注，因此一系列新的概念被提出。图 1-9 给出了预计的 2035 年之前的名词术语及演进趋势。

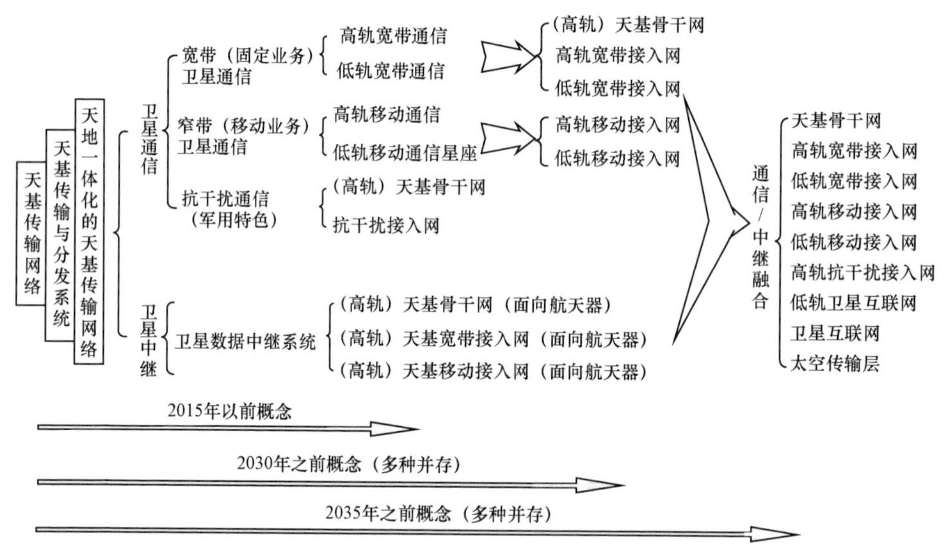

图 1-9　天基传输网络名词术语及演进示意图

卫星通信系统是天基传输系统的核心组成部分，服务于地面和低大气层空间的用户，用户数量众多，网络结构复杂、灵活。卫星中继系统主要服务于外大气层空间的低轨卫星，用户数量少，以点对点链路为主。

1.2.2 卫星通信和卫星中继相关概念

（1）卫星通信相关概念

- 卫星通信。卫星通信就是设置在地球表面（包含陆地、海洋、空中和临近空间）的地球站之间通过宇宙站（通信卫星）转发而进行的通信。卫星通信是国际电信联盟（ITU）规定的宇宙无线电通信的一种形式（临近空间是 20～100km 的空域）。卫星通信通常依据固定业务、移动业务、广播业务进行分类；军事系统中还有专门的抗干扰业务。随着平流层平台技术的发展，卫星通信从最初的地面布站逐渐发展成可用于临近空间等深空平台远距离中继通信的一种重要手段。
- 宽带（固定业务）卫星通信。宽带（固定业务）卫星通信主要指固定业务卫星通信，具有业务速率跨度大、使用频段高等特点，业务类型从传统语音、低速数据转变为图像、声音、视频相结合的全新、高速率、交互式的宽带多媒体，使用频段从 C、X 转变为 Ku、Ka，卫星轨道涵盖高轨、中轨、低轨。早期卫星固定业务被定义为通信时卫星通信地球站固定不动的业务（在固定业务通信网中，以固定站或机动站为主），船载站由于运动速度慢，也可以支持固定业务。随着技术的发展，固定业务也已经支持机载、车载动中通应用，但是固定业务目前实现手持应用还有难度。固定业务卫星通信系统通常也被称为宽带卫星通信系统，宽带卫星通信系统具有军民两用的特点。
- 移动业务卫星通信。利用通信卫星实现移动用户间或移动用户与固定用户间的相互通信，具有业务速率低、工作频段低、终端小等特点。工作频段包括特高频（UHF）、L 频段、S 频段，支持手持和便携终端。利用静止轨道卫星或中/低轨道卫星（星座系统）进行的个人手持通信一般被称为个人卫星移动通信，如铱系统（Iridium）和全球星系统（GlobalStar）等。目前，中/低轨道卫星星座系统还在继续发展中（如 OneWeb 系统计划等）。
- 广播业务卫星通信。利用卫星直接向用户进行电视节目和音频节目广播。卫星广播业务通常为单向业务，卫星向用户站传输的广播业务量大，用户接收站站型较小的广播卫星转发器的输出功率要比一般通信卫星转发器的输出功率大，广播卫星是通信卫星的一种特殊形式。民用领域发展了大量卫星广播电视系统。军事领域卫星广播分发系统通常被归类为宽带卫星通信系统，如美军的宽带卫星通信系统就包含了其全球广播系统（GBS）。

- 抗干扰卫星通信。抗干扰卫星通信主要以军事通信应用为主，通常采用高频段（如 Ka、EHF 频段）、点波束、宽带高速跳频、星上处理、星间链路、星载自适应调零等技术，提高卫星通信的抗干扰能力。

（2）卫星中继相关概念

- 卫星中继。卫星中继是将中继卫星作为转发站，对中/低轨卫星、导弹、飞船等飞行器的信号进行中继转发的卫星通信方式，其一般利用与地球同步的中继卫星在中/低轨飞行器和地面站之间建立一条全天候、实时的高速通信链路，可为卫星、飞行器等提供中继和测控服务。卫星中继系统主要由中继卫星和地面应用系统两部分组成。中继卫星既可以是一颗卫星，也可以是由多颗卫星组成的卫星星座。地面应用系统主要包括中继卫星管理控制中心、配套地面终端站等，系统资源由管理控制中心统一配置管理。
- 中继卫星。中继卫星是卫星中继实现正常运转工作的空间段部分。中继卫星的组成与通信卫星基本一样，包括有效载荷和卫星平台两部分；但中继卫星的工作方式与通信卫星不同，中继卫星有效载荷星间天线支持对用户航天器的跟踪。

1.2.3 天基骨干网和天基接入网相关概念

随着对卫星通信全球服务能力的认识加深，通过星间组网实现全球服务成为研究热点。当全球布站条件受限时，星间组网是一种好的选择；而当全球布站不受限时，通过全球布站实现全球组网是一种方便和经济的选择。天基骨干网、天基接入网的概念源于国内星间组网的研究。

- 天基骨干网。天基骨干网由布设在地球同步轨道的若干个骨干节点组成，骨干节点之间通过微波、激光等高速传输链路实现空间组网，形成全球服务的空间信息高速公路，是“天地双骨干”的天基平面。天基骨干网在不同阶段有不同的内涵，2027 年之前的天基骨干网主要支持陆基、海基、空基等用户群；2027 年之后，随着卫星通信和卫星中继的部分融合，将增加对天基用户群的支持。
- 天基接入网。天基接入网由布设在高轨或低轨的若干个接入节点（互联）组成，直接支持不同功能和应用的用户群之间的互通，以及与地面用户之间的

互联互通。天基接入网可按宽带、移动以及高轨、低轨分类，分为高轨宽带接入网、高轨移动接入网、低轨宽带接入网、低轨移动接入网。2027 年之前的天基接入网主要服务陆、海、空用户；2027 年之后，随着通信和中继的融合发展，天基接入网逐步支持面向陆、海、空、天用户的一体化组网服务。

1.2.4　卫星互联网相关概念

- 卫星互联网与互联网。卫星互联网是由高/中/低轨卫星通信网（天基传输网）和互联网应用服务信息系统构成的、具有全球服务能力特征的信息系统。卫星互联网构成示意图如图 1-10 所示。

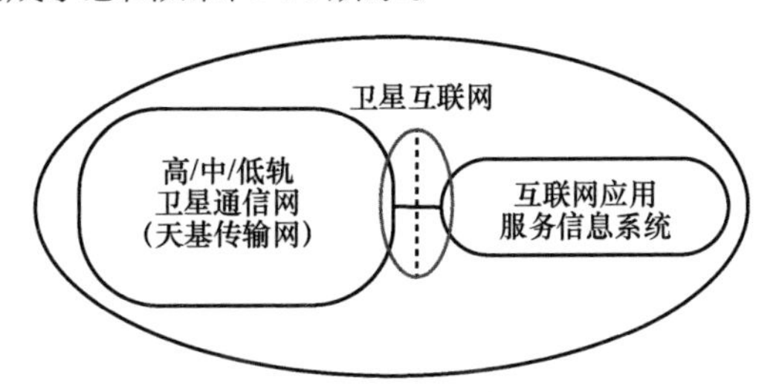

图 1-10　卫星互联网构成示意图

- 高轨卫星互联网与低轨卫星互联网。高轨卫星互联网是融合了高轨卫星通信网和互联网应用服务信息系统的系统；低轨卫星互联网是融合了低轨卫星通信网和互联网应用服务信息系统的系统。高/低轨卫星互联网的关系示意图如图 1-11 所示。

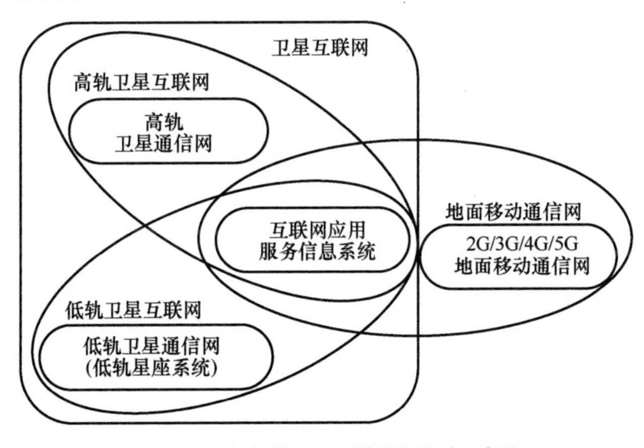

图 1-11　高/低轨卫星互联网的关系示意图

卫星通信很早就支持互联网应用了，20 世纪 90 年代迅猛发展的甚小口径天线终端（Very Small Aperture Terminal，VSAT）卫星通信系统，尤其是后期发展的多频时分多址（Multiple Frequency-Time Division Multiple Access，MF-TDMA）VSAT 系统、卫星数字视频广播反向信道（Digital Video Broadcast Return Channel via Satellite，DVB-RCS）系统以及近年的高通量卫星通信系统（其网络核心是 DVB-RCS VSAT），均支持互联网应用。VSAT 卫星通信系统（高通量或非高通量宽带卫星通信系统）+ 互联网应用服务信息系统构成目前普遍应用的卫星互联网，VSAT 卫星通信系统也是高轨卫星互联网的典型代表。

1.2.5 其他新概念

- 太空传输层。太空传输层是新太空（天基）体系中的新概念，重点完成侦察、预警、跟踪等卫星之间的信息网络化传输，以及武器平台的信息分发任务，是变革传统天基网络体系和能力的神经中枢。
- 天基多域骨干通联信息系统。天基多域骨干通联信息系统是指卫星通信和卫星中继融合后，可以连接各类遥感卫星以及陆、海、空等信息节点和用户，并进行在轨智能信息处理，实现信息从传感器到使用者不落地分发的天基骨干信息系统。天基多域骨干通联信息系统是天基传输网络向天基信息网络发展的重要标志。

1.3 工程相关概念内涵

1.3.1 卫星通信系统工程和通信卫星工程

卫星通信系统工程分为两种情况，一是包含通信卫星的系统工程；二是不包含通信卫星工程的系统工程，利用已在轨卫星，设计满足不同需求的各类体制系统，比如 MF-TDMA 系统、频分多址（FDMA）/单路单载波（SCPC）系统和 DVB-RCS 系统。卫星通信系统工程组成如图 1-12 所示。

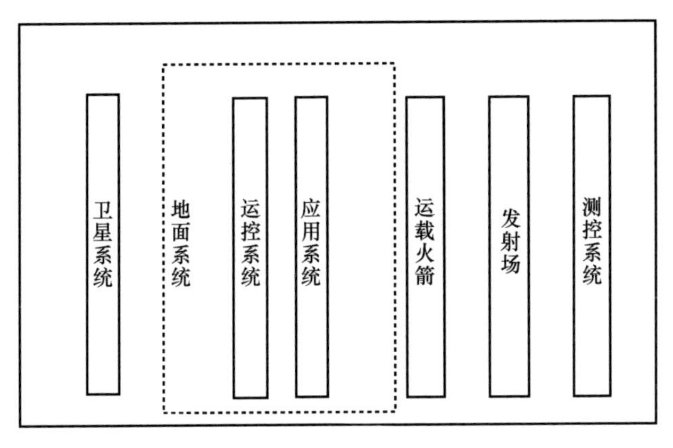

图 1-12　卫星通信系统工程组成

通信卫星工程是实施通信卫星设计、研制、发射以及发射后的在轨测试等内容的系统工程，可以独立于应用系统设计，但包括卫星系统、测控系统、运载火箭和发射场等。而星上再生处理的卫星工程必须与应用系统、运控系统或者地面系统进行一体化设计实施，原因是星地强关联，空中接口必须进行星地一体化设计。通信卫星工程组成部分的定义和作用如下。

- 卫星系统具有通信中继作用，即所有地面站发出的信号均通过卫星进行中继，再转发到对方地面站，这种中继转发是由通信卫星中的转发器和天线完成的。
- 测控系统是在发射段对卫星进行跟踪测量，控制卫星准确地进入轨道上的指定位置（以静止轨道为例），卫星在轨后，对卫星的轨道、位置、姿态进行监视及修正的系统。测控系统通常由测控中心、数据处理中心、多个测控站和通信卫星上与测控有关的设备组成。测控系统在不断升级扩展。
- 运载火箭是指将卫星推向太空的系统。我国同步轨道卫星使用长征三号系列运载火箭发射。
- 发射场是指卫星发射中心的发射场区，涉及发射工位及技术测试中心、指挥控制中心等设施。

星地一体的卫星通信系统工程除包含上述通信卫星工程各部分外，还包括地面系统或者独立的应用系统和运控系统。

- 地面系统包括运控系统（核心是业务测控）和应用系统。业务测控实现对卫星载荷的遥控遥测、在轨测试、地球站天线入网验证等功能。运控系统由业务测控发展而来，增加了必要的专家决策支持、综合管理、波束标校等功能。

- 应用系统是面向用户的应用网络，由各类地球站和网络控制中心等组成。应用系统可针对不同的用户构建多个服务网络。应用系统随着应用场景和需求的发展而不断发展。

不包含通信卫星工程的系统工程的关注点不在卫星及发射，而在体制设计。对于全球固定业务的宽带组网卫星通信系统、星状组网卫星通信系统、稀路由卫星通信系统、个人卫星移动通信系统等，其从设计研发到应用的过程可能比一颗卫星的研制周期还要长，涉及网络、传输、管控、站型等各方面。因为系统涉及规模化应用，所以长期的可靠性提高和考验以及对各种环境适应性、电磁兼容性的考核也是工程中不可缺少的工作。不同体制和不同用户的卫星通信系统工程设计示意图分别如图 1-13 和图 1-14 所示。

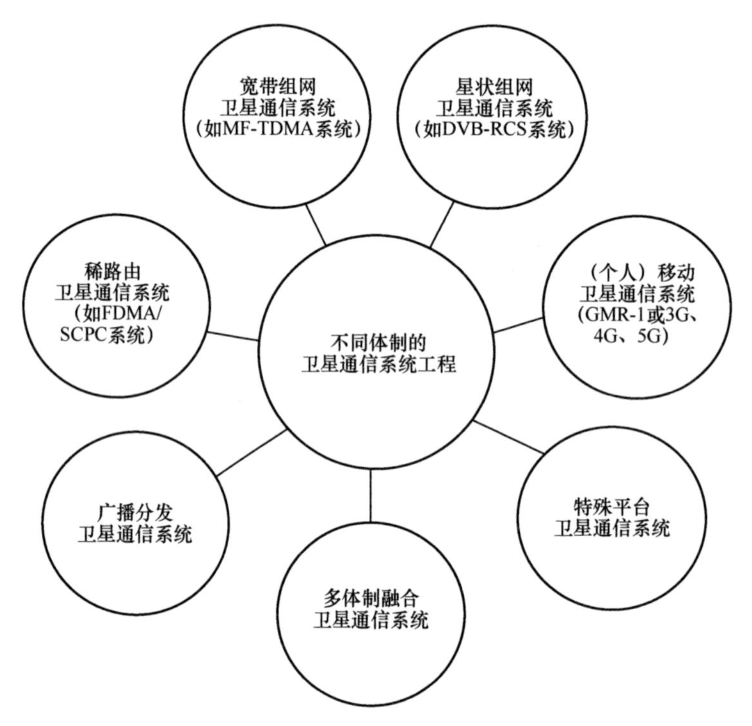

图 1-13　不同体制的卫星通信系统工程设计示意图

有时候人们也会把针对不同部门应用对各种相对成熟的系统进行的二次设计称为卫星通信系统工程，每个开展卫星通信系统设计的单位都不会缺少工程部门。

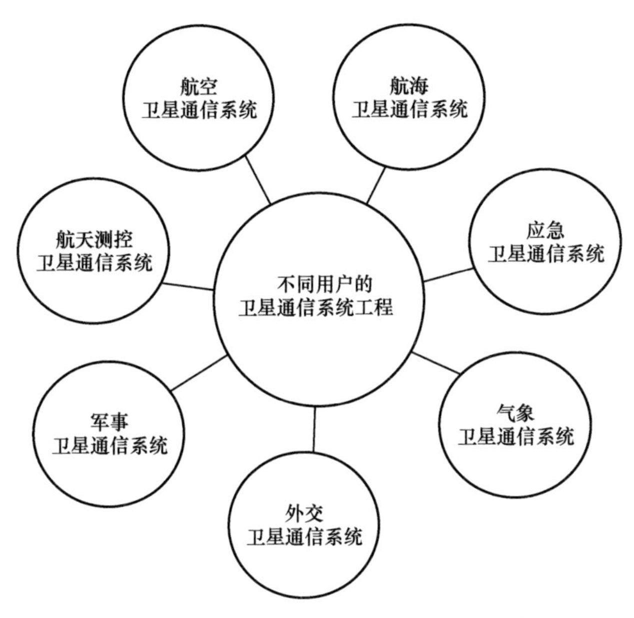

图 1-14　不同用户的卫星通信系统工程设计示意图

1.3.2　卫星通信系统与通信卫星（系统）

- 卫星通信系统涉及空间段卫星、地面段管控中心和关口站网、用户段各类平台地球站或用户终端，是系统级的概念。
- 通信卫星（系统）是空间段的核心，分为平台和载荷两部分。平台为卫星发射和载荷正常工作提供保障，并为卫星提供支撑和管理功能（平台提供电源、姿态轨道控制、推进、热控制、测控、数据管理等功能），以保证卫星能够为地面段各用户地球站或终端提供服务；载荷负责完成通信任务，即提供频率变换、再生处理、信号功率放大等功能，载荷包括转发器和天线等。

通信卫星内部十分复杂，可被称为通信卫星系统，但从整个卫星通信系统来看，它是一个节点级的概念。多数情况下卫星是透明弯管节点（透明转发器卫星），对卫星通信系统的信号进行透明转发，与体制协议基本无关；而对于再生处理的卫星，尤其是在多星组网的情况下，通信卫星升级为网络节点，相当于它承担了一部分透明转发模式下的地面关口站功能。

1.3.3 卫星数据链和天基数据链

- 卫星数据链是指利用卫星通信信道，采用特定的通信协议和消息格式，在广域范围内为指挥所、作战部队、传感器、武器平台等，提供指挥控制、情报侦察、武器协同等格式化消息高效传输、处理及分发的网络化信息系统。卫星数据链是卫星通信众多业务支持模式中的一种，充分利用卫星通信远距离传输的特性，基于任务驱动，高时效传输格式化信息。
- 天基数据链目前有两种不同的理解。一种是前文提到的卫星数据链，可被称为广义天基数据链；另一种是从航天信息系统体系角度考虑，将基于卫星获取的侦察、探测、气象、水文等信息进行格式化，通过卫星通信或者中继系统进行传输。

1.4 天基传输网络技术体制概念内涵

1.4.1 技术体制定义

通信网技术体制是指为保证通信网正常运行所做的技术规定的总和。为了保证通信网的正常运行，通信网的网络组织、传输标准、信号方式、计费办法、编号计划以及设备进网的技术标准必须由国家或主管部门从技术上做严格的规定，这一整套规定被称为通信网技术体制。以此类比，天基传输网络也是一类具有独特性的通信网络，其技术体制应该是保证天基传输网络正常运行的技术规定的总和。基于空间卫星的特殊性，天基传输网络技术体制与地面网、移动网涵盖的方面不尽相同。

1.4.2 技术体制涉及方面

从广义上讲，卫星通信技术体制应该包含星座构型（针对多星系统）、波束类型、转发器类型、工作频段以及组网架构、传输、业务接入、交换、路由、信道分配、网络管理、安全保密、编址编号等众多方面。星座构型、波束类型、转发器类型、工作频段等在初期方案阶段基于用户的基本需求就可以确定；而组网架构、传

输等方面的体制则需要经过详细设计、多轮次迭代才能完成。因此通常所说的技术体制主要包含传输、交换、路由、网络管理、安全保密、编址编号等，是狭义的技术体制。尤其是传输中的多址方式，几乎成为体制的代名词（对于宽带卫星通信系统而言，更加突出）。天基传输网络技术体制涉及的内容如图 1-15 所示。

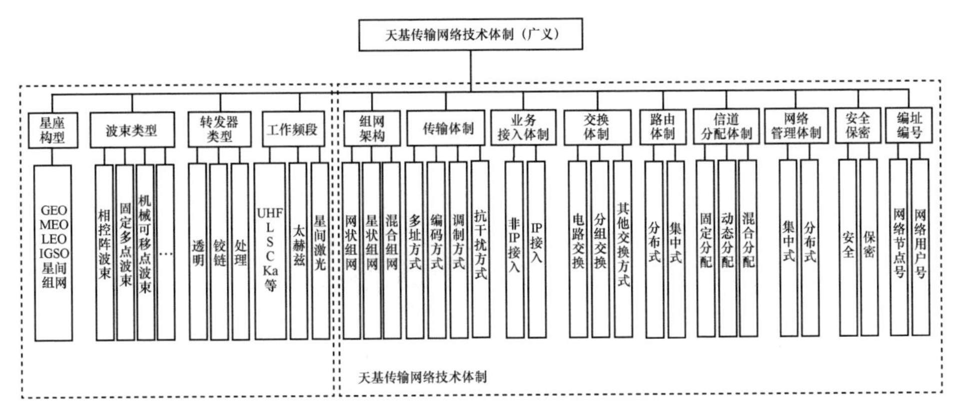

图 1-15　天基传输网络技术体制

1.4.3　星座构型、工作频段、波束类型、转发器类型等广义技术体制

1.4.3.1　星座构型及卫星轨道典型分类

图 1-16 给出了星座构型及卫星轨道典型分类，具体分为地球静止轨道（GEO）单星或多星独立部署、GEO 多星星间互联、GEO 和倾斜地球同步轨道（IGSO）多星混合、中地球轨道（MEO）单星独立、MEO 多星部署、低地球轨道（LEO）单星独立、LEO 多星部署、LEO 星间组网等多种情况，不同情况满足不同的应用覆盖需求。

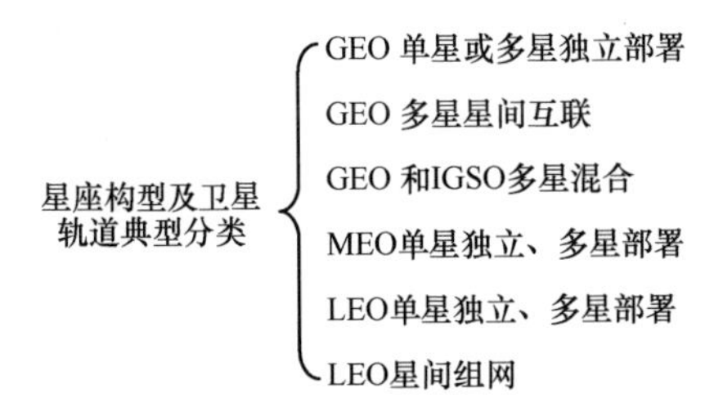

图 1-16　星座构型及卫星轨道典型分类

1.4.3.2 工作频段

工作频段基于支持的业务需求而确定，同时要符合国际电信联盟的频率使用规定。表 1-2 和表 1-3 分别给出了国际电信联盟的频率划分和卫星通信的常用频段及频率范围，设计系统时需要严格遵循。

表 1-2 国际电信联盟的频率划分

频段序号	频段符号	频率范围	对应米制波长
1	VLF	3～30kHz	万米波
2	LF	30～300kHz	千米波
3	MF	300～3000kHz	百米波
4	HF	3～30MHz	十米波
5	VHF	30～300MHz	米波
6	UHF	300～3000MHz	分米波
7	SHF	3～30GHz	厘米波
8	EHF	30～300GHz	毫米波
9		300～3000GHz	丝米波

表 1-3 卫星通信的常用频段及频率范围

<table>
<tr><th>ITU</th><th>频率范围</th><th>IEEE</th><th>频率范围</th><th>常用频率范围</th></tr>
<tr><td rowspan="3">UHF</td><td rowspan="3">300～3000MHz</td><td>UHF</td><td>300MHz～1GHz</td><td>344～351MHz（下行）
389～396MHz（上行）</td></tr>
<tr><td>L</td><td>1～2GHz</td><td>扩展 L 频段：1518～1525MHz（下行）、1668～1675MHz（上行）</td></tr>
<tr><td rowspan="2">S</td><td rowspan="2">2～4GHz</td><td>移动通信：1980～2010MHz（上行）、2170～2200MHz（下行）</td></tr>
<tr><td rowspan="4">SHF</td><td rowspan="4">3～30GHz</td><td>星间中继：2025～2120MHz（下行）、2200～2300MHz（上行）</td></tr>
<tr><td>C</td><td>4～8GHz</td><td>5925～6425MHz（上行）
3700～4200MHz（下行）</td></tr>
<tr><td>X</td><td>8～12GHz</td><td>—</td></tr>
<tr><td>Ku</td><td>12～18GHz</td><td>12.25～12.75GHz（下行）
14.00～14.50GHz（上行）</td></tr>
</table>

（续表）

<table>
<tr><th>ITU</th><th>频率范围</th><th>IEEE</th><th>频率范围</th><th>常用频率范围</th></tr>
<tr><td rowspan="2">SHF</td><td rowspan="2">3～30GHz</td><td>K</td><td>18～27GHz</td><td>19.7～21.2GHz（下行）</td></tr>
<tr><td rowspan="2">Ka</td><td rowspan="2">27～40GHz</td><td rowspan="2">29.5～31.0GHz（上行）</td></tr>
<tr><td rowspan="6">EHF</td><td rowspan="6">30～300GHz</td></tr>
<tr><td>Q</td><td>33～50GHz</td><td>—</td></tr>
<tr><td>V</td><td>50～75GHz</td><td>星间通信：60～62GHz</td></tr>
<tr><td>W</td><td>75～110GHz</td><td>—</td></tr>
<tr><td>D</td><td>110～170GHz</td><td>—</td></tr>
<tr><td>G</td><td>140～220GHz</td><td>—</td></tr>
</table>

1.4.3.3　波束类型

卫星覆盖的波束类型分为固定区域波束覆盖、固定/机动点波束覆盖、多点波束区域覆盖等。图 1-17 为波束的主要类型。

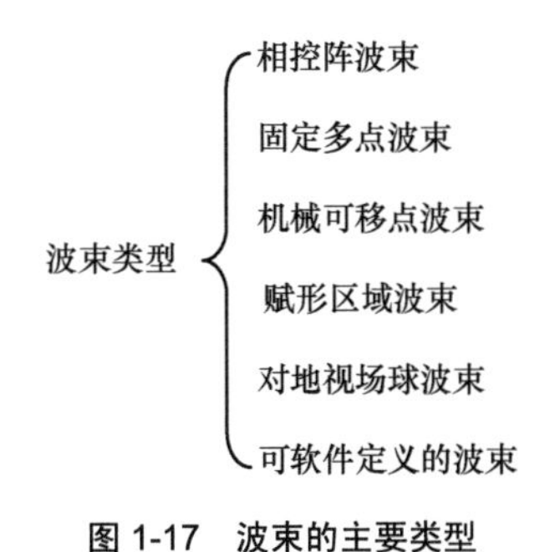

图 1-17　波束的主要类型

目前，卫星通信系统均采用固定区域波束覆盖，固定/机动点波束覆盖多被军用系统采用，多点波束区域覆盖多被高通量卫星和移动通信卫星采用。各类卫星波束覆盖示意图如图 1-18 所示。

- 球波束：能够覆盖对地视场的波束。
- 区域波束：能够覆盖国土、海域等某一特定区域的波束。
- 可移点波束：对地视场内的机动波束，军事应用较多。
- 多点波束：通过多个固定点波束实现区域覆盖，适合固定小用户应用。

• 相控阵点波束：通过电子方法采用无惯性扫描实现的波束。

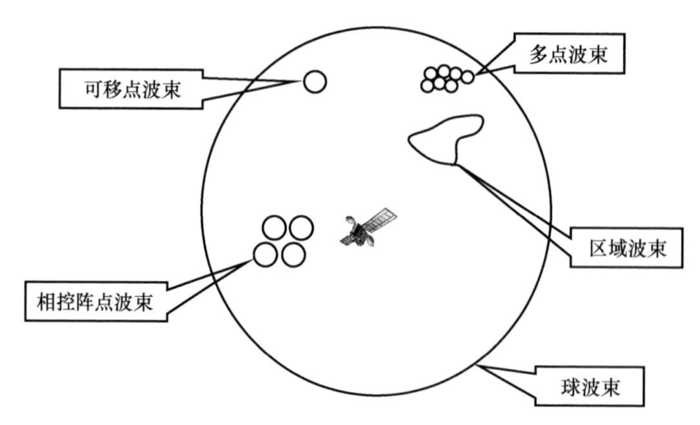

图 1-18 各类卫星波束覆盖示意图

1.4.3.4 转发器类型

通信卫星转发器一般分为弯管透明转发器（又分为同频段透明转发器和跨频段铰链转发器）和星上处理转发器（如信号再生处理转发器）。同频段透明转发器及应用如图 1-19 所示，跨频段铰链转发器及应用如图 1-20 所示，信号再生处理转发器及应用如图 1-21 所示。其中民用卫星通信系统多采用弯管透明转发器；星上处理转发器一般与地面应用系统进行一体化设计，多被军用通信系统采用。

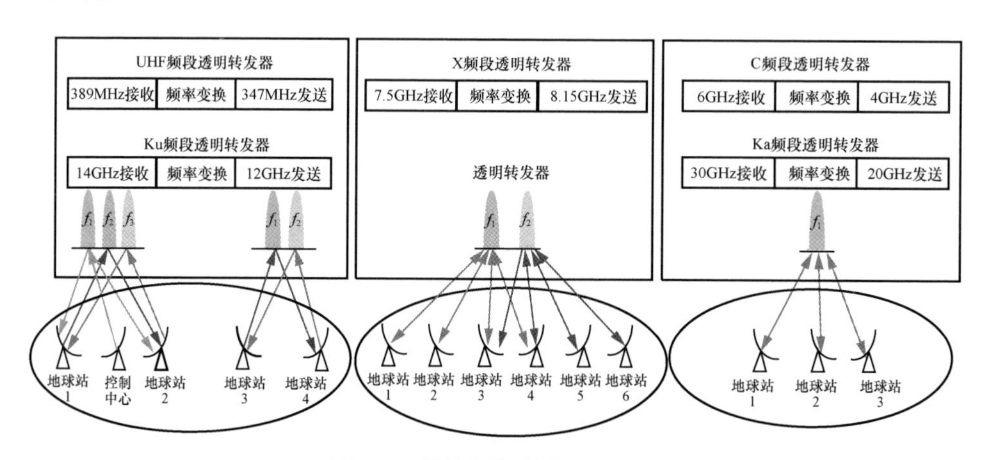

图 1-19 同频段透明转发器及应用

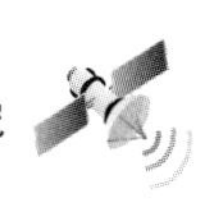

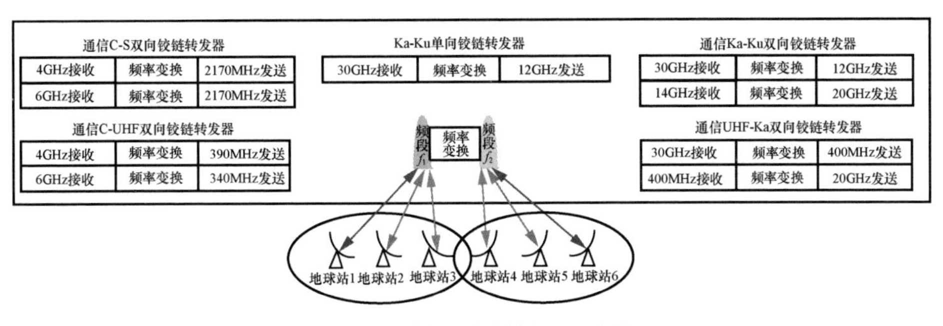

图 1-20　跨频段铰链转发器及应用

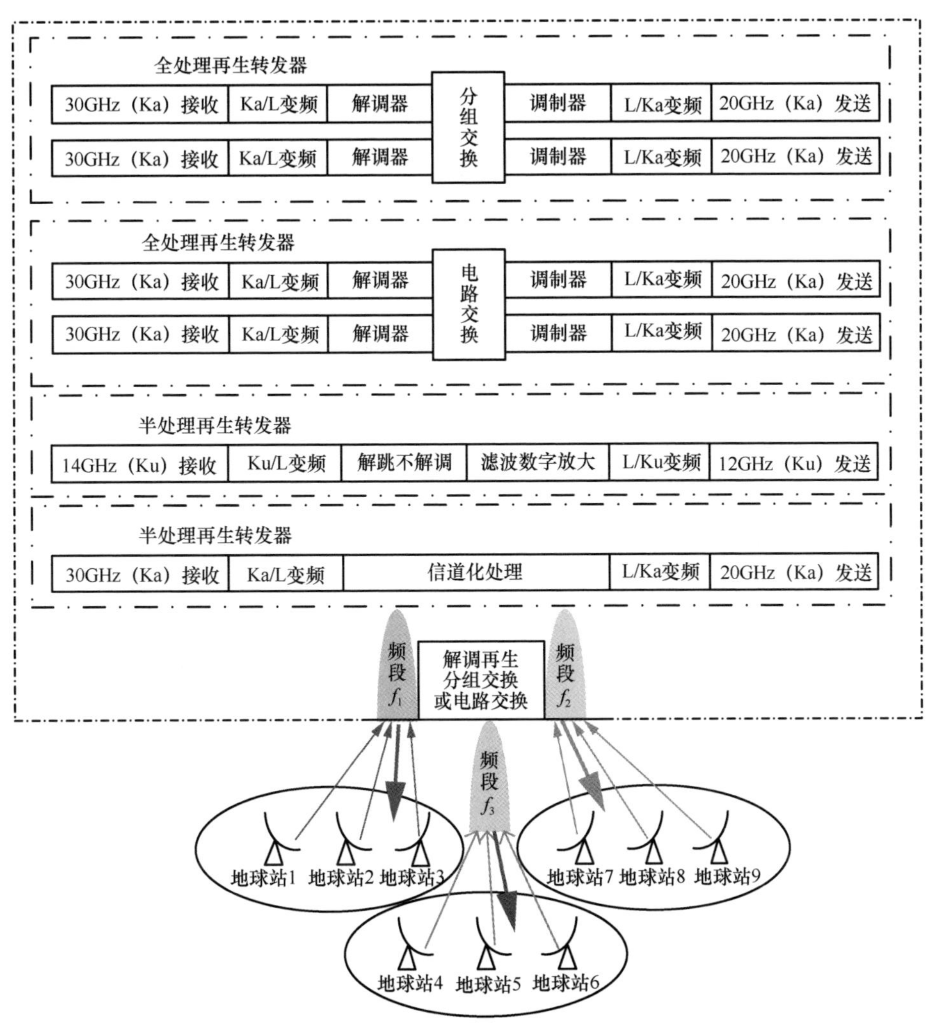

图 1-21　信号再生处理转发器及应用

1.4.4 信号和信息相关技术体制

与信号和信息相关的技术体制恰恰是技术体制的核心，涉及传输体制、业务接入体制、交换体制、信道分配体制、网络管理体制和组网架构体制等。尤其是传输体制中的多址体制几乎成了天基网络尤其是卫星通信网络的代名词。由于后文对与信号和信息相关的技术体制都有对应章节进行详细阐述，下面只给出涉及的主要方面。

（1）传输体制

传输技术除了涉及支持多用户通联的多址技术，还涉及决定性能的调制解调技术和信道编译码技术，抗干扰传输信号处理技术也属于传输体制的研究范畴，如图 1-22 所示。

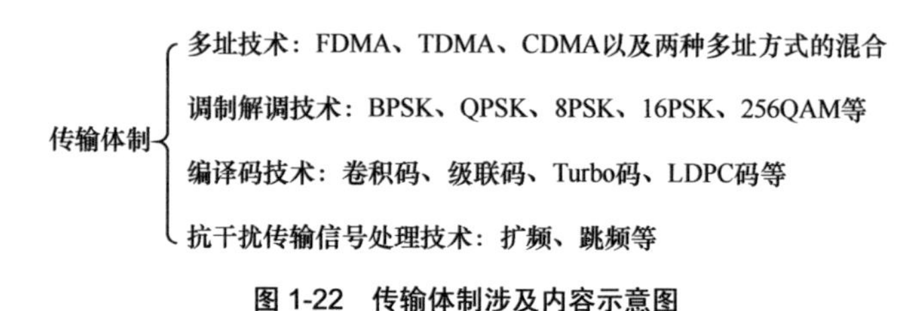

图 1-22　传输体制涉及内容示意图

（2）交换体制和业务接入体制

交换体制主要有电路交换、报文交换和分组交换。电路交换是最早、最普遍的交换方式；分组交换在报文交换的基础上发展而来，是现在非常常用的交换方式，分组交换包括帧交换、帧中继、异步传输模式（Asynchronous Transfer Mode，ATM）交换和 IP 交换。此外，交换体制还有光交换和星上子带交换等交换方式。业务接入体制是指业务接入的方式，通常有非 IP 接入（单路业务接入、多路业务复接接入）和 IP 接入。交换体制和业务接入体制分类示意图如图 1-23 所示。

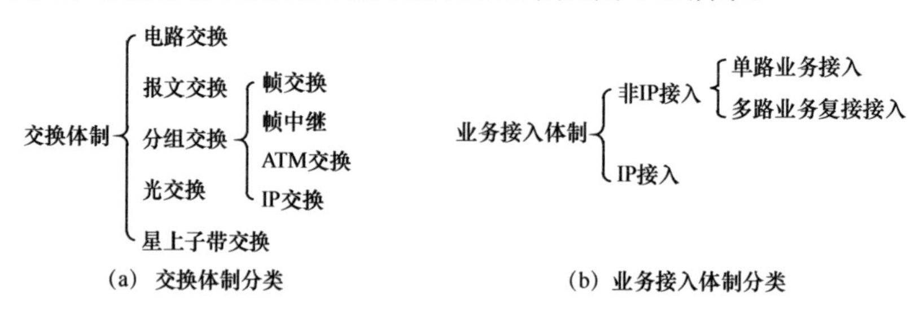

图 1-23　交换体制和业务接入体制分类示意图

（3）组网架构、信道分配方式与网络管理架构

组网架构主要有星状组网、网状组网和混合组网。混合组网是指网络既支持星状组网，也支持网状组网。信道分配方式主要有固定分配、动态分配以及两者相结合的混合分配方式。网络管理架构分为集中式管理架构和分布式管理架构。组网架构、信道分配方式和网络管理架构分类如图 1-24 所示。

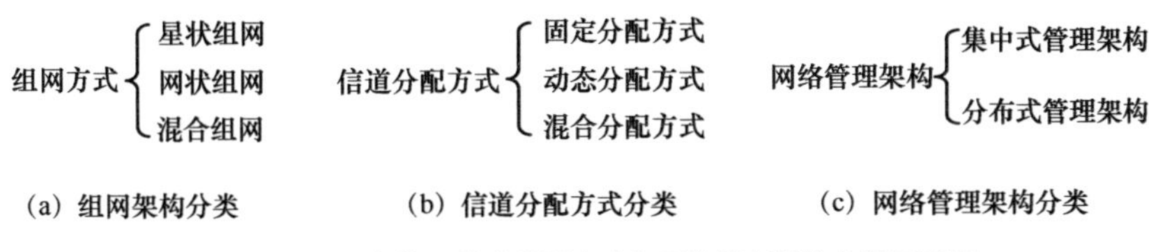

图 1-24　组网架构、信道分配方式和网络管理架构分类示意图

1.5　小结

本章对当前有关天基传输网络、天地一体化网络的众多概念进行了分析和梳理，澄清了很多概念内涵。首先对“大” / “小”天地一体化信息网络的区别和联系进行了讲解，总结了“大” / “小”天地一体化信息网络的特点，并举例说明了“大” / “小”天地一体化信息网络的典型系统场景；然后对天地一体的天基传输网络相关概念和工程相关概念内涵进行了详细解读；最后对天基传输网络技术体制进行了简要介绍。

第2章

全球天基传输网络概况

本章对国内外的天基传输网络进行了全面梳理和分析，首先详细介绍了美国和欧洲的军事卫星通信体系和民用卫星通信体系及其空间段状况，然后对俄罗斯、日本和印度等国的相关体系及空间段情况也做了简要梳理，接着对我国的天基传输网络体系进行了较为详细的描述，最后总结了全球典型的高低轨宽带网络系统和高低轨移动网络系统，并给出了它们的演进过程。

2.1 美国、欧洲的相关体系及空间段概况

2.1.1 体系概况

美国和欧洲天基传输网络体系可分为卫星通信体系和卫星中继体系，进而又分为不同的军、民类型体系，如图 2-1 所示。军事卫星通信体系包括窄带、宽带和受保护（抗干扰）3 类，民用卫星通信体系包括固定和移动两类。由于美国与欧洲的很多国家加入了北大西洋公约组织（以下简称北约），欧洲的军事卫星通信在卫星载荷、技术体制、终端设计等方面均受到美国的影响，可与美国军事卫星兼容。

2.1.2 美国军事卫星通信体系及空间段情况

美国的高轨军事卫星通信体系（宽带、窄带、受保护 3 类）世界领先。宽带方面，2001 年美国启动宽带全球卫星（WGS）系统建设，逐步接替原有国防卫星通信系统（DSCS），主要满足大容量、高速率传输的通信需求；窄带方面，2007 年美国启动移动用户目标系统（MUOS）建设，用来替换原有特高频后续（UFO）系统，MUOS 主要提供用户语音、低速数据等战术移动通信服务；受保护（抗干扰）方面，2008 年美国启动先进极高频（AEHF）系统建设，用来接替军事星系统 Milstar，主

要解决抗干扰、防探测和保密通信问题。

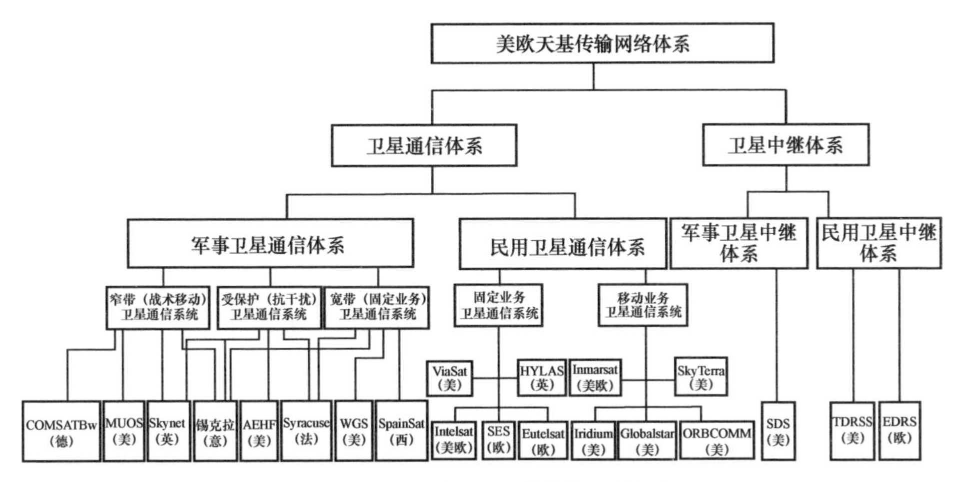

图 2-1　美国和欧洲的天基传输网络体系

从表 2-1 可以看出，美国 3 类军事卫星通信体系的卫星均位于地球同步轨道，每类卫星均部署多颗，基本覆盖 65°N～65°S，通过不同的工作频段及不同的技术体制配合提供不同的保障能力。

表 2-1　美国军事卫星通信空间段主要参数

配置 \ 名称	WGS（宽带）	MUOS（窄带）	AEHF（受保护）
卫星数量	计划部署 12 颗	5 颗左右	计划部署 6 颗
轨道类型	GEO	GEO	GEO
覆盖范围	65°N～65°S	65°N～65°S（试验点达 89.5°N）	65°N～65°S
工作频段	X、Ka	UHF、Ka	EHF、Ka
波束类型	X 频段相控阵点波束； X 频段全球波束； Ka 频段点波束	UHF 频段用户点波束； UHF 频段全球波束； Ka 频段馈电波束	全球波束； 机械可移点波束； 调零点波束； 相控阵波束
星上交换方式	数字信道化交换	透明+数字信道化转发	电路交换
星间链路	无	无	EHF 频段（60Mbit/s）

WGS 系统空间段配置 Ka 频段点波束、X 频段相控阵点波束和 X 频段全球波束；配置数字信道化设备实现波束之间的灵活交换，交换能力达数千个子信道。WGS 系统贯彻性能渐进式、螺旋式逐步提高原则，该星座前 3 颗卫星为 BLOCK I 基本型，从第 4 颗卫星起为 BLOCK II 型，星上配置射频旁路载荷，增强情报、侦察和监视平台的高速数据传输能力；从第 8 颗卫星起，星上增加了新的数字信道选择器，卫星容量提高 45%以上。

MUOS 系统空间段包括 5 颗 GEO 通信卫星（4 颗工作星、1 颗备份星），4 颗工作星分别部署在美国、太平洋、大西洋和印度洋上空，备份星用于提高热点地区的通信保障能力。单星配置多个 UHF 频段用户点波束和 1 个 UHF 频段全球波束及相应的 UHF 透明转发器，通过全球波束为传统用户提供服务，支持上百个传统用户同时接入。还有 2 个 Ka 频段馈电波束和星上数字信道化处理载荷，通过 UHF 的 16 个点波束为新型终端用户提供服务，支持数千个新型终端同时接入。

AEHF 系统空间段采用星间组网方案实现近全球覆盖。卫星采用星上基带处理、自适应多波束调零天线、抗核加固、自主运行等技术，具有非常强的抗干扰、防侦收、防截获和生存能力；配置全球波束、机械可移点波束、调零点波束和相控阵波束，上行为 EHF 频段，下行为 Ka 频段；卫星配置低速处理载荷、中速处理载荷和高速处理载荷以及星间链路处理载荷。

美国在发展上述 3 个系列军事卫星通信体系的同时，于 2003 年实施了空间互联网计划，即发展用激光互联的转型卫星通信体系 TSat，通过星间链路和星地链路，其与三大卫星通信系列之间能相互支持、互联互通和资源共享，尤其是实现宽带系统和防护系列卫星通信系统之间的融合和星间组网，也试图实现通信卫星与中继卫星的融合，从而实现天基用户与陆、海、空等用户的一体化组网[8]。但是该项目于 2009 年中止，其两大核心技术（星间激光和星载路由）仍在继续研究和实验，空间互联网路由（IRIS）系统是卫星搭载 IP 路由器的典型试验系统。

2.1.3 欧洲军事卫星通信体系及空间段情况

欧洲的军事卫星通信体系与美国相同，但是由于容量需求小，空间段采用单星集成多类载荷的方案，见表 2-2。

表 2-2　欧洲军事卫星空间段主要参数

配置 \ 名称	天网（Skynet）	锡拉库斯（Syracuse）	锡克拉	COMSATBw	XTAR
轨道类型	GEO	GEO	GEO	GEO	GEO
覆盖范围	65°N～65°S	65°N～65°S	欧洲及大西洋地区	从美国到东亚广大地域	从北大西洋西岸至新加坡广大地区，包含南美洲
工作频段	X、UHF	X、Ka	X、UHF	X、UHF	Ka、X
波束类型	X 频段相控阵点波束； X 频段全球波束； UHF 频段点波束	X 频段全球波束； X 频段区域波束； X 频段点波束； Ka 频段全球波束； Ka 频段点波束	UHF 频段全球波束； X 频段点波束	UHF 频段全球波束； X 频段全球波束； X 频段点波束	XTAR-LANT： 全球波束、固定波束、可控波束； XTAR-EUR： 全球波束、固定波束、可控波束
星上交换	数字信道化交换	透明转发	数字信道化交换	透明转发	透明转发
星间链路	无	无	无	无	无

天网系统（Skynet）是英国主用军事卫星系统，目前在轨的天网系列卫星包括天网 4 卫星和天网 5 卫星，其中天网 5 卫星包括天网 5A、天网 5B、天网 5C 和天网 5D。天网 5 卫星搭载了 UHF 频段和 X 频段转发器，可为英国陆海空三军、北约和其他盟国提供高速加密语音、数据通信服务，通信速率为 256kbit/s～8Mbit/s。

锡拉库斯（Syracuse）是法国军事卫星系统，目前在轨运行的是锡拉库斯 3 卫星，包括锡拉库斯 3A 和锡拉库斯 3B。锡拉库斯 3 卫星搭载了 X 频段和 Ka 频段转发器，每台转发器可形成多个子信道进行交换，子信道带宽可在 1.2～40MHz 范围调整。单星支持 X 频段的 1 个全球波束、1 个法国区域波束、4 个点波束，以及 Ka 频段的 1 个全球波束、2 个点波束。星上具备有源接收天线和较高的储电能力，可以保证卫星具备较好的抗干扰能力。

锡克拉是意大利军事卫星系统，在轨卫星包括锡克拉-1B 和锡克拉-2，卫星搭载 UHF 频段和 X 频段转发器。星上多波束天线可形成 9 个 X 频段点波束，实现近全球覆盖，其中有 6 个点波束可同时处于接收状态。此外，X 频段接收天线还具备自适应调制能力，从而针对干扰源地理位置进行动态调零。而且，其星上数字信道化处理技术的应用使得波束内和波束间支持灵活组网，可实现单跳通信，保障锡克拉-2 卫星在通信对抗条件下可以灵活支持地面部队的通信需求。

COMSATBw 是德国军事卫星系统，目前在轨卫星有 COMSATBw-1 和 COMSATBw-2。卫星采用透明转发体制，搭载 UHF 频段和 X 频段转发器，覆盖从美国到东亚的广大地域。COMSATBw 卫星可提供语音、数据、视频及多媒体等传输服务，从而为海外执行任务的德军士兵提供可靠的、与德国本土通联的保障。

XTAR 是西班牙军事卫星系统，目前在轨卫星有 XTAR-LANT 和 XTAR-EUR。XTAR-LANT 卫星搭载 X 频段和 Ka 频段转发器，支持 2 个全球波束、1 个固定波束和 3 个可控波束。XTAR-EUR 卫星搭载 X 频段转发器，支持 2 个全球波束、1 个固定波束和 4 个可控波束。

2.1.4 美国、欧洲的民用卫星通信体系及空间段情况

2.1.4.1 高轨固定业务卫星通信

美国和欧洲的高轨固定业务卫星通信系统主要包括 Intelsat 系统、SES 系统、Eutelsat 系统、Telesat 系统、ViaSat 系统和 HYLAS 系统等，见表 2-3。Intelsat 系统由美国和欧洲主导的国际通信卫星公司运营，总部设在华盛顿；SES 系统由欧洲卫星公司运营，总部设在卢森堡；Eutelsat 系统由欧洲卫星通信公司运营，总部设在巴黎；Telesat 系统由加拿大电信卫星公司运营，总部设在渥太华。ViaSat 系统由美国卫讯公司运营，提供宽带大容量服务。HYLAS 系统由英国 Avanti 公司运营，主要用于欧洲、中东和非洲的宽带互联网接入服务。

表 2-3 美国、欧洲的高轨固定业务通信卫星空间段主要参数

配置 \ 名称	Intelsat	SES	Eutelsat	Telesat	ViaSat	HYLAS
轨道类型	GEO	GEO	GEO	GEO	GEO	GEO
覆盖范围	全球覆盖	全球覆盖	全球覆盖	全球覆盖	几乎全球覆盖	区域覆盖，主要为欧洲、非洲以及中东地区
工作频段	C、Ku、Ka	C、Ku、Ka	C、Ku、Ka	C、X、Ku、Ka	Ka	Ku、Ka

（续表）

名称 配置	Intelsat	SES	Eutelsat	Telesat	ViaSat	HYLAS
波束类型	C 频段宽波束； Ku 频段点波束； Ka 频段点波束	SES-12：Ku 频段点波束； SES-17：Ka 频段点波束	Eutelsat KA-SAT 9A：Ka 频段点波束； Eutelsat-65 West B：Ka 频段点波束	Ka 频段点波束	Ka 频段点波束	HYLAS-1：Ka 频段点波束； HYLAS-2：Ka 频段固定点波束、Ka 频段移动点波束、馈电波束； HYLAS-4：用户波束、关口站（Gateway Station，GS）波束
星上交换方式	透明转发	透明转发	透明转发	透明转发	透明转发	透明转发
星间链路	无	无	无	无	无	无

Intelsat 系统包括银河（Galaxy）系列、Intelsat 系列、地平线（Horizons）系列等 50 多颗卫星。Intelsat 卫星主要搭载 C 频段、Ku 频段和 Ka 频段透明转发器，通过宽波束和点波束为全球用户提供通信服务。为了顺应全球高通量卫星（HTS）的迅猛发展，国际通信卫星公司实施“Intelsat EpicNG”发展计划，单星容量达 25Gbit/s 以上，该系列卫星将宽波束、点波束与频率复用结合，以满足全球用户的宽带服务需求，并实现传统固定业务面向海事/航空的移动业务发展。

SES 系统包括 AMC 系列、Astra 系列、Ciel 系列、NSS 系列、QuetzSat 系列、YahSat 系列和 SES 系列等 50 余颗卫星，搭载 C 频段、Ku 频段和 Ka 频段透明转发器，提供视频、电视广播和宽带连接服务。目前在轨运行的卫星是 SES-17、SES-15、SES-14 和 SES-12，为航空、海事等部门提供服务。

Eutelsat 系统包括 30 多颗卫星，搭载 C 频段、Ku 频段和 Ka 频段透明转发器，提供视频广播和宽带通信等服务。其中，Eutelsat KA-SAT 9A 卫星是欧洲首颗全 Ka 频段高通量卫星，通信容量为 70Gbit/s，通过地面关口站连接互联网。Eutelsat 172B 卫星是其最新的高通量卫星，搭载 C 频段和 Ku 频段常规转发器以及 Ku 频段高通量载荷，为美国和亚洲之间的飞机旅行提供宽带通信服务。

Eutelsat 公司与欧洲航天局（European Space Agency，ESA）、空中客车公司合作研制了新一代用于商业通信市场的软件定义同步轨道卫星 Eutelsat-Quantum 卫星（以下简称量子卫星），通过软件定义技术实现功率、频谱、覆盖范围、带宽资源的

灵活使用和优化，必要时可根据用户需求的变化进行重构，还能在星上探测干扰并实现抗干扰。Eutelsat-Quantum 的首星于 2021 年 7 月发射，部署于大西洋上空 12.5°W 的 GEO 轨道。该卫星为全 Ku 频段卫星，有 8 个通信波束，每个波束都可以修改，其覆盖区域及发送信号功率均可改变。

量子卫星的最大特点是采用了软件无线电理念，其某些功能参数是可重构的、灵活的、可通过软件定义的。具体来说，该卫星在如下几方面具有很好的灵活性：一是覆盖范围可重构，卫星的相控阵天线由西班牙 CASA 公司提供，允许控制者通过地面指令控制波束，能够通过软件定义覆盖区形状、方向，进而实现软件定义的覆盖时间、覆盖区域（即空分+时分的覆盖范围跳变），以提高通信容量利用率，量子卫星在不同位置的波束跳变示意图如图 2-2 所示；二是带宽可重构，可通过软件控制通信卫星的带宽；三是功率与频率配置可重构，可根据用户需求灵活定义“功率–频率”配置；四是具备基于资源重构的抗干扰能力，即通过快速重构相关资源，实现干扰抵消、干扰隔离[9]。

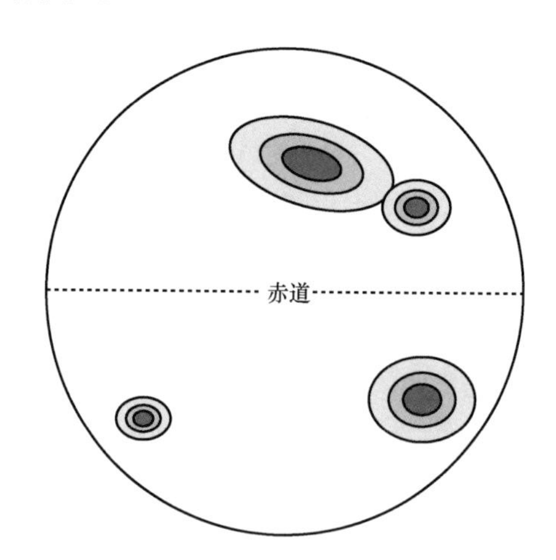

图 2-2　量子卫星在不同位置的波束跳变示意图

Telesat 系统包括 Nimiq 系列、Arnik 系列和 Telstar 系列等地球同步轨道卫星，搭载 C 频段、X 频段、Ku 频段和 Ka 频段透明转发器，提供电视直播、宽带大容量数据传输、海事及航空客户视频和移动宽带等服务。其中，Nimiq 系列卫星为北美覆盖星座，主要提供北美地区的直接入户（DTH）电视服务；Arnik G1 卫星是加拿大首颗配置 X 频段有效载荷的商业通信卫星，搭载 X 频段转发器，为整个美洲及太平洋部分地区的政府机构、军事机构提供通信服务；Telstar 系列卫星为全球覆盖星

座，包括 Telstar 11N、Telstar 14R、Telstar 12V、Telstar 18V、Telstar 19V 等卫星，提供视频通信和移动宽带等服务。

ViaSat 系统目前在轨的卫星是 ViaSat-1 和 ViaSat-2。ViaSat-1 卫星携带 Ka 频段转发器，采用多点波束和频率复用技术，总容量可达 140Gbit/s。ViaSat-2 卫星首次将超大带宽容量和极大覆盖范围结合，其带宽为 ViaSat-1 的两倍，覆盖范围为 ViaSat-1 的 7 倍，总容量高达 300Gbit/s。ViaSat-3 单星容量为 1Tbit/s，是目前地球同步轨道容量最大的单颗通信卫星。这 3 颗卫星几乎覆盖整个地球，可为全球商业航空公司、商务飞机提供机载互联网通信服务。

HYLAS 系统目前在轨的卫星是 HYLAS-1、HYLAS-2、HYLAS-3 和 HYLAS-4。HYLAS-1 卫星是英国首颗 Ka 频段宽带卫星，搭载 Ku 频段和 Ka 频段转发器，支持 Ka 频段点波束，并采用通用成帧协议（Generic Framing Procedure，GFP）技术，实现星上频率、功率资源在各波束间的按需配置。HYLAS-2 卫星搭载 Ka 频段转发器，支持固定点波束、移动点波束和馈电波束。HYLAS-4 卫星是一颗 Ka 频段高通量宽带卫星，支持多个用户波束和若干关口站波束，为多个地区提供 Ka 频段服务。

2.1.4.2　高轨移动业务卫星通信

美国和欧洲的高轨移动业务卫星通信系统主要包括 Inmarsat 系统、SkyTerra 系统、TerreStar 系统和 ICO G1 系统等，见表 2-4。Inmarsat 系统是由美国和欧洲主导的国际移动卫星组织运营的全球最大移动业务卫星通信系统，现已发展到第五代。SkyTerra 系统是美国 LigadoNetworks 公司运营的区域性卫星移动通信系统，为北美和加勒比地区提供卫星移动电话服务。TerreStar 系统是世界上第一个支持地面网级别手持机的卫星移动通信系统，由位于美国弗吉尼亚州的 TerreStar 网络公司运营。ICO G1 系统主要为北美地区及夏威夷群岛提供新一代卫星移动服务，其主要功能是为汽车等移动载体提供实时的移动视频、数据等服务，同时也为手持终端提供移动多媒体服务。

表 2-4　美国和欧洲的高轨移动业务通信卫星空间段主要参数

配置 \ 名称	Inmarsat	SkyTerra	TerreStar	ICO G1
轨道类型	GEO	GEO	GEO	GEO
覆盖范围	近全球覆盖（除两极高纬度区域）	北美和加勒比地区	北美、欧洲	北美地区及夏威夷群岛

（续表）

配置＼名称	Inmarsat	SkyTerra	TerreStar	ICO G1
工作频段	L、Ka	L、Ku	S、Ku	S、Ka
波束类型	第四代卫星：L 频段全球波束、L 频段区域波束、L 频段点波束； 第五代卫星：Ka 频段固定点波束、Ka 频段可移动点波束	L 频段点波束； Ku 频段馈电波束	S 频段点波束； Ku 频段馈电波束	S 频段点波束； Ka 频段馈电波束
转发器类型	透明铰链转发	透明铰链转发	透明铰链转发	透明铰链转发
星间链路	无			

目前在轨的 Inmarsat 卫星主要是第四代卫星和第五代卫星，全部工作在地球同步轨道上。第四代 Inmarsat 卫星搭载 L 频段透明转发器，支持 1 个全球波束、19 个宽点波束和 228 个窄点波束，每个点波束包含 6～8 个信道，单个信道可提供 492bit/s 的传输速率，信道可在不同点波束下动态调配。第五代卫星搭载 Ka 频段透明转发器，支持 89 个固定点波束和 6 个可移点波束，实现南北纬 70°以内近全球覆盖，通信容量为 100Gbit/s，可为用户提供最高上行 5Mbit/s、下行 50Mbit/s 的传输速率。

SkyTerra 系统空间段部署了 1 颗 SkyTerra-1 卫星，SkyTerra-1 卫星搭载了 L 频段、Ku 频段转发器和天线，可产生 500 多个点波束，支持蜂窝电话尺寸的移动终端。此外，SkyTerra-1 卫星采用双向的基于地面的成形波束技术，根据用户需求，形成数目不定的各自独立的高功率发送点波束和接收点波束，从而有效地分配频率和功率，进行灵活的动态管理。

TerreStar 系统目前在轨的有 TerreStar-1 和 TerreStar-2 卫星。TerreStar-1 卫星搭载 S 频段、Ku 频段转发器和大口径天线，200 余个波束可以覆盖整个美国以及附近沿海地区。TerreStar-2 波束达到 500 多个，覆盖整个北美及欧洲地区。TerreStar 采用地基波束成形技术，对其波束覆盖具有动态配置的能力，当遇到紧急情况或有特殊需求时，能够调整其波束的覆盖格局，分配大量的卫星波束资源到该地区，为该地区提供相应需求的卫星资源。

ICO G1 系统目前有 1 颗卫星，ICO G1 卫星采用透明铰链转发方式，用户链路为 S 频段，馈电链路为 Ka 频段，共有大约 200 多个收发独立的用户波束，覆盖北美地区及夏威夷群岛。

2.1.4.3　中低轨移动业务通信卫星

美国和欧洲的中低轨移动业务卫星通信系统主要包括 Iridium 系统、GlobalStar 系统和 ORBCOMM 系统等，见表 2-5。中低轨移动业务卫星通信系统主要由美国引领技术和市场发展。随着需求的不断更新和技术水平的发展，这几个系统均由一代向二代转变，呈现出载荷能力更强、功能更综合、应用定位更准确的趋势，但保持了频率、轨位以及星座构型的持续性。Iridium 系统是目前世界上唯一支持全球（包括两极在内）无缝覆盖服务的系统，采用星间链路组网，不依赖全球布站实现用户间互通。GlobalStar 是美国 LQSS（Loral Qualcomm Satellite Service）公司运营的低轨卫星移动通信系统，无星间链路设计，需要依托关口站实现服务。ORBCOMM 系统是美国轨道通信公司运营的世界上首个、也是唯一专用于机器到机器（Machine to Machine，M2M）通信的商业卫星网络。

表 2-5　美国和欧洲的中低轨移动业务通信卫星空间段主要参数

配置＼名称	Iridium	GlobalStar	ORBCOMM
轨道类型	LEO、近极轨道	LEO、倾斜轨道	LEO、倾斜轨道
轨道参数	倾角为 86.4°，高度为 780km	倾角为 52°，高度为 1414km	倾角为 0°、45°、70°、108°，高度为 740～975km
卫星规模	75 颗	48 颗	22 颗
覆盖范围	全球覆盖	70°N～70°S	近全球覆盖
用户频段	L	L、S	VHF
馈电频段	Ka	C	VHF
波束类型	L 频段相控阵波束； Ka 频段馈电波束； Ka 频段星间波束	L/S 频段用户点波束	VHF 相控阵波束
星上交换方式	电路交换	透明转发	存储转发
星间链路	有	无	无

目前第二代铱系统 Iridium NEXT 已部署完成，在轨共有 75 颗卫星，其中 66 颗为主星，分布在 6 个轨道面，轨道高度为 780km，轨道倾角为 86.4°，与第一代 Iridium

系统的轨道设计保持一致。Iridium NEXT 卫星携带再生式处理转发器，配置 L 频段相控阵天线，可产生 48 个点波束，覆盖直径为 4700km，提供 L 频段 1.5Mbit/s 的高速通信服务。同时，星上利用 Ka 频段馈电链路天线，形成可移点波束连接至关口站，通过 Ka 频段星间链路天线，与同轨道面以及相邻轨道面的 4 颗卫星保持通信连接。此外，星上还搭载了广播式自动相关监视（Automatic Dependent Surveillance-Broadcast，ADS-B）和船舶自动识别系统（Automatic Identification System，AIS）载荷，可提供全球航空监视以及全球船舶监视等服务。

GlobalStar 系统由分布在 8 个圆形轨道平面的 48 颗卫星组成，每个轨道面均匀分布 6 颗卫星，轨道高度为 1414km，轨道倾角为 52°。2010—2013 年先后有 24 颗 GlobalStar-2 卫星发射，覆盖区域为南北纬 70°以内地区。GlobalStar-2 卫星仍采用弯管透明转发器设计，搭载 C/S 频段转发器和 L/C 频段转发器，通过 L 频段相控阵接收天线和 S 频段相控阵发射天线形成多个用户点波束，每个波束内复用码分多址（Code Divesion Multiple Access，CDMA）信道，信道速率最高为 9.6kbit/s。此外，GlobalStar-2 还增加了基于卫星的 Wi-Fi 服务，用户使用智能手机就可以直接上网。

ORBCOMM 系统目前在轨提供服务的是 22 颗 ORBCOMM Generation-2（OG2）卫星，它们分布在轨道高度为 740～975km 的 7 个轨道面上，无星间链路，采用存储转发模式。卫星搭载 VHF 频段通信载荷，为用户提供可靠且廉价的 M2M 通信，能够覆盖世界上大多数地区。相比于 OG1 卫星，OG2 卫星的接入能力提高了 6 倍，传输速率更快、传输量更大。此外，OG2 卫星搭载了 AIS 有效载荷，用于接收与播报海上船舶的 AIS 信号，实现船舶导航、海上安全和船只跟踪等功能。

2.1.4.4 中低轨固定业务通信卫星

美国和欧洲的中低轨固定卫星通信系统主要包括 O3b 系统、OneWeb 系统和星链（Starlink）系统等，见表 2-6。O3b 系统是目前唯一成功运营的中轨星座宽带卫星通信系统，其建设目标是让亚洲、非洲、大洋洲和美洲等地区缺乏上网条件的“另外 30 亿人”能够通过卫星接入互联网。OneWeb 系统是一个由数百颗卫星组成、为全球提供互联网宽带服务的低轨卫星系统。Starlink 系统由 SpaceX 公司提出，目标是为全球的消费者提供高速、低时延的宽带接入服务。

表 2-6　美国和欧洲的中低轨固定业务通信卫星空间段配置

配置＼名称	O3b	OneWeb	Starlink
轨道类型	MEO，几乎零倾角，高度为 8062km	LEO，近极轨道，高度为 1200km	LEO，高度为 325～580km
覆盖范围	南北纬 50°以内地区	全球覆盖	全球覆盖
工作频段	Ka	Ku、Ka	Ku、Ka、V
波束类型及数量	Ka 频段点波束	Ku 频段用户波束 Ka 频段馈电波束	Ku/V 频段用户波束 Ka/V 频段馈电波束
星上交换方式	透明转发	透明转发	星上处理交换
星间链路	无	无	有

O3b 系统目前在轨运行的卫星有 16 颗，位于赤道上空 8062km、几乎零倾角的 MEO 上，覆盖区域为南北纬 50°以内地区，南北纬 50°～62°范围内的用户也可以使用有限的服务。O3b 卫星搭载 Ka 频段透明转发器，无星间链路设计，支持 12 个点波束，其中用户波束 10 个、关口站波束 2 个，跟踪地面固定位置，波束覆盖直径为 700km，可提供百 Mbit/s 量级的用户信息速率。

OneWeb 系统由约 720 颗卫星以及在轨备份星组成，卫星轨道高度约 1200km，包括 18 个倾角为 87.9°的轨道面，每个轨道面包含 40 颗卫星，可提供全球覆盖，大部分地区的仰角大于 60°。每颗卫星有 16 个 Ku 频段用户波束，每个波束包括一个高椭圆点波束。此外，还有 2 个相同的可控馈电波束，工作在 Ka 频段。1 个馈电波束中的 16 个 Ka 上行信道被转换为 16 个 Ku 频段下行信道，路由至 16 个用户波束中的一个（前向链路）。同样，来自用户波束的 16 个 Ku 频段上行信道被转换为 16 个 Ka 频段下行信道，并回传至相应的馈电波束。

SpaceX 公司计划一期部署 11927 颗卫星，分 3 步完成；二期部署多达 30000 颗卫星，这些卫星将工作在 325～580km 高度的 LEO 上。自 2019 年 5 月组网发射启动至今，已有 1791 颗组网卫星被送入轨道，目前正常工作的卫星大约有 1657 颗。Starlink 卫星采用 Ku、Ka 和 V 频段，可以实现用户容量、分布、接入方式灵活调配，为了支撑灵活载荷，星上采用数字透明转发设计。2021 年 1 月 24 日，SpaceX 公司将 10 颗具备激光链路的卫星部署到高度为 560km、倾角为 97.5°的太阳同步轨道（SSO），这是 SpaceX 公司首次部署 SSO 卫星，可为包括美国阿拉斯加州在内的极地地区提供互联网服务，这意味着 Starlink 提供的卫星宽带服务将覆盖全球。

2.1.5 美国军事卫星中继体系及空间段情况

美国的军用卫星中继系统是卫星数据系统（SDS），主要为美国国家侦察局的光学、雷达侦察卫星提供数据中继服务，某些 SDS 卫星携带通信载荷，可为高纬度尤其是极地地区提供通信支持服务。欧洲目前尚未发展军用卫星中继系统。美国军事中继卫星空间段主要参数见表 2-7。

表 2-7 美国军事中继卫星空间段主要参数

主要参数	具体说明
轨道类型	GEO、高椭圆轨道（High Elliptical Orbit，HEO）
覆盖范围	全球覆盖
卫星数量	第三代 SDS 卫星：8 颗；第四代 SDS 卫星：2 颗
工作频段	S、Ku、Ka
星上交换方式	透明转发

SDS 中继卫星已经发展了 4 代：第一代于 20 世纪 70 年代发射，使用 UHF 频段，均位于高椭圆轨道；第二代于 20 世纪 80 年代发射，3 颗位于高椭圆轨道，1 颗位于地球同步轨道，搭载通信天线，支持 Ku 频段下行通信；第三代于 1998 年至 2014 年发射，3 颗位于高椭圆轨道，5 颗位于地球同步轨道，工作频段包括 S、Ku、Ka 频段；第四代于 2016 年开始发射，位于地球同步轨道。

2.1.6 美国、欧洲的民用卫星中继体系及空间段情况

美国、欧洲的民用卫星中继系统主要包括 TDRSS 系统和 EDRS 系统，见表 2-8。美国的 TDRSS 系统是世界上发展非常早的数据中继卫星系统，利用同步轨道的中继卫星星座及相关地面系统，为低轨航天器用户提供跟踪和数据中继服务。从 20 世纪 70 年代提出 TDRSS 到现在，美国的 TDRSS 系统已经发展成 3 代卫星同时在轨、多个地面站协同工作的天基网络系统。欧洲的 EDRS 系统与美国的 TDRSS 系统思路不同，没有把测控使用的 S 频段作为重点，而是发展激光中继通信载荷，形成以激光数据中继卫星与载荷为骨干的天基信息网，为卫星、空中平台的观测数据提供近实时的传输。

表 2-8　美国和欧洲的民用中继体系各卫星空间段主要参数

配置＼名称	TDRSS	EDRS
轨道类型	GEO	GEO
覆盖范围	全球覆盖	全球覆盖
工作频段	S、Ku、Ka	Ka、激光
波束类型	S 频段相控阵波束； S、Ku、Ka 频段跟踪波束	激光波束； Ka 频段点波束
交换方式	透明转发	透明转发
星间链路	有	有

目前在轨的 TDRSS 卫星包括 4 颗一代 TDRSS 卫星、3 颗二代 TDRSS 卫星和 3 颗三代 TDRSS 卫星。第二/三代 TDRSS 卫星搭载 S 频段多址相控阵天线，可提供前向波束和反向波束；搭载 S、Ku、Ka 频段单址抛物面天线，为用户提供一对一服务，最高反向速率达 600Mbit/s；搭载 Ku 频段抛物面天线，用于与地面站建立星地通信链路；搭载 S 频段全向天线，用于应急操作。第三代 TDRSS 卫星与第二代 TDRSS 卫星功能类似，最大的区别是其将 S 频段多址相控阵天线的反向波束成形搬到了地面。

EDRS 系统计划由 EDRS-A、EDRS-C 和 EDRS-D 3 颗卫星组成，3 颗卫星均位于地球同步轨道。EDRS-A 卫星搭载激光通信载荷和 Ka 频段通信载荷，覆盖范围为从美国东海岸到印度地区。激光星间链路用于星间高速数据中继，实现 1.8Gbit/s 的数据传输速率；Ka 频段通信载荷具有星间和星地两种通信模式，星间通信模式用于与低轨航天器的实时数据通信，数据传输速率为 300Mbit/s；星地通信模式用于与地面站进行通信，数据传输速率为 1.8Gbit/s。EDRS-C 和 EDRS-D 卫星仅提供激光中继链路，用于提高 EDRS 系统容量以及覆盖范围，从而提供全球数据中继服务。

2.2　俄罗斯、日本等国的相关体系及空间段情况

2.2.1　俄罗斯卫星通信体系情况

俄罗斯天基传输网络同样可分为卫星通信系统、卫星中继系统，进而又分为军事、军民两用、民用等系统，相关体系构成如图 2-3 所示。

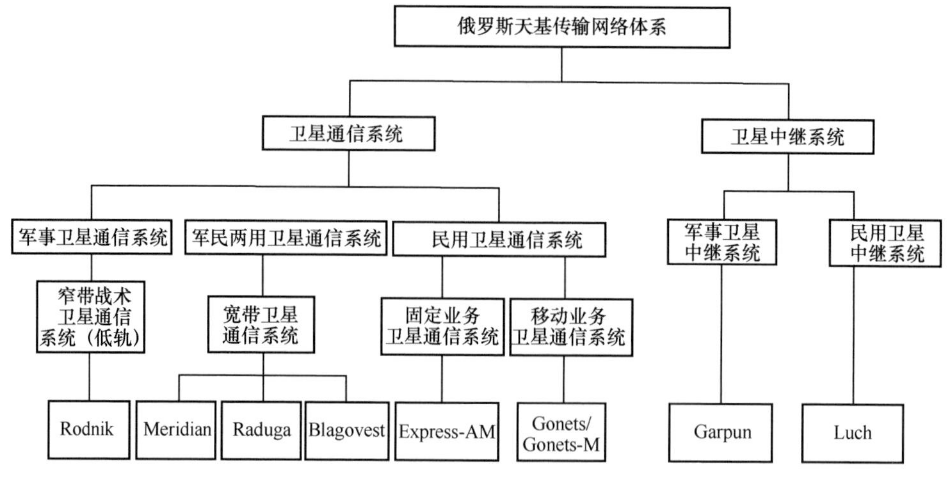

图 2-3　俄罗斯天基传输网络体系构成

俄罗斯专用军事卫星通信只有 Rodnik 存储转发型战术通信星座，轨道高度为 1400～1500km，倾角为 82.6°，工作在 VHF、UHF 频段，应用于军事和情报信息转发通信。

俄罗斯军民两用卫星通信系统主要有 Meridian、Raduga、Blagovest 等系列。Meridian 系列卫星位于高椭圆轨道（远地点为 40000km，近地点为 1000km），轨道倾角为 65°，工作在 C 频段、X 频段，既可以保障俄罗斯北部海域的舰船和侦察飞机与岸基通信联络，也能保障俄罗斯西伯利亚与远东地区的通信。Raduga 系列卫星搭载 C 频段和 X 频段转发器，覆盖俄罗斯本土，主要向俄罗斯政府高层官员提供战略通信服务。Blagovest 系列卫星搭载 C 频段和 Ka 频段转发器，可提供宽带互联网接入、电视和音频信号广播、语音通信等服务。

俄罗斯民用通信卫星主要包括 Gonets 系列和 Express-AM 系列，分别部署在低轨和地球同步轨道上。Gonets 系列是由 Strela-3 军事通信卫星衍生出的民用卫星，部署在高度为 1350km、倾角为 82.5°的圆轨道上，已发展了两代。Gonets-M 是 Gonets 系列的升级版本，工作在 VHF、UHF 频段，主要用于报文通信，采集导航定位数据，移动目标跟踪数据及环境、工业和科学检测数据。Express-AM 系列卫星运行于地球同步轨道，搭载 C、Ku、Ka 和 L 等多频段转发器，为俄罗斯及周边国家提供电视广播、数据传输和宽带接入等服务。

俄罗斯的军事卫星中继系统以 Garpun 为代表，主要为侦察卫星提供中继服务，也承担部分地球站间的通信任务。最典型的民用卫星中继系统是 Luch 系统，其组成星座提供全球覆盖，为国际空间站（International Space Station，ISS）与地面控制中心提供电视和数据通信。

俄罗斯卫星通信系统的空间段主要参数见表 2-9。

表 2-9　俄罗斯卫星通信系统的空间段主要参数

特征参数＼名称	Rodnik	Meridian	Raduga	Blagovest	Gonets/Gonets-M	Express-AM
轨道类型	LEO、近极轨道；倾角：82.6°；轨道高度：1400～1500km	HEO 倾角 65°；远地点：40000km；近地点：1000km	GEO	GEO	LEO、近极轨道；倾角：82.5°；轨道高度：1350km	GEO
覆盖范围	全球覆盖	俄罗斯及周边	俄罗斯本土	俄罗斯本土	近全球覆盖	俄罗斯及周边
工作频段	VHF、UHF	C、X	C、X	C、Ka	VHF、UHF	L、C、Ku、Ka
星上交换方式	存储转发	透明	透明	透明	存储转发	透明
星间链路	无	无	无	无	无	无

2.2.2　日本卫星通信体系情况

日本天基传输网络同样可分为卫星通信系统和卫星中继系统两类，卫星通信系统既有只能军用的，也有军民两用的，但卫星中继系统只有民用的，如图 2-4 所示。

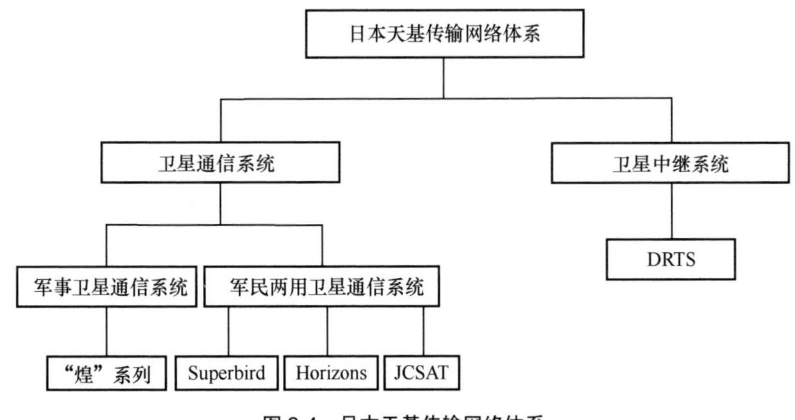

图 2-4　日本天基传输网络体系

日本早期的军事卫星通信一直租用商业卫星开展，为了适应新的需求，其发展了“煌”系列军用通信卫星。“煌”系列卫星均位于地球同步轨道，煌2号卫星是日本首颗X频段军事专用卫星。“煌”系列卫星搭载X频段转发器，具有高容量、高速率、可移动点波束等能力，覆盖范围包含日本及周边的所有岛屿，以及西至亚丁湾、东至夏威夷群岛的广大区域。

日本拥有Superbird、Horizons和JCSAT等系列卫星，主要为民用卫星，也可用于军事。Superbird系列卫星搭载Ku、Ka和X频段转发器，覆盖亚太地区，提供通信和广播电视业务，其中，X频段用于军事通信。Horizons系列用于北美和亚太地区的通信服务，Horizons-3e 是日本首颗搭载高通量载荷的卫星，为亚太地区提供移动和宽带业务服务。JCSAT系列卫星搭载C、S、Ku、Ka等频段转发器，主要为亚太地区提供固定通信、移动通信、广播电视及航海航空服务。其中，JCSAT-9卫星搭载了S频段转发器，也被称为N-STAR D卫星，用于日本国内的移动通信。

以数据中继试验卫星（Data Relay Test Satellite，DRTS）为代表，日本的中继卫星曾为先进陆地观测卫星（Advance Land Observing Satellite，ALOS）、国际空间站等提供数据中继服务，并取得了重要成果。在其超期服务退役后，日本发射激光数据中继卫星作为替代，该星搭载了由日本宇宙航空研究开发机构（Japan Aerospace Exploration Agency，JAXA）研发的激光通信系统，通过近红外光束与遥感卫星连接，实现高速数据传输。

日本典型卫星通信系统空间段主要参数见表2-10。

表2-10　日本典型卫星通信系统空间段主要参数

配置 \ 名称	“煌”系列	Superbird	Horizons	JCSAT
轨道类型	GEO	GEO	GEO	GEO
覆盖范围	日本及周边所有岛屿，以及西至亚丁湾、东至夏威夷群岛的广大区域	亚太地区	北美、亚太地区	亚太地区
工作频段	X	X、Ku、Ka	C、Ku	C、S、Ku、Ka
星上交换方式	透明转发	透明转发	透明转发	透明转发
星间链路	无	无	无	无

2.2.3　印度卫星通信体系情况

印度天基传输网络体系如图 2-5 所示，主要包括 GSAT 系列和 INSAT 系列。GSAT 系列为军民两用系列，也是后续发展的主系列；INSAT 系列主要提供电视直播、新闻采集等民用服务。

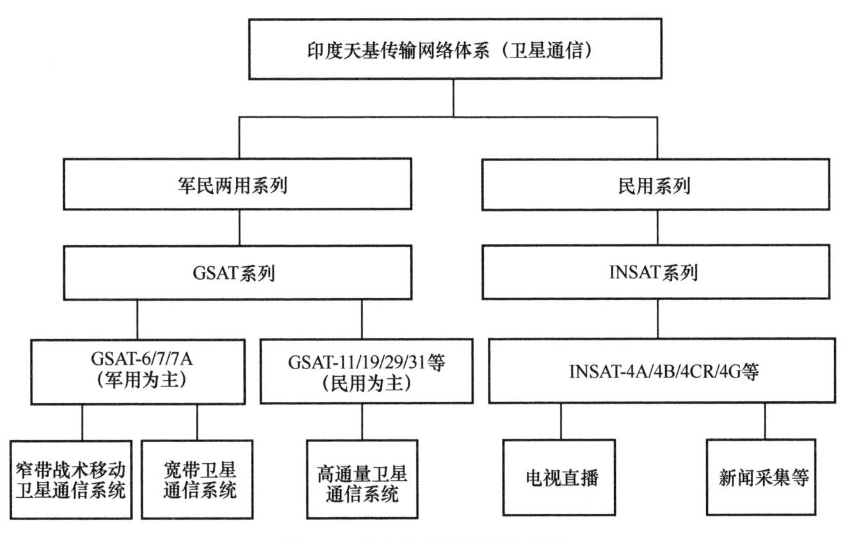

图 2-5　印度天基传输网络体系

军用方面，印度近年来发射了 4 颗军事通信卫星，成功入轨 3 颗，分别是 GSAT-6、GSAT-7 和 GSAT-7A，均位于地球同步轨道。GSAT-6 卫星的工作频段为 S 频段和 C 频段，其中 S 频段点波束为印度大陆战略用户提供语音、视频以及数据通信服务，C 频段波束则覆盖印度全境，用于与地面主站连接。GSAT-7 卫星是印度海军专用通信卫星，携带 Ku 频段、S 频段转发器和 UHF/C 频段转发器，可提供低速语音和高速数据通信服务，支持海军舰艇（含潜艇）、飞机以及地面站组网。GSAT-7A 卫星是印度空军专用通信卫星，携带 C、S、Ku 频段转发器，为印度空军各地雷达站、空军基地和预警机提供通信支持。

民用方面，INSAT 系列卫星已发展了 4 代，INSAT-4A/4B 搭载 Ku 频段、C 频段转发器，覆盖印度大陆及周边区域；INSAT-4CR 搭载 Ku 频段转发器，提供电视直播、视频传输和数字卫星新闻采集等服务；INSAT-4G 搭载 Ku 频段转发器，覆盖整个南亚次大陆，可以更好地为电视用户提供广播服务。GSAT 系列卫星除了移动和宽带综合的军事卫星，近几年印度大力发展了 GSAT-11、GSAT-19、GSAT-29、GSAT-31 等新一代高通量卫星和宽带卫星，GSAT-11 卫星支持 Ku 频段用户波束和 Ka 频段馈电波束，为印度偏远地区提供互联网接入；GSAT-19 卫星支持 Ku 频段用户波束，提供宽带服务；GSAT-29 卫星搭载 Ka 频段和 Ku 频段的高通量通信转发器，为印度东北部地区提供高速通信能力；GSAT-31 卫星搭载 Ku 频段转发器，用于直播和其他通信服务。目前，印度新卫星的名称逐渐与 GSAT 系列融合在一起，并以 GSAT 为主线进行发展，两个系列卫星的典型配置见表 2-11。

表 2-11　GSAT 系列和 INSAT 系列卫星通信空间段典型配置

配置＼名称	GSAT	INSAT
轨道类型	GEO	GEO
覆盖范围	印度及周边区域	印度及周边区域
工作频段	UHF、C、S、Ku、Ka	C、Ku
星上交换方式	透明	透明
星间链路	无	无

2.3　我国相关体系及空间段情况

2.3.1　体系情况

我国天基传输网络体系可分为军事卫星通信系统和民用卫星通信系统，以及中继卫星系统。军事卫星通信系统发展迅速，具有窄带、宽带、抗干扰三大体系。在民用卫星通信系统方面，主要包括以中星系列、亚太系列卫星为代表的固定业务宽带卫星通信系统，以天通一号卫星为代表的移动业务窄带卫星通信系统和以天链系列卫星为代表的数据中继卫星系统。

2.3.2　通信卫星情况

（1）中星、亚太系列卫星

国内主要的卫星运营企业是中国卫通集团股份有限公司，其通信业务主要覆盖

中国、澳大利亚、东南亚、南亚、中东以及欧洲、非洲等国家和地区。目前，在轨运行的 C、Ku、Ka 频段民用通信卫星共 15 颗，包括中星 2D、中星 6A、中星 6B、中星 6C、中星 9 号、中星 10 号、中星 11 号、中星 12 号、中星 15 号、中星 16 号和亚太 5C、亚太 6C、亚太 6D、亚太 7 号、亚太 9 号。我国宽带卫星发展刚刚起步，整体技术水平、系统容量和服务能力与国外先进卫星系统尚有差距。2017 年我国发射首颗 Ka 高通量宽带卫星中星 16 号，其通信容量达 25Gbit/s；2020 年我国发射首颗 Ku 高通量宽带卫星亚太 6D，其通信容量达到 50Gbit/s，而国际上同期规划的卫星容量达 300Gbit/s。

（2）天通一号卫星

2011 年，我国首个卫星移动通信系统——天通一号卫星移动通信系统工程正式启动。天通一号卫星移动通信系统是我国自主研制建设的卫星移动通信系统，也是我国空间信息基础设施的重要组成部分。2016 年 8 月 6 日，天通一号 01 星发射升空，这是我国卫星移动通信系统首发星，技术指标与能力水平达到国际第三代移动通信卫星水平。天通一号卫星基于东方红四号平台研制，拥有 109 个国土波束，实现了我国领土、领海、第一岛链以内区域覆盖。该卫星为中国国土及周边海域的各类手持和小型移动终端提供语音和数据通信覆盖。2020 年 11 月 12 日、2021 年 1 月 20 日，天通一号 02 星、03 星分别成功发射，3 颗卫星在轨运行，标志着我国自主可控的卫星移动通信系统实现亚太区域覆盖，我国卫星移动通信服务能力再次升级。

2.3.3　中继卫星情况

2003 年，我国立项并启动了天链一号中继卫星系统工程。天链一号是我国第一代地球同步轨道数据中继卫星系统，主要为神舟载人飞船及后续载人航天器提供数据中继和测控服务，同时为我国中低轨道资源卫星、环境卫星提供数据中继服务，为航天器发射提供测控支持。2008 年、2011 年、2012 年、2016 年，我国相继发射了天链一号 01 星、02 星、03 星和 04 星，4 颗天链一号卫星组网运行，可完成对全球 200km 以上、2000km 以下空间的全轨道覆盖，覆盖率达 100%，使我国成为继美国之后第二个拥有对中低轨道航天器具备全球覆盖能力的中继卫星系统的国家。2019 年，天链二号 01 星成功发射，这标志着中国中继卫星系统成功更新换代。

2.4 全球典型系统网络及演进

2.4.1 宽带网络

2.4.1.1 基于常规透明转发器的宽带网络

基于常规透明转发器的宽带网络（固定业务网络）的设计与卫星转发器为松耦合关系，也就是说，网络可以适应不同运营商的卫星和不同的频段。宽带网络系统主要分为 4 类，第一类是最传统的 FDMA/按需分配多路寻址（Demand Assigned Multiple Access，DAMA）系统，通常用于稀路由中低速业务场景，最广泛的应用是“边”“远”“散”用户的语音网络构建，网络规模较大、单站复杂度小、系统复杂度高，通过拨号申请方式建立通信链路。具备按需分配资源能力的网络控制单元是系统的核心，这类系统是十分经典的 VSAT 系统。第二类是 FDMA 中高速干线系统，这类系统站点规模小，支持速率高，单站设备研制难度大，一般通信链路长时间保持建立状态，占用卫星资源多且时间长。第三类是 MF-TDMA 系统，用于中速率网状组网，是最适合实现广域宽带 IP 化组网应用的网络，通过时分和频分相结合的方式，克服单一 FDMA 和单一 TDMA 体制的缺点，这类系统是技术难度最大的 VSAT 系统；第四类是 DVB-RCS 系统，其采用星状组网结构，远端站最简单、成本最低、中心站复杂，网络支持用户量最大，其网络结构星状组网的特征与高通量卫星转发器的多波束馈电铰链结构十分切合，因此这类系统也是高通量卫星网络系统的首选。这几类系统的典型代表见表 2-12。

FDMA/DAMA 类系统的典型代表是加拿大 PolarSat 公司的 FLEX/DAMA 系统、我国的 FDMA/SCPC 系统和 FDMA/DAMA/IP 系统；FDMA/MCPC 系统的典型代表是我国的干线网系统；MF-TDMA 系统的典型代表有德国诺达公司的 SkyWAN 系统、美国卫讯公司的 Linkway 系统、加拿大 PolarSat 公司的 VSATplus 系列系统；DVB-RCS 系统的典型代表有美国 iDirect 公司的 iDirect 系统、NEWTEC 公司的 Sat3Play 系统等。

表 2-12　基于常规透明转发器的宽带卫星通信系统技术体制

系统类型	系统名称	厂商	组网方式	体制标准
FDMA/DAMA	FLEX/DAMA	PolarSat（加拿大）	拨号建链方式	自定义标准
	FDMA/SCPC	南京熊猫汉达科技有限公司（中国）		
	FDMA/DAMA/IP	中国电子科技集团公司第五十四研究所（中国）		
MF-TDMA	SkyWAN	诺达（德国）	网状	
	Linkway	卫讯（美国）		
	VSATplus 系列	PolarSat（加拿大）		
	MF-TDMA	中国电子科技集团公司第五十四研究所（中国）		
DVB-RCS	iDirect	iDirect（美国）	星状	DOCSIS-S
	Sat3Play	Newtec（比利时）		DVB-S2
	SurfBeam	卫讯（美国）		
	HX 系统	休斯（美国）		
FDMA/MCPC	干线网系统	中国电子科技集团公司第五十四研究所（中国）		IBS/IDR

基于常规透明转发器的宽带网络在全球市场上占比非常高。FDMA/DAMA 系统和 FDMA/MCPC 系统由于其简单可靠的特点，在应急等领域占据重要位置；MF-TDMA 系统由于其组网灵活性、资源使用高效性、网络扁平性，在各类专网应用中占据重要位置；而 DVB-RCS 由于其网络规模大，远端站的小型化、低成本特点突出，在村村通、远程教育等普惠应用中占据重要位置。随着技术发展，将 FDMA、TDMA、DVB-S2X 三大体系进一步融合的需求逐步显现。基于常规透明转发器的宽带卫星通信技术发展趋势如图 2-6 所示。

2.4.1.2　基于处理转发器的宽带网络

基于处理转发器的卫星通信网络的最大特点是信号需要在星上进行调制解调处理和路由交换，空中接口体制需要星地一体紧耦合设计，优点是隔离上行干扰和下行干扰，性能损失小；缺点是星上硬件平台处理能力受限，影响系统支持的网络规模，尤其是制约系统向更高能力升级，因此目前商业运营的该类系统极少。但是，随着空间高性能、可重构处理平台技术的不断发展，像使用透明转发器一样，用户无感地使用基于处理转发器的系统，且方便地升级网络体制成为可能。尤其是星间组网需求将进一步推动星上处理网络的发展，鉴于此，这类系统在全球范围内很早就受到关注，后续应用前景也可期。

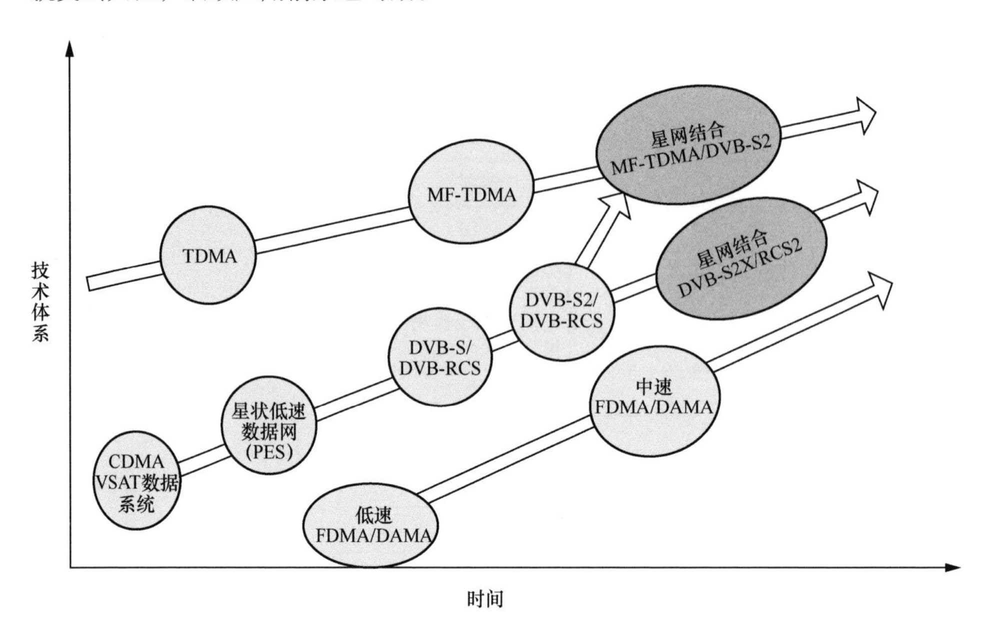

图 2-6 基于常规透明转发器的宽带卫星通信系统技术发展趋势

典型的基于处理转发器的宽带网络有西班牙的 AmerHis 系统、美国的 Spaceway3 系统、日本的 WINDS 系统和美国的空间互联网路由搭载试验系统（IS-14-IRIS）等，见表 2-13。欧洲电信标准组织（ETSI）采纳了 AmerHis 系统和 Spaceway3 系统的空中接口设计，分别定义了 RSM-A（Spaceway3）和 RSM-B（AmerHis）。

表 2-13 基于处理转发器的宽带卫星通信系统技术体制

系统名称	推出时间及国家	频段	星上路由交换	多址方式	体制标准
AmerHis	2004 年 西班牙	Ku	电路交换	下行：MF-TDMA； 上行：时分复用（Time Division Multiplexing，TDM）	RSM-B
Spaceway3	2007 年 美国	Ka	分组交换	上行：TDM； 下行：MF-TDMA	RSM-A

（续表）

系统名称	推出时间 及国家	频段	星上 路由交换	多址方式	体制标准
WINDS	2008 年 日本	Ka	透明转发+ ATM 交换	下行：TDM； 上行：MF-TDMA	私有标准
IS-14-IRIS	2009 年 美国	Ku	IP 路由+ 分组交换	下行：TDM； 上行：MF-TDMA	星地空中接口：类 DVB 标准； 路由协议：地面路由标准
某 IP 路由试验系统搭载试验	2015 年 中国	Ku、Ka	IP 路由+ 分组交换	下行：TDM； 上行：MF-TDMA、FDMA	星地空中接口：私有标准； 路由协议：地面标准路由改进
某高速网	2012 年 中国	Ku、Ka	ATM 交换	下行：变速率 TDM； 上行：MF-TDMA、FDMA	私有标准
某天基骨干网	预计 2024 年 中国	Ka	标签交换 标识路由	下行：VTDM、SS-VTDM； 上行：MF-TDMA、FDMA、SS-MF-TDMA	

AmerHis 系统是首个使用星上交换的宽带卫星通信系统，采用 Alcatel 9343 DVB 处理器，完成星上信号的解调、解码和交换，实现多个 Ku 波束的交换与连通，使得覆盖区的用户可以实现单跳通信。AmerHis 下行链路采用 DVB-S 方式，传输速率固定为 54Mbit/s。AmerHis 上行链路信号传输基于 DVB-RCS 标准（以 MPEG-2 格式进行封装），采用 MF-TDMA 方式，星上转发器可对载波进行灵活配置，每个转发器（36MHz）最多支持 64 个速率为 0.5Mbit/s 的载波。另外，数据速率为 0.5Mbit/s、1Mbit/s、2Mbit/s、4Mbit/s、8Mbit/s 的载波还可以混合使用。

Spaceway 3 系统工作在 Ka 频段，该系统具有 112 个上行点波束和 24 个下行跳变点波束。每个上行链路波束占用 250MHz 带宽，划分为 16 个子频带，每个子频带的带宽为 62.5MHz，可以继续分配数个独立的载波，每个载波采用 TDMA 方式。TDMA 载波支持 128kbit/s、512kbit/s、2Mbit/s 或 16Mbit/s 4 种速率的传输模式。下行链路采用 TDM 方式，包含 24 个并发的高速 TDM 跳载波，每个载波最高速率可达 440Mbit/s。每个 TDM 载波通过跳波束实现指定区域内用户的信息发送。

日本的 WINDS 系统星上除了采用传统的透明转发方式外，还具备再生处理能力和 ATM 交换能力，实现多波束之间的信息交换，进而获得多波束之间的灵活组网能力和更高的速率支持能力。

美国在 Intelsat14 卫星上搭载思科公司的 IRIS，试验基本采用地面标准路由协议和自定义分组交换，为未来的星间组网奠定了基础。

我国在基于处理转发器的宽带卫星系统研究和工程实施方面突飞猛进，已经完成了基于交换的实用系统研制、双星星载路由组网试验，正在开展实用的、基于星上路由交换的多星组网的系统研制，有望在国际上首次实现太空互联网系统。

2.4.1.3　基于高轨高通量卫星的宽带网络

（1）典型高通量卫星与传统卫星的优缺点

高通量卫星的典型特征是采用固定多波束和频率复用等技术，大幅提升单星带宽容量，起到一颗卫星顶多颗卫星的效果，降低发射成本，提高单星效能；又因为采用增益高的固定多波束作为用户波束，用户终端配置较小的天线和功放，就可以支持较高的信息速率。基于高通量卫星的宽带网络与卫星为松耦合关系，一套网络可以适应多颗不同运营商的高通量卫星。

高通量卫星被认为是未来宽带卫星的发展方向，有代替传统透明转发器的趋势。典型高通量卫星与常规宽带卫星的优缺点见表 2-14。

表 2-14　典型高通量卫星与常规宽带卫星优缺点

对比项	典型高通量卫星	常规宽带卫星
系统容量	大	小
所需关口站复杂度	高	低
所需关口站成本	高	低
所需终端复杂度	高	低
所需终端成本	低	高
单星多重覆盖能力	不支持（只能一重覆盖）	支持（重数为转发器数量）
指定任务区域用户容量受限性	受限性高 （受限于单波束单转发器）	受限性低 （受限于整星可提供容量）
组网灵活性	星状	网状、星状等各类网络
单网单用户速率	高	低
多网并存适应性	低	高
多网并存对单用户速率的影响	大	小

（续表）

对比项	典型高通量卫星	常规宽带卫星
网络体制适应性	DVB-RCS 适应性好；FDMA、MF-TDMA 体制基本不适用	各种体制均适用：MF-TDMA、FDMA、DVB-RCS 等
用户站与用户站之间通信	经关口站双跳通信	选用 MF-TDMA、FDMA 体制均可单跳通信
高动态用户的适应性	低（切波束、切关口站）	高（通常无须切换）

（2）高通量卫星网络单用户速率高的条件限制

目前针对高通量卫星，地面系统配置的网络大多以 DVB-RCS 系统为基本系统，这主要是因为高通量卫星多用户波束铰链到馈电链路的特点与 DVB-RCS 星状网结构十分契合。基于高通量卫星的宽带网络最吸引用户的特点是其终端体积小、重量轻（因为配置的天线和功放小），还能支持高速率。但是小型用户终端支持高速率是有条件限制的。

第一，波束覆盖范围内的站规模影响单站平均速率。

以适用中星 16 号高通量卫星为例，针对 0.9m 口径天线通信站（以下简称 0.9m 站），用户接收前向 QPSK 1/2 码率的 TDM 信号，载波速率约为 32Mbit/s，转发器功率占用 10%，转发器带宽占用 10%左右；用户站发送 8PSK 3/4 码率的 TDMA 载波，载波速率为 8Mbit/s，转发器带宽占用约 10%。针对 2.4m 口径天线通信站（以下简称 2.4m 站），用户接收前向 QPSK 1/2 码率的 TDM 信号，载波速率约为 67Mbit/s，转发器功率占用 20%，转发器带宽占用 25%左右；用户站发送 8PSK 7/8 码率的 TDMA 载波，载波速率为 24Mbit/s（信息速率约为 60Mbit/s），转发器带宽占用约 25%。

上述结果表明，一个转发器满负荷大约可支持 3 个 24Mbit/s 载波（2.4m 站发送）、2 个 8Mbit/s 载波（0.9m 站发送）。假设在一个用户波束覆盖范围内（半径约 250km）有 10 个 2.4m 站和 10 个 0.9m 站，则每个 2.4m 站的平均信息速率为 18Mbit/s，每个 0.9m 站的平均信息速率为 1.6Mbit/s；如果站规模增加，则平均信息速率减少。比如当规模为 20 个 2.4m 站和 20 个 0.9m 站时，2.4m 站的平均信息速率为 9Mbit/s，0.9m 站平均信息速率为 0.8Mbit/s。

可以看出，高通量卫星由于波束的一重覆盖性，单波束覆盖范围内的地球站规模严重影响单站的平均业务速率；而常规透明转发器则可以利用多转发器覆盖同一区域的优势，通过增加转发器带宽来增加支持的载波数，从而增加用户数。

第二，技术体制影响系统容量和用户速率。

以上计算方法默认系统采用 DVB-RCS 方式。如果前向采用 DVB 体制，反向采用 FDMA 体制，则一个载波支持一个站，也就是说，如果想获得 0.9m 站支持 8Mbit/s 速率、2.4m 站支持 24Mbit/s 速率的效果，则在一个波束覆盖范围（半径为 250km 的覆盖范围）内只能支持 2 个 0.9m 站和 3 个 2.4m 站，这不符合高通量卫星支持大规模用户的应用定位，而且限制了直径为 600km 的地域内只能有 5 个站同时与关口站通信，这是非常不符合实际情况的。这也说明高通量卫星最适合的体制是 DVB-RCS 体制，用户到关口站的体制以 MF-TDMA 为主，必要时可以支持连续载波，而不支持 FDMA 体制，用户到关口站采用单一的 FDMA 体制是不合理的。

传统透明转发器多重覆盖、多网独立示意图如图 2-7 所示。由图 2-7 可知，卫星的所有转发器可以覆盖相同的地方，当需要扩展一个网络内的用户数或者扩展网络数量时，可以通过扩展使用转发器资源的方式来实现。

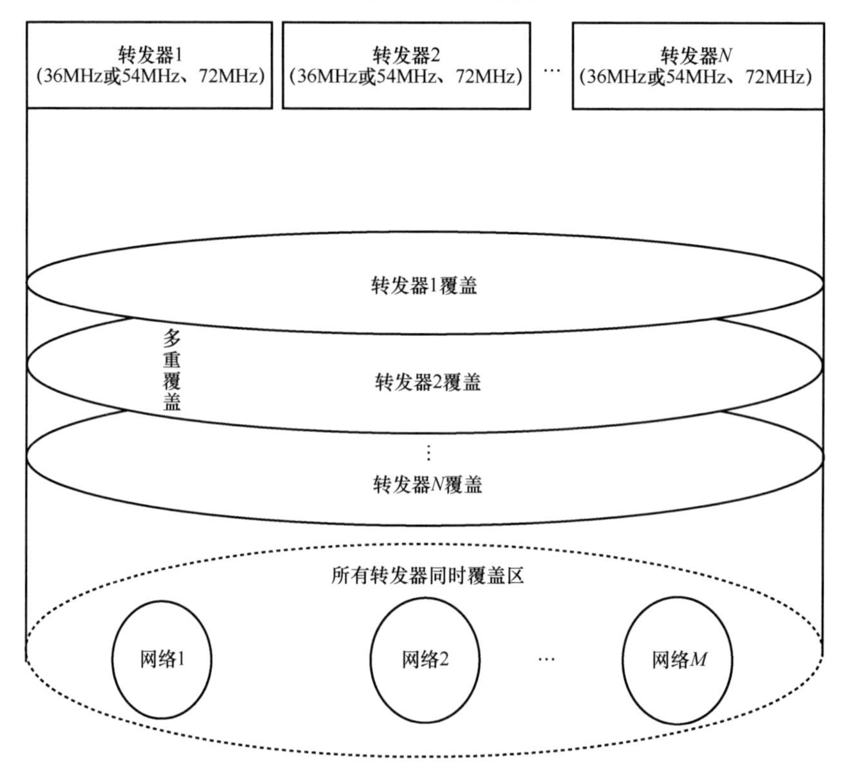

图 2-7　传统透明转发器多重覆盖、多网独立示意图

高通量卫星的单重覆盖、共用网络示意图如图 2-8 所示。从图 2-8 可以看出高通量卫星对于某区域来说，只能使用某波束资源。当某波束内的用户数增加时，用

户原有的通信速率需求无法通过增加资源来满足，只能降低每个用户的通信速率。

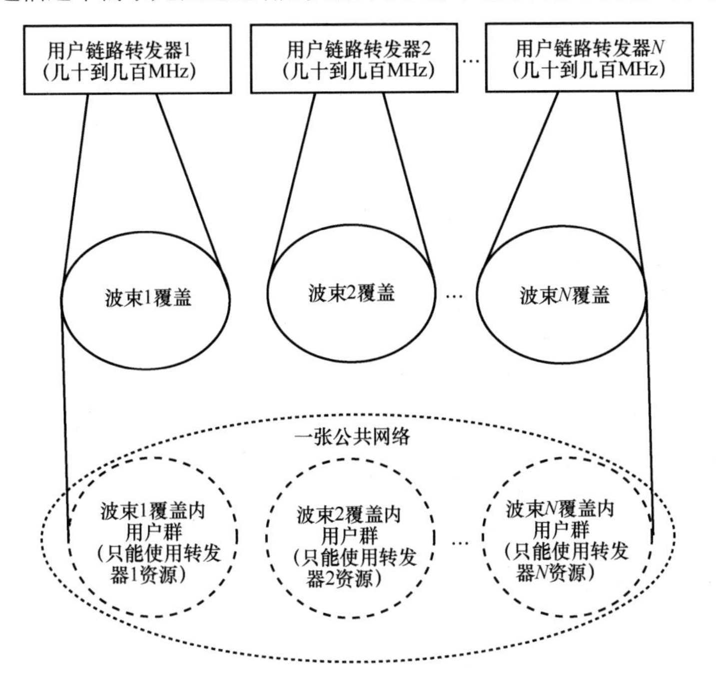

图 2-8　高通量卫星单重覆盖、共用网络示意图

第三，多网并存会削弱高通量卫星的优势。

达到运营级且能够充分发挥高通量卫星优势的系统应该尽可能配置同一张网，配置多张网会导致单用户速率无法达到卫星支持的能力。如图 2-9 所示，如果高通量卫星系统全波束运营，并且只配置一个系统、每波束带宽系统全占用，用户就可以占用更多的带宽，只要功率满足需求，就可以达到更高的发送速率；而如果一颗卫星配置多个系统，每波束带宽需要分配给多个系统使用，导致每个系统可以占用的带宽减少，单用户速率降低，这相当于削弱了高通量卫星的优势。

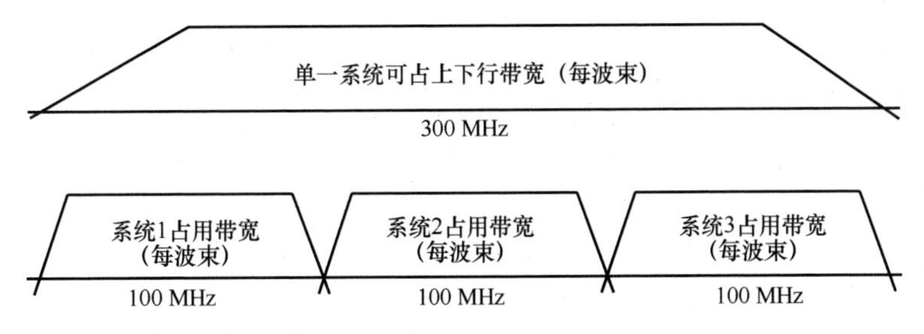

图 2-9　高通量卫星单一系统和多个系统的带宽资源分配示意图

2.4.1.4 低轨宽带网络

（1）典型网络

低轨宽带网络与高轨宽带网络相比，显著的不同是卫星轨道低、卫星对地快速运动、卫星数量多、用户和关口站需要不断切换、不同时刻对准不同的卫星。从网络体制来讲，低轨宽带网络可以在高轨宽带网络体制的基础上进行动态的适应性改进，这样可以继承全球高轨宽带网络的基础。随着 5G 技术的发展，将 5G 进行改进并用于低轨宽带星座系统也是一条技术路线。目前全球还没有建设完成的低轨宽带星座系统，多数系统处在实验阶段。几个典型的低轨宽带星座网络见表 2-15。

表 2-15 几个典型的低轨宽带星座网络

系统名称	特点	系统架构	接入网空中接口体制
OneWeb	• 无星间链路； • 几百甚至上千颗卫星（中规模星座或中密度星座）	天网地网架构（接入网+地面承载网+核心网）	上行 DFT-S-OFDM，下行 SC-TDM（高轨宽带改进与 5G 改进融合体制）
Starlink	• 当前无星间链路，后续规划有星间链路； • 数万颗（大规模星座或高密度星座）	由天星地网架构向天网地网演进（从接入网+地面承载网+核心网向接入网+天基承载网+地面承载网+核心网演进）	目前为高轨宽带改进体制
中国某星座	• 星间全链路； • 数百颗卫星（小规模星座或低密度星座）	接入网+天基承载网+地面承载网+核心网	高轨宽带改进体制、地面 5G 改进体制

（2）基于高轨宽带网络的改进体制与基于地面 5G 网络的改进体制

谈到低轨宽带网络体制时，人们通常关注的是直接面向用户的接入网体制。从全球高轨宽带网络情况来看，支持规模上百万的运营级系统已经成熟，继承高轨宽带网络的体制，并进行高动态多星适应性改进，是一条可行的技术体制路线，该技术路线已经通过了“天象”试验双星的验证。由于宽带网络解决的不是直接面向个人用户的使用问题，因此，其全球市场用户数远小于面向个人的 3G/4G/5G 移动通信用户数，根据当前全球高轨卫星宽带网络运营的情况来看，选用该技术路线，可满足 5～10 年甚至更长一段时间的用户容量需求。

基于 5G 改进的技术体制在大部分借鉴地面 5G 的协议流程、空中接口体制的基础上，针对信道特性不同、波束切换和扫描机制不同、链路能力约束不同等方面进行改进。

因为是“哪方面不行就改进哪方面”，所以理论上讲这条技术路线也是可行的。

最终可能两种技术体制互相借鉴，形成一套最适合低轨、处理最简单、消耗资源最少、支持的用户规模适中的技术体制，表 2-16 给出了两种技术体制优缺点对比。

表 2-16　两种技术体制优缺点对比

网络	指标	基于高轨宽带网络体制改进的技术路线	基于地面 5G 网络体制改进的技术路线
接入网	功率效率	较高	较低
	频谱效率	较低	较高
	复杂度	较低	较高
	卫星处理载荷能力要求	较低	较高
	卫星处理载荷成本	较低	较高
	与高轨宽带终端融合设计的难度	较小	较大
	支持的网络用户数	可满足应用需求	更多
	对透明转发模式和处理模式的适应性	均适用	更适用于透明转发模式；对于处理模式，在高性能的星上载荷处理平台的支撑下，可行
核心网	功能、架构、技术路线	基于地面 5G 核心网的改进	基于地面 5G 核心网的改进
天基承载网	路由体制	软件定义与分布式相结合	软件定义与分布式相结合
	交换体制	分组交换（如标识交换）	分组交换（如标识交换）

2.4.2　移动网络

2.4.2.1　高轨移动网络

在全球范围内，典型的在轨 GEO 卫星移动通信网络系统有 Inmarsat 系统、ACeS 系统、Thuraya 系统、TerreStar 系统以及我国的天通一号系统等。UHF 战术移动通信系统主要是军用系统，总体上也属于卫星移动通信网络系统范畴。典型的卫星移动通信网络系统体制及演进如图 2-10 所示。

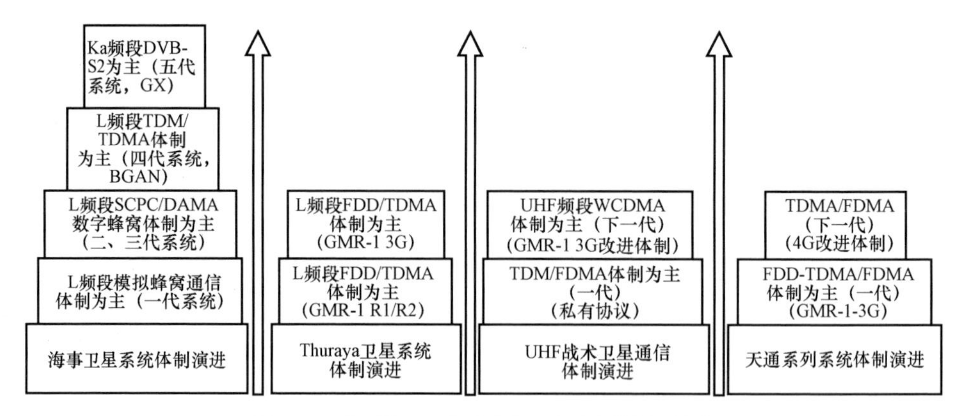

图 2-10　典型的卫星移动通信网络系统体制及演进

卫星移动通信与宽带通信有很大的不同，卫星移动通信与地面移动通信都是以面向个人的移动通信为主的，一个手机支持两种模式十分必要，因此寄希望于卫星移动通信与地面移动通信高度融合，事实上是一种切实可行的思路。目前，卫星移动通信技术体制基本上与地面移动通信融合与兼容发展。体系架构参考或遵循地面移动网络“接入网+核心网”架构；空中接口体制基于地面移动通信传输标准进行了卫星长时延、多波束、功率带宽高效利用等适应性改进，如 ETSI GMR-1 标准基于全球移动通信系统（GSM）/宽带码分多址（WCDMA）体制进行设计，ITU M.2047-0 标准基于 LTE-Advanced 地面空中接口体制进行设计；核心网层面，卫星基于地面核心网进行适配扩展，可以有效推动地面移动通信产业在卫星移动通信中的应用，海事卫星 BGAN 系统兼容 3G WCDMA 核心网，GMR-1 支持通过 A/Gb 接口（核心网与基站控制器之间的 A 接口和 Gb 接口）接入 GSM/通用分组无线业务（GPRS）核心网，GMR-1-3G 支持通过 Iu-PS 接口接入 3G WCDMA 核心网。表 2-17 给出了典型 GEO 卫星移动通信特征及体制标准。

表 2-17　典型 GEO 卫星移动通信特征及体制标准

系统名称	推出时间及所属国家或组织	用户/馈电频段	转发器类型	多址方式	体制、标准	备注
Inmarsat	第一代：1982—1995 年； 第二代：1990—2002 年； 第三代：1996—2013 年； 第四代：2005 年至今； 第五代：2013 年至今； 国际海事卫星组织/国际卫星移动组织	前四代：L/C、C/C； 第五代：Ka/Ka	透明、铰链	FDMA/TDMA、SCPC/DAMA、TDM/TDMA 等	第一、二代：私有标准； 第三代：GMR-2； 第四代：SL； 第五代：DVB-S2-RCS	近全球覆盖

（续表）

系统名称	推出时间及所属国家或组织	用户/馈电频段	转发器类型	多址方式	体制、标准	备注
ACeS	2000 年，印度尼西亚、泰国、菲律宾	L/C	透明、铰链	FDD/TDMA	GMR-2	区域覆盖
Thuraya	2000 年，阿联酋	L/C	透明、铰链	FDD/TDMA	GMR-1/GPRS-R97、GMR-1 3G	
TerreStar	2009 年，美国	S/Ku	透明、铰链	WCDMA	GMR-1 3G、3GPP-R6 (UMTS)	
SkyTerra	2010 年，美国	L/Ku	透明、铰链	WCDMA	GMR-1 3G/3GPP R6	
天通	2016 年，中国	S/C	透明、铰链	FDD/TDMA-FDMA	GMR-1 3G/3GPP R6	

2.4.2.2　低轨移动网络

目前全球在轨运行的低轨卫星移动通信网络系统有 Iridium 系统、ORBCOMM 系统、GlobalStar 系统以及 Rodnik 系统和 Gonets 系统，主要特征见表 2-18。

表 2-18　典型低轨卫星移动通信网络系统的主要特征

系统名称	国家	架构	用户频段	业务	技术体制及标准
Iridium	美国	天网地网架构	L、Ka	语音、数据	TDMA、GMR-1 3G
ORBCOMM	美国	天星地网架构	VHF	物联网	私有标准
GlobalStar	美国	天星地网架构	L、S	语音、传真、短信	CDMA、私有标准
Rodnik	俄罗斯	天星地网架构	VHF、UHF	短信	私有标准
Gonets	俄罗斯	天星地网架构	VHF、UHF	短信	私有标准

2.5　小结

天基传输网络是未来实现全球无缝通信的重要手段，其不可替代的地位越来越凸显，当今世界发达国家、主要大国都在竞相发展自己的天基传输网络系统。本章对国内外的天基传输网络进行了全面梳理和分析，首先详细介绍了美国和欧洲的军事卫星通信体系和民用卫星通信体系及其空间段状况，然后对俄罗斯、日本和印度等国的相关体系及空间段情况进行了简要梳理，接着对我国的天基传输网络体系进行了较为详细的描述，最后总结了全球典型的高低轨宽带网络系统和高低轨移动网络系统，并给出了它们的演进过程。

第 3 章
星座构型

本章给出了星座的基本类型和不同星座的特点，包括高低轨不同星座的特点，以及基于高轨卫星的全球覆盖宽带星座设计、基于高轨卫星的全球覆盖移动星座设计、基于低轨卫星的全球覆盖混合星座设计等。

| 3.1 星座基本类型和特点 |

3.1.1 星座基本类型

通常按照轨道高度将星座分为高轨星座、中轨星座、低轨星座。每种轨道高度下，又可以细分类型，比如，高轨星座可分为 GEO 星座、IGSO 星座和 HEO 星座，中低轨星座可分为赤道轨道星座、倾斜轨道星座和极轨星座等。星座基本类型如图 3-1 所示。

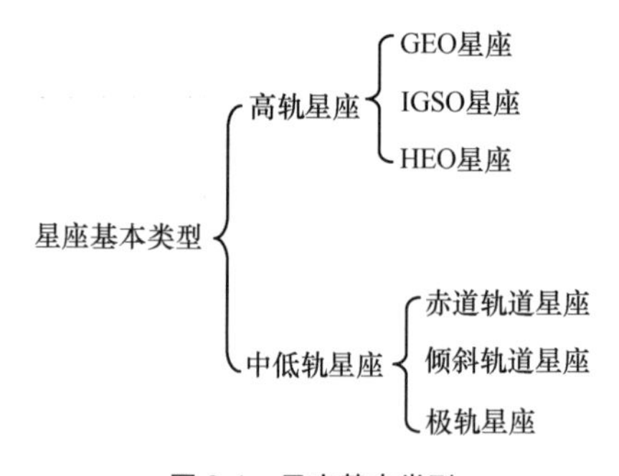

图 3-1 星座基本类型

GEO 星座由多颗位于静止轨道的卫星组成，理论上讲，1 颗 GEO 卫星最大可覆盖约 42.4%的地球表面，3 颗等间隔（相差 120°）的 GEO 卫星即可实现除两极外的近全球覆盖。但实际上受限于卫星发射功率和终端能力，以及对地面站的最低通信仰角等因素，实现近全球覆盖需要部署的卫星数量通常多于 3 颗。GEO 星座轨道示意图如图 3-2 所示。

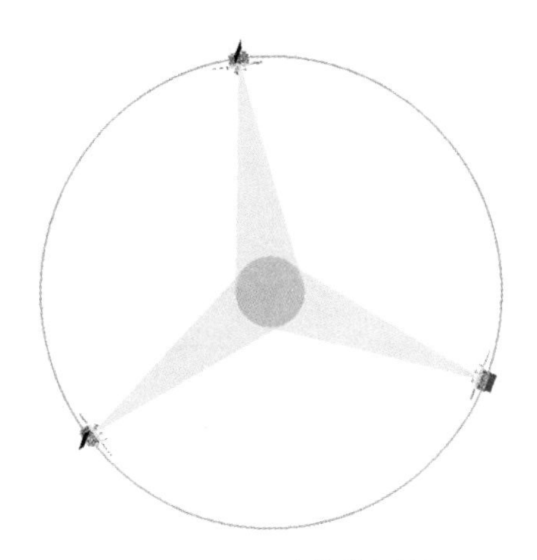

图 3-2　GEO 星座轨道示意图

IGSO 星座具备对高纬度地区较好的覆盖特性，卫星具有与 GEO 卫星相同的轨道高度，轨道周期与地球自转周期相同，由于轨道倾角大于 0°，卫星星下点轨迹是以赤道为对称轴的“8”字形。多颗卫星可位于同一轨道面，构成同轨星座，也可以分别被部署于不同的轨道面，构成异轨星座。IGSO 星座轨道示意图如图 3-3 所示。

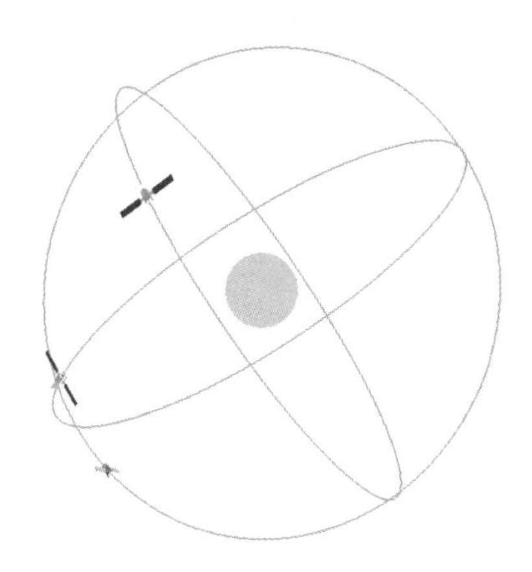

图 3-3　高轨 IGSO 星座轨道示意图

HEO 星座的卫星在远地点附近驻留时间长，可提供高仰角覆盖，通常 2～3 颗远地点在同一个半球的 HEO 卫星就可以为该半球高纬度区域的用户提供连续通信服务。为了避免摄动因素引起轨道参数改变，HEO 倾角一般设计为 63.4°。HEO 星座轨道示意图如图 3-4 所示。

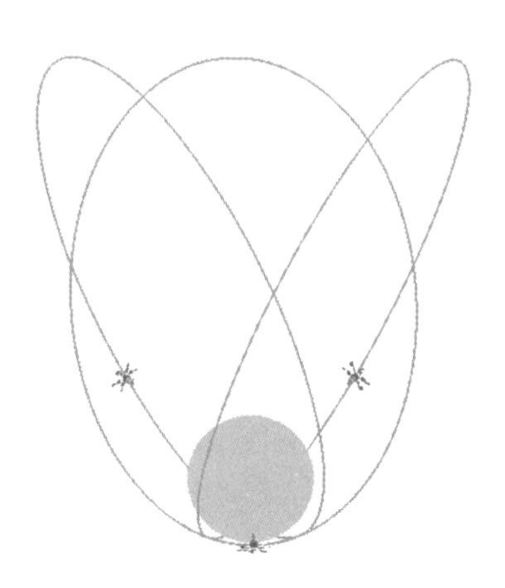

图 3-4　HEO 星座轨道示意图

赤道轨道星座的多颗卫星位于赤道平面，对赤道附近及低纬度地区具有较好的覆盖性，且便于建立星间链路，通常用于区域覆盖星座设计。赤道轨道星座示意图如图 3-5 所示。

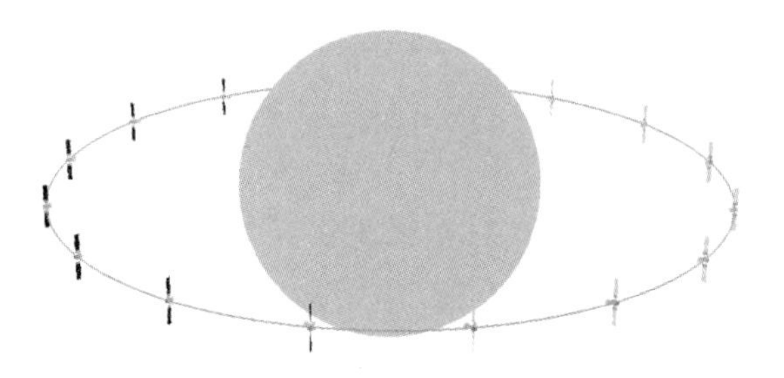

图 3-5　赤道轨道星座示意图

倾斜轨道星座的轨道平面与赤道面有一定的夹角，各轨道平面具有相同的卫星数量、轨道高度和倾角，星座拓扑具有较好的对称性，使得卫星覆盖区能够均匀分布。常用的倾斜轨道星座结构为 Walker 星座，具有良好的纬度带与全球覆盖性能。倾斜轨道星座示意图如图 3-6 所示。

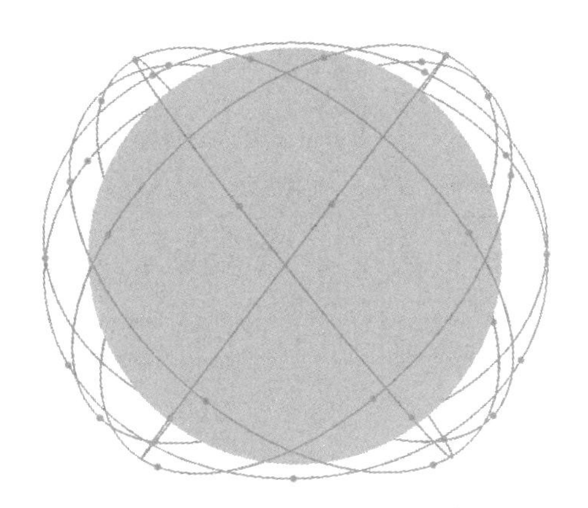

图 3-6　中低轨倾斜轨道星座示意图

极轨星座由多组位于极轨平面的卫星组成。轨道平面穿越地球南北两极，对两极地区具有良好的覆盖性，采用足够多的卫星和适当的相位关系，极轨星座可实现包括两极地区在内的连续全球覆盖。极轨星座示意图如图 3-7 所示。

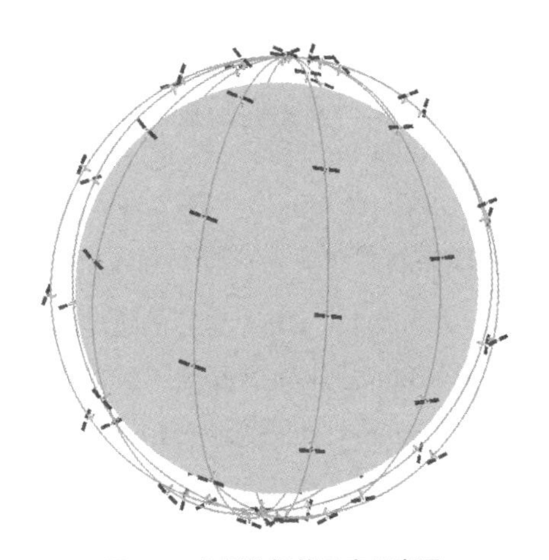

图 3-7　中低轨极轨星座示意图

3.1.2　星地距离不同的特点

星地距离与卫星相对地面动态性的差别是影响星座系统设计和使用的主要因素。星地距离直接影响链路损耗、传输时延、单星覆盖面积、地面天线口径大小或者相同口径天线的传输能力等方面。不同星座的星地链路特性如图 3-8 所示。

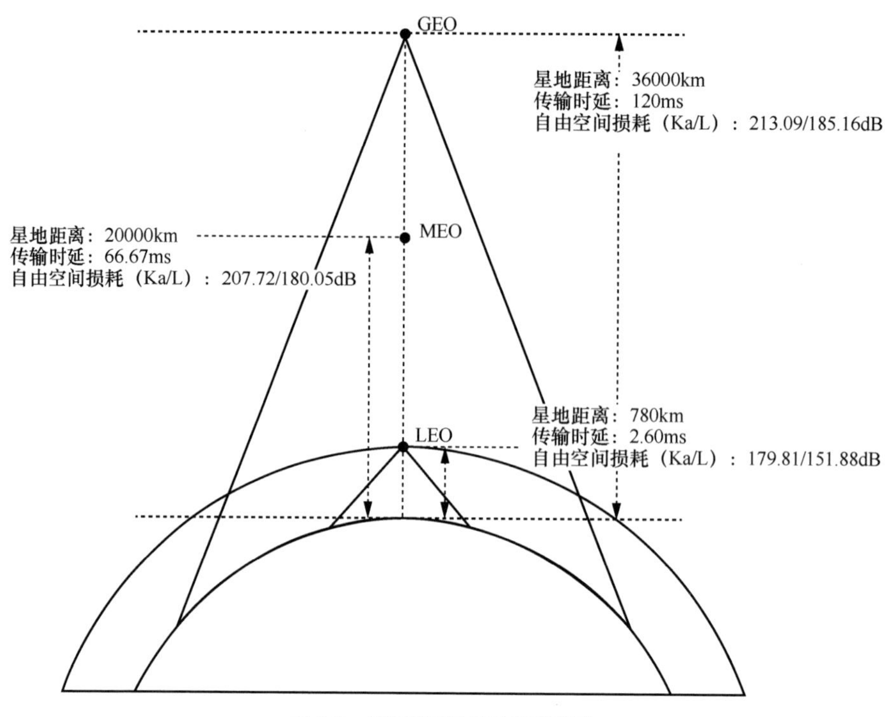

图 3-8　不同星座的星地链路特性

（1）覆盖、传输损耗、时延等影响

轨道高度是影响星座性能的重要因素。对于高轨星座，GEO、IGSO 星座部署在距离地球表面 36000km 的高度上；HEO 星座的近地点高度通常为几百公里，远地点高度为几万公里以上；MEO 星座轨道高度因范艾伦辐射带的分隔，通常分为 5000～13000km、20000～25000km 两个区域；LEO 星座轨道高度一般为 400～1500km。在链路能力上，高轨星座具有较长的传播时延和较大的链路损耗，具体见表 3-1。低轨星座距离地面近，链路损耗小，约为高轨星座的 1/1000；传输时延为 20～50ms，低于高轨星座的 1/20。

表 3-1　不同星座轨道高度影响

对比项	GEO 星座	IGSO 星座	HEO 星座	MEO 星座	LEO 星座
轨道高度/km	36000	36000	近地点几百千米，远地点几万千米以上	5000～13000、20000～25000	400～1500

（续表）

对比项	GEO 星座	IGSO 星座	HEO 星座	MEO 星座	LEO 星座
单星覆盖面积（10°仰角下占地球表面积百分比）	34.16%	34.16%	1.55%～34.69%	15.63%～25.88%、29.89%～31.65%	1.13%～5.53%
单星传输时延/ms	119.29	119.29	1.67～132.84	16.67 ～ 43.33 、66.67～83.33	1.33～5.0
链路损耗/dB（Ka 频段）	212.58	212.77	175.68～213.71	195.68～203.98、207.72～209.66	173.74～185.22
链路损耗/dB（L 频段）	185.16	185.16	148.01～186.04	168.01～176.31、180.05～181.99	146.07～157.56
可视地面站部署	天线不需要跟踪	具备天线跟踪、接续能力	具备天线跟踪、接续能力	具备天线跟踪、接续能力	具备天线跟踪、接续能力

在覆盖能力方面，高轨星座由于其轨道高度高、对地覆盖波束范围大，只需少量的卫星就可实现对全球的覆盖。其中，GEO 星座主要实现对中低纬度区域的覆盖，IGSO 星座、HEO 星座则可弥补 GEO 星座的不足，在高纬度地区覆盖方面具有较大优势。采用 GEO + IGSO/HEO 混合星座设计（10 余颗卫星），可以实现全球机动覆盖。

在中低轨星座中，倾斜轨道星座依据其倾角设计的不同，主要用于对指定纬度带的区域覆盖。极轨星座、近极轨星座由于其轨道倾角接近 90°，与赤道平面垂直，对南北两极具有良好的覆盖特性，适用于两极地区的通信，一定规模的低轨星座（数十颗卫星）可实现包括两极地区在内的全球覆盖。

（2）不同星座支持的单用户速率对比

针对 Ka 频段，对比不同星座支持的典型站型单用户终端速率，见表 3-2。

表 3-2　不同星座支持的典型站型 Ka 频段单用户终端速率对比

星座类型 / 地面站型	高轨星座（GEO/IGSO）（56dBw、9dB/K）	中轨星座（56dBw、9dB/K）地面 40°仰角	低轨星座（36dBw、–2dB/K）地面 40°仰角	HEO 远地点（39851km）
1m 站型（抛物面天线）59dBw、17.5dB/K（法向）	接收：80Mbit/s 发送：10Mbit/s	接收：320Mbit/s 发送：40Mbit/s	接收：350Mbit/s 发送：250Mbit/s	接收：60Mbit/s 发送：8Mbit/s

（续表）

星座类型 / 地面站型	高轨星座（GEO/IGSO）（56dBw、9dB/K）	中轨星座（56dBw、9dB/K）地面 40°仰角	低轨星座（36dBw、-2dB/K）地面 40°仰角	HEO 远地点（39851km）
0.45m 站型（相控阵天线）40dBw、8.5dB/K（法向）	接收：3Mbit/s 发送：0.05Mbit/s	接收：12Mbit/s 发送：0.2Mbit/s	接收：15Mbit/s 发送：1.5Mbit/s	接收：2.2Mbit/s 发送：0.04Mbit/s
0.75m 站型（相控阵天线）54dBw、14.5dB/K（法向）	接收：15Mbit/s 发送：1Mbit/s	接收：60Mbit/s 发送：40Mbit/s	接收：400Mbit/s 发送：250Mbit/s	接收：11Mbit/s 发送：0.8Mbit/s

针对 L 频段，对比高低轨星座移动终端能的速率，见表 3-3。

表 3-3　高低轨星座支持的移动终端速率对比

星座类型 / 地面站型	手持终端（2dBw、-27dB/K）	车载终端（20dBw、-17dB/K）
低轨星座（L 频段）（36dBw、-2dB/K）	接收：256kbit/s 发送：32kbit/s	接收：2Mbit/s 发送：512kbit/s
高轨星座（天通系列系统：S 频段）	接收：9.6kbit/s 发送：9.6kbit/s	接收：384kbit/s 发送：384kbit/s

3.1.3　卫星相对地面动态性的特点

（1）星下点轨迹不同

在高轨星座中，GEO 卫星相对地球表面是静止的，对地覆盖区域恒定，而其他几类星座的运行相对于地球是变化的，卫星星下点轨迹是一条曲线。以 IGSO 星座为例，由于其轨道倾角大于 0°，卫星星下点轨迹是以赤道为对称轴的“8”字形。对于中低轨星座，如果卫星均选择回归轨道，则星下点轨迹存在两种不同情况，一种情况是星座中每颗卫星都有自己的一条星下点轨迹；另一种情况是星座中部分卫星重复相同的星下点轨迹，或星座中所有卫星重复相同的星下点轨迹，如全球导航卫星系统（GLONASS）的星下点轨迹就完全重合。

（2）拓扑变化规律不同

星座的空间拓扑主要取决于星座中各层以及各轨道内外卫星的连接方式，具体到每颗卫星与哪些位置的卫星建立星间链路。依据星座设计的不同，星座拓扑的变化分为以下几种类型：第一类星座以GEO星座为例，所有卫星位于同一轨道面，星间链路保持稳定的拓扑结构，呈链状或环状；第二类星座以Walker星座为例，卫星部署于不同的轨道面，空间拓扑整体保持不变，但星间链路的方位角、俯仰角和链路距离都在变化；第三类星座以北斗卫星导航系统（以下简称北斗）为例，采用混合轨道构型，高低轨之间组网，空间拓扑动态变化，卫星之间的相对位置不断发生改变。

（3）对地面站技术要求不同

对于高轨星座，由于单星对地覆盖范围广，链路建立稳定，在卫星覆盖区域内部署少量地面站，即可满足对卫星的测控和馈电需求。对于中低轨星座，卫星波束覆盖小，星地链路频繁切换，地面可见卫星数量多，在布站设计上，需要考虑星座对地的不间断覆盖、星座大容量数据的下发以及链路均衡等问题。此外，由于小卫星对地处于高速运动，在小卫星过顶期间，为了保持星地链路不间断，地面站布设天线需要对小卫星进行实时跟踪。

3.2　高轨卫星部署及典型设计分析

3.2.1　宽带卫星在轨情况

GEO同步轨道卫星对于地球站而言，使用最方便，用户站技术最成熟、简单。由于全球宽带业务量大，占带宽多，因此目前宽带卫星是占用轨位最多的卫星。相关资料显示，截至2018年12月，在360°的地球静止轨道上，部署的卫星数量已超过450颗。同一频段、覆盖区域相同或部分重叠的对地静止卫星只有间隔一定的距离（即从地面上看要间隔一定的角度），地球站才能区分不同卫星的信号，从而正常工作。因此，两颗卫星之间需要在经度上间隔不小于2°，在采取先进的抗干扰隔离措施后，卫星之间的距离可减小到1°，由此可见GEO同步轨道轨位的紧缺性。

以Ka频段为例，截至目前，全球在轨运行的卫星已达到100多颗，轨位集中分布在120°W～120°E，大部分轨位有1颗在轨卫星，部分轨位有两颗在轨卫星，个别轨位有 3 颗在轨卫星。这些卫星的覆盖区域包括南北美、欧洲、中东及亚太地区。其中，美国、加拿大、拉丁美洲等南北美地区是覆盖重数最高的区域，达到 30 余颗，对应的卫星轨位分布也最密集，该区域为 120°W～50°E，平均 2°左右就有 1 颗卫星。欧洲、非洲以及中东地区在经度上较为重叠，是对应卫星数量最多的区域，在 30°W～70°W，有 40 余颗卫星。亚太地区以及澳大利亚相对覆盖较弱，约有 15 颗卫星，轨位上平均相差 6°。Ka 频段 GEO 卫星轨位分布如图 3-9 所示（横轴经度负值表示西经，正值表示东经）。

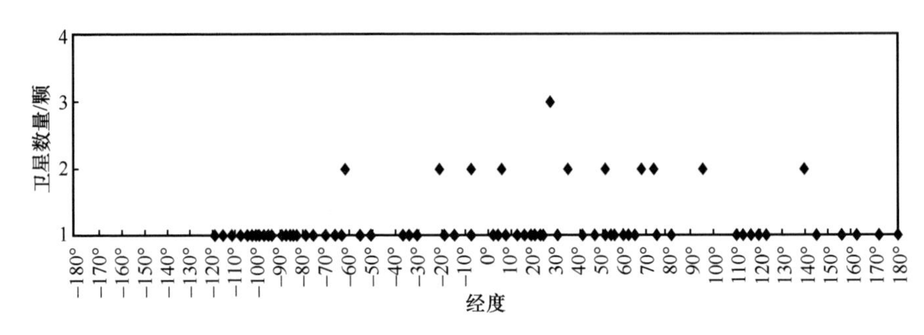

图 3-9　Ka 频段 GEO 卫星轨位分布

这些卫星为全球用户提供宽带业务服务，对于通信距离超过一颗星覆盖范围的用户，需要挑选合适的关口站进行落地跨星转接。如果没有合适的关口站满足跨星转接，则需要考虑部署星间链路。后文将给出几种星间组网的星座设计方案。

3.2.2　近全球宽带星间组网 GEO 星座设计

（1）卫星轨位、数量与覆盖

GEO 星间组网星座设计相对简单，主要是选择卫星轨位和卫星数量。为了实现除南北两极高纬度地区外的全球覆盖，通常需要部署 3 颗以上的卫星。表 3-4 给出了不同卫星数量的 GEO 星座覆盖基本情况。

表 3-4　不同卫星数量的 GEO 星座覆盖基本情况

星座构型	轨位	通信覆盖范围（15°通信仰角）
单星覆盖	120°E	最高可达南北纬 65°
3 颗均匀覆盖	0°、120°E、120°W	南北纬 45°以内无缝覆盖

（续表）

星座构型	轨位	通信覆盖范围（15°通信仰角）
4 颗均匀覆盖	0°、90°E、180°E、90°W	南北纬 55°以内无缝覆盖
5 颗均匀覆盖	0°、72°E、144°E、144°W、72°W	南北纬 60°以内无缝覆盖
5 颗特定轨位	140°W、60°W、16.8°E、98°E、130°E。	南北纬 55°以内无缝覆盖、我国国土及周边范围二重覆盖

（2）通信站、测控站仰角与覆盖率仿真

地面站的仰角要求是影响星座覆盖率的一个重要因素。需要注意的是，通信站和测控站的仰角要求有所不同，相应的覆盖率仿真结果也不同。对于 GEO 卫星，卫星通信仰角一般要求为 10°以上；卫星遥测仰角一般为 3°时可接收信号，5°时认为可信，7°以上时可发送上行信号。下面分别从通信覆盖率、测控覆盖率两方面分析特定轨位的 GEO 星座构型及与其所达到的覆盖能力的关系。

- 5 颗 GEO 星间组网通信覆盖率仿真。在最小通信仰角为 15° 的情况下，5 颗 GEO 卫星可实现南北纬 60° 以内的中低纬度区域全覆盖，且能实现我国国土及周边范围的二重增强覆盖，如图 3-10 所示，一重覆盖占地球表面的 33.38%，二重覆盖占地球表面的 52.59%，三重覆盖占地球表面的 4.12%。

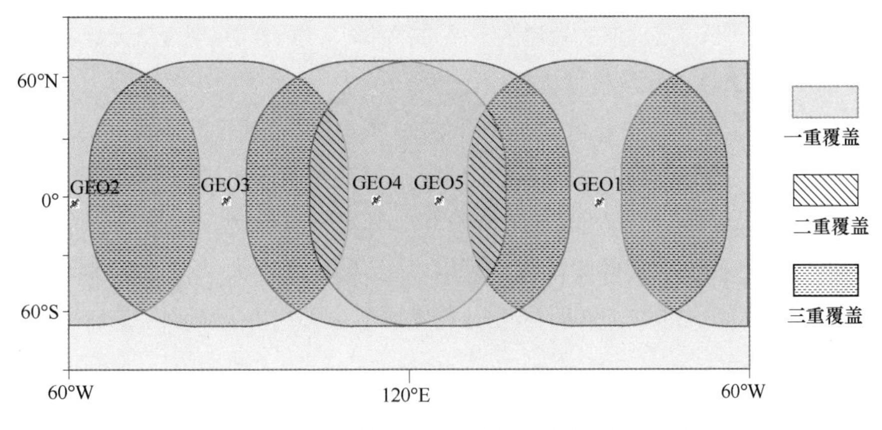

图 3-10　5 颗 GEO 星间组网星座通信覆盖示意图（15°仰角）

- 5 颗 GEO 星间组网测控覆盖率。在卫星测控仰角为 7° 的情况下，分析 GEO 星座对地球的测控覆盖率。如图 3-11 所示，星座可实现南北纬 68° 以内的中低纬度区域全覆盖，且能实现我国国土及周边范围的二重增强覆盖。其中，一重覆盖占地球表面的 20.17%，二重覆盖占地球表面的 63.78%，三重覆盖占地球表面的 4.24%。

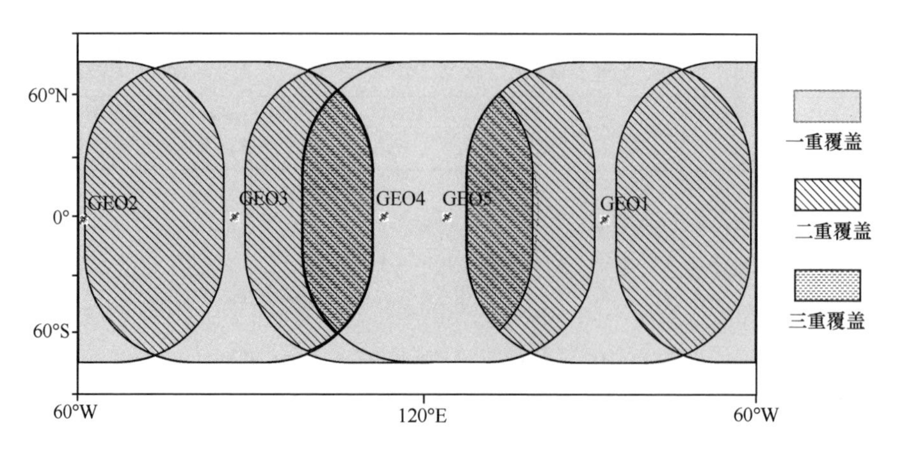

图 3-11　5 颗 GEO 星间组网星座测控覆盖示意图（7°仰角）

3.2.3　宽带 GEO+IGSO 混合轨道星座

由于地球静止同步轨道的固有特性，单层 GEO 星座不能实现对高纬度地区的覆盖，必须通过部署其他形式轨道的卫星进行补充。本节以实现全球无缝覆盖为目标，对 GEO+IGSO 的星座构型进行论述。

利用 IGSO 卫星的主要目的是弥补 GEO 星座对高纬度地区的高仰角通信覆盖不足的缺陷。IGSO 具有与 GEO 相同的轨道高度，因此具有与地球自转周期相同的轨道周期，但由于轨道倾角大于 0°，其星下点轨迹在地面是以赤道为对称轴的“8”字形，轨道倾角越大，“8”字形的区域越大。采用 IGSO 能解决 GEO 的高纬度盲区问题，同时也可以有效地解决 GEO 卫星通信中的“南山效应”问题。

一般来讲，IGSO 星座有两种构型：同轨迹星座与同轨面星座。当所有卫星的星下点轨迹相同时，称之为同轨迹星座。同轨迹星座可以提高我国中高纬度地区用户的通信仰角，改善通信质量，并大大增强覆盖能力，但无法实现全球覆盖。当所有卫星位于同一轨道面时，称之为同轨面星座，同轨面星座重点用于填补 GEO 星座在高纬度地区（尤其是两极地区）的盲区，填补全球覆盖的缝隙，但对改善用户通信仰角、实现多重覆盖作用不大。

为了实现全域全时无缝覆盖，且将国内关口站不可见卫星的信息通过卫星中继落回国内，采用同轨迹卫星与同轨面卫星相结合的方式。在单层 GEO 星座的基础上，补充部署 5 颗 IGSO 卫星，轨道倾角为 70°，其中 3 颗卫星位于同一轨道，另外 2 颗卫星与其中一个轨位的 IGSO 卫星同轨迹，且初始相位相差 120°，卫星空间布局如图 3-12 所示。

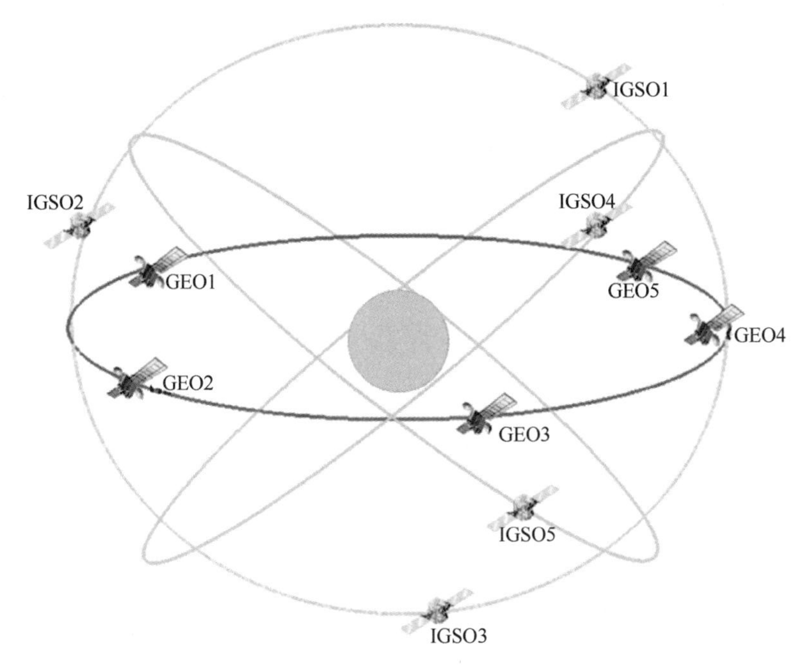

图 3-12　5 颗 GEO 卫星+5 颗 IGSO 卫星空间布局示意图

5 颗 GEO 卫星+5 颗 IGSO 卫星混合星座的通信覆盖示意图如图 3-13 所示。图 3-13 中的横条纹区域表示同时有 2 颗卫星覆盖的区域，斜条纹区域表示同时有 3 颗或 4 颗卫星覆盖的区域，横格状区域表示同时有 5 颗卫星覆盖的区域，网格状区域表示同时有 6 颗及以上卫星覆盖的区域。由图 3-13 可以看出，5 颗 GEO 卫星+5 颗 IGSO 卫星的设计能够实现全球全时域无缝覆盖，且对部分地区能够实现五重或六重的增强覆盖。其中，二重覆盖区域占地球表面的 4.12%，三重覆盖区域占地球表面的 30.4%，四重覆盖区域占地球表面的 30.45%，五重覆盖区域占地球表面的 26.47%，六重及以上覆盖区域占地球表面的 8.56%。

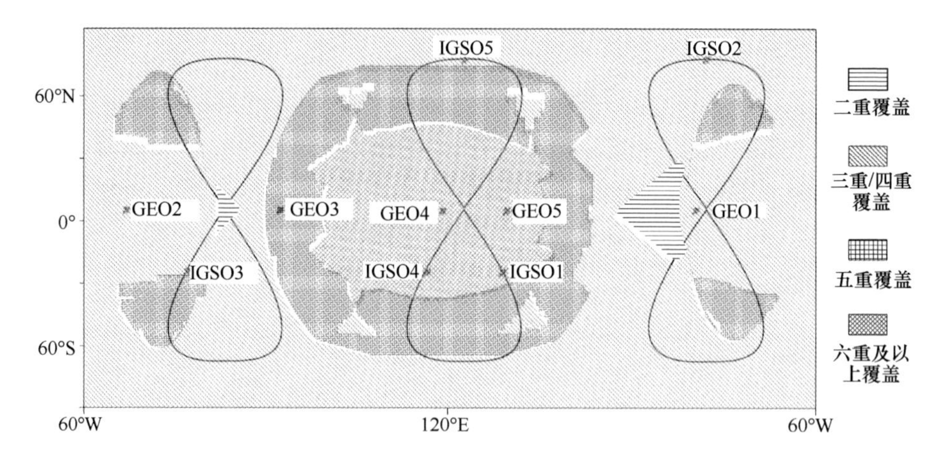

图 3-13　5 颗 GEO 卫星+5 颗 IGSO 卫星覆盖示意图

总体来看，在 GEO+IGSO 混合轨道星座中，IGSO 卫星主要实现对高纬度地区的通信覆盖，且大大提高了地面站的通信仰角。但是 IGSO 相对于地面始终在运动，这会给系统的设计与应用会带来一定的影响，主要表现在以下方面。

- 为实现特定地理区域的连续通信服务，轨道上需要多颗卫星，地球站需要在卫星之间做周期性的切换，这将提高空间段的成本，也使得卫星的在轨运行控制变得复杂。
- 为实现不间断通信，地球站天线配置需要支持对两颗卫星的快速切换，这将提高技术复杂度和成本。
- IGSO 卫星运动会给传输信号带来一定的多普勒效应。从目前仿真分析来看，该影响相对较小，不会给系统设计带来较大困难。

3.2.4　宽带 GEO+HEO 混合轨道星座

采用 HEO 卫星作为 GEO 星座的补充卫星，可实现对高纬度地区的连续覆盖。常用的 HEO 轨道类型包括闪电轨道、冻原轨道。闪电轨道的周期为 12h，在远地点覆盖区域，高仰角的可视时间可达 8h。一个拥有 3 颗轨道升交点相差 120°的卫星星座可实现对该区域的连续覆盖。冻原轨道的周期为 24h，高仰角的可视时间可能大于 12h，因此，升交点相差 180°的两颗卫星就可以满足要求。闪电轨道和冻原轨道的参数对比见表 3-5。

表 3-5　闪电轨道和冻原轨道的参数对比

轨道参数	闪电轨道	冻原轨道
半长轴	26556km	42164km
偏心率	0.7	0.35
倾角	63.434949°	63.434949°
近地点幅角	270°（覆盖北极区域）、 90°（覆盖南极区域）	270°（覆盖北极区域）、 90°（覆盖南极区域）
升交点赤经	同轨迹的 3 颗卫星相差 120°	同轨迹的两颗卫星相差 180°
平近点角	使同轨迹卫星实现两极地区连续覆盖	使同轨迹卫星实现两极地区连续覆盖

为了实现全球无缝覆盖，下面讨论 GEO+HEO 的星座构型设计。

（1）5GEO+6HEO（闪电轨道）

在 GEO 单层星座的基础上，补充部署 HEO 卫星。HEO 卫星选择闪电轨道，若要实现对南北两极的无缝覆盖，则需要 6 颗 HEO 卫星，星座的轨位部署及星下点轨迹如图 3-14 所示。在最小通信仰角为 15°的情况下，该星座覆盖情况如图 3-15 所示，最高可实现六重覆盖。其中，二重及以下覆盖区域占地球表面的 10.26%，三重覆盖区域占地球表面的 25.79%，四重覆盖区域占地球表面的 45.37%，五重及以上覆盖区域占地球表面的 18.58%。

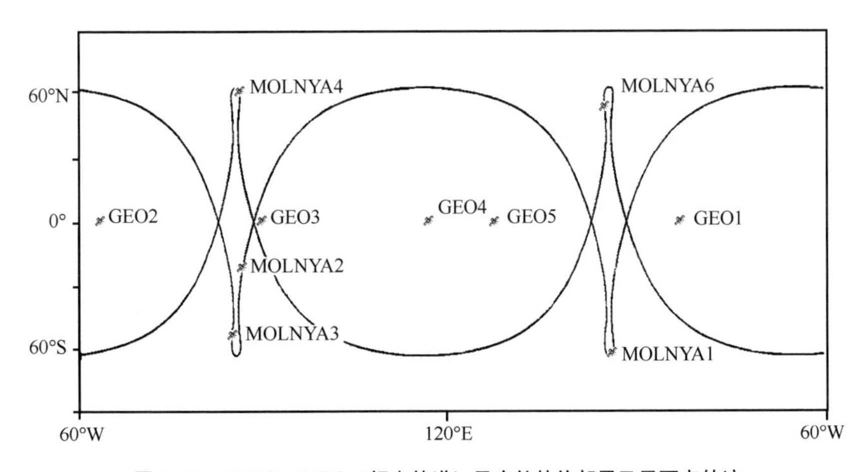

图 3-14　5GEO+6HEO（闪电轨道）星座的轨位部署及星下点轨迹

从图 3-15 可以看出，当通信仰角为 15°时，可实现全球区域的实时覆盖，大部分区域可实现多重覆盖，最高可实现六重覆盖。

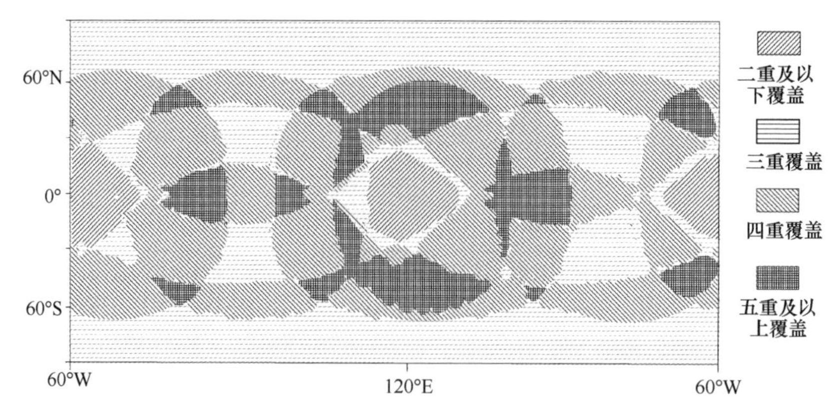

图 3-15 5GEO+6HEO（闪电轨道）星座对地覆盖情况（最小通信仰角为 15°）

（2）5GEO+4HEO（冻原轨道）

此外，设计了 5 颗 GEO+4 颗冻原轨道 HEO 的星座。在最小通信仰角为 15°的情况下，该星座的星下点轨迹如图 3-16 所示。从图 3-16 可以看出，当通信仰角为 15°时，可实现全球区域的实时覆盖，可实现二至五重覆盖。其中，二重覆盖区域占地球表面的 17.36%，三重覆盖区域占地球表面的 43.38%，四重覆盖区域占地球表面的 36.27%，五重覆盖区域占地球表面的 2.99%，如图 3-17 所示。

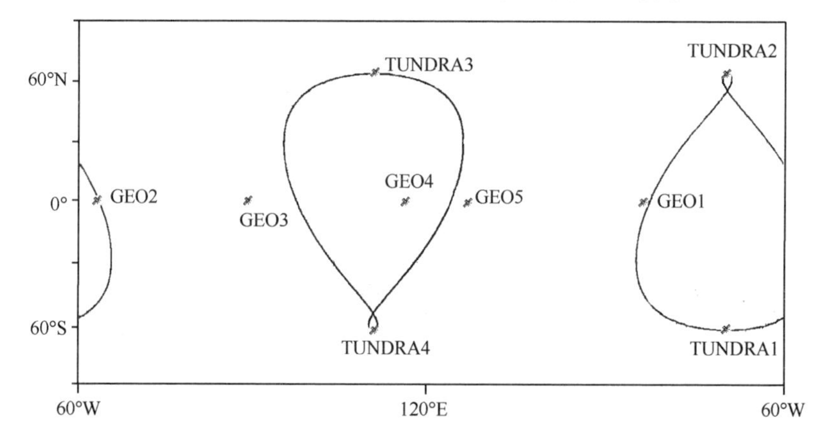

图 3-16 5GEO+4HEO（冻原轨道）星座的星下点轨迹（最小通信仰角为 15°）

采用 HEO 作为 GEO 星座的补充卫星，可实现全球不间断覆盖，但也有缺点：一是为了实现在特定地理区域的连续通信服务，轨道上需要部署多颗卫星，地球站需要在卫星之间进行周期性的切换，这将提高空间段的成本，也会导致卫星的在轨运行控制变得复杂；二是卫星与地球站之间的距离是随时变化的，这种变化使信号引入了多普勒频偏和时偏，给系统设计带来了一定的困难；三是卫星在 HEO 上每运行一圈都需要穿越范艾伦辐射带两次，范艾伦辐射带内的高能辐射导致卫星的半导体元件效能降级，甚至会缩短卫星的寿命。

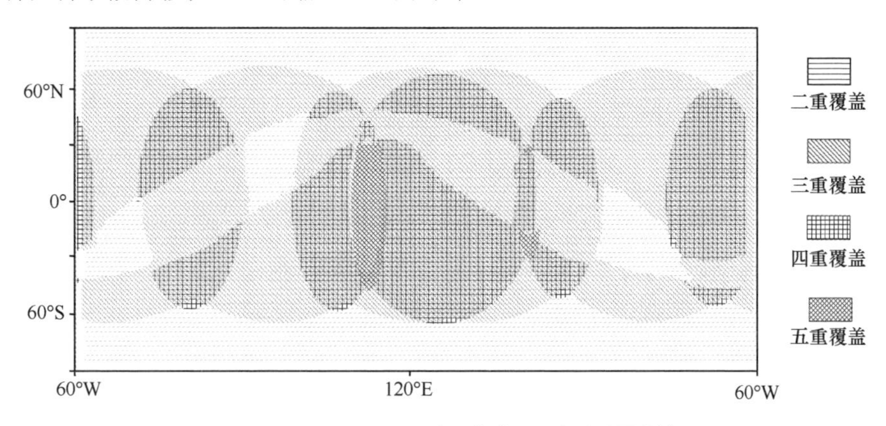

图 3-17　5GEO+4HEO（冻原轨道）星座对地覆盖情况

3.2.5　高轨移动通信卫星部署及全球覆盖星座构想

3.2.5.1　总体情况

（1）全球在轨高轨移动通信卫星频轨及覆盖情况分析

目前在全球范围内开展卫星移动业务的高轨卫星通信系统主要有美国 MUOS 卫星系统、国际海事卫星系统、阿联酋 Thuraya 系统以及我国的天通卫星系统等，使用的频段主要为国际电信联盟发布的《无线电规则》中规定的 UHF、L、S 频段。国内外在轨开展卫星移动通信业务的主要高轨卫星系统的参数见表 3-6。

表 3-6　国内外在轨的主要高轨移动通信卫星系统参数

频段名称	具体使用频率/MHz	卫星系统名称	轨位	覆盖情况
UHF	上行：292～318 下行：244～270	MUOS	177°W、100°W、15.5°W、72°E、75°E	除南北极外的区域
L	上行：1668～1675 下行：1518～1525	海事卫星（Inmarsat-4A 25E）	25°E	非洲和欧洲
	上行：1643.5～1660.5 下行：1542～1555	AUSSAT 系统	152°E、156°E、160°E、164°E	大洋洲和东亚、南亚地区

（续表）

频段名称	具体使用频率/MHz	卫星系统名称	轨位	覆盖情况
L	上行：1626.5～1660.5 下行：1525～1559	Inmarsat 系统	17°E、25°E、64°E、65°E、109°E、143.5°E、142°W、98°W、55°W、54°W、53°W、15.5°W、	除南北极外的区域
	上行：1626.5～1660.5 下行：1525～1559	Thuraya 系统	44°E、98.5°E	欧洲、非洲、中东、南亚和部分东亚地区
	上行：1626.5～1660.5 下行：1525～1559	SkyTerra 系统	101°W、107°W	北美洲及周边区域
	上行：1626.5～1660.5 下行：1525～1559	ACeS 系统	123°E	东南亚、东亚和南亚地区
S	上行：2000～2010 下行：2190～2200	TerraStar-1	111.1°W	美洲及其沿海区域
	上行：1980～2025 下行：2170～2200	ICO G1	92.85°W	美国维尔京群岛地区
	上行：1980～2010 下行：2170～2200	天通卫星系统	101.4°E、125°E、85.4°E	中国及其周边国家和海域
	上行：1980～2010 下行：2170～2200 （3 颗卫星均分 2×30MHz 频段）	Eutelsat W2A（2012 年更名为 Eutelsat 10A）	10°E	欧洲
		EchoStar XXI、EchoStar 21	10.25°E	
		Hellas Sat 3（Inmarsat S EAN、EuropaSat）	39°E	
	上行：1980～2010 下行：2170～2200	INSAT-L-MSS(48E)	48°E	印度

对表3-6中的高轨移动通信卫星的轨位情况进行统计，分布示意图如图3-18所示，其中横轴表示经度（负值表示西经，正值表示东经），纵轴表示对应的卫星数量。

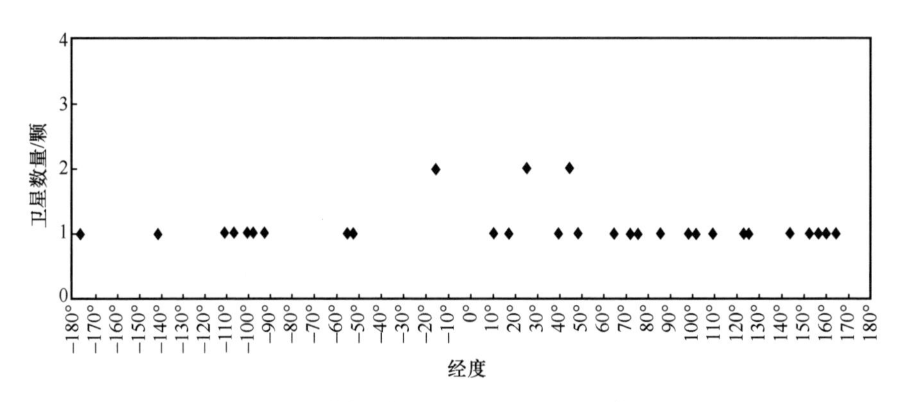

图 3-18　全球在轨高轨移动通信卫星轨位分布示意图

（2）全球在轨高轨移动通信卫星频率协调情况分析

1）UHF 频段频率协调情况

目前国际电信联盟发布的《无线电规则》划分给高轨移动通信业务的频段为 235～322MHz 以及 335.4～399.9MHz 频段，双向可用，并且为次要业务。国内外主要将以上 UHF 频段用于军用窄带卫星通信系统，因此除了在各国国内，各国的 UHF 频段高轨移动通信系统在国际上基本上是被协调的对象，各国 UHF 频段高轨移动通信系统更关心的是如何使自己的系统不受其他主要业务的干扰，而不是彼此之间的频率协调工作。

2）L 频段频率协调情况

目前国际上高轨移动通信卫星系统主要使用的 L 频段有 1668～1675MHz（上行）/1518～1525MHz（下行）以及 1626.5～1660.5MHz（上行）/1525～1559MHz（下行）。

1668～1675MHz（上行）/1518～1525MHz（下行）上下行各 7MHz 频段是 2003 年世界无线电通信大会后新增加的频段，目前在该频段投入使用的卫星系统较少，主要有 Inmarsat 等个别高轨卫星搭载了该频段的载荷。因此目前在该频段内的频率协调工作主要还处于技术研究和探索阶段。

1626.5～1660.5MHz（上行）/1525～1559MHz（下行）上下行各 34MHz 频段，主要被多个高轨系统采用，包括 Inmarsat 系统、ACeS 系统、Thuraya 系统、SkyTerra 系统以及 AUSSAT 系统等。目前国际社会有使用该频段的磋商机制，即各签署国之间通过频段隔离、技术隔离以及物理隔离的方法，实现各国在该频段的卫星移动业务互不干扰地运行，后来者需要申请进入该磋商机制，才能进一步协商如何使用以上频段。然而进入该磋商机制的限制较多，对我国整体卫星通信频段的使用有诸多不利的因素存在，因此目前我国还没有加入这一磋商机制。

3）S 频段频率协调情况

可用于高轨移动通信卫星系统的 S 频段主要为 1980～2010MHz（上行）/2170～2200MHz（下行）上下行各 30MHz 频段。目前采用该频段的高轨移动通信卫星系统主要有我国的天通卫星系统、美国的 TerraStar 系统、欧洲的 Eutelsat 10A 等。

目前各国使用该频段的高轨移动卫星通信系统主要覆盖各国的领土及周边区域，由于均是区域覆盖，因此各国之间的协调较少，《无线电规则》关于该频段的规定是既可用于卫星移动通信，也可用于地面通信系统。目前在全球范围内各国对该频段的规划都还在逐步明确中，其中美国、德国、瑞典、韩国等国家主张将该频段用于地面移动通信系统；欧洲的其他部分国家主张将该频段用于卫星移动通信业务。因此，对于我国的天通卫星系统而言，目前的主要协调难度在于与覆盖区域内及后续规划的覆盖区域内其他国家地面业务的频率协调工作，目前在我国的推动下该项工作已成为国际电信联盟无线电通信组的一项重要研究议题，正在从技术方面和其他方面逐步进行研究和推动。

3.2.5.2 高轨卫星移动通信全球覆盖星座构想

以我国的天通卫星系统为例，探讨高轨卫星移动通信全球覆盖的星座构想思路。目前我国已经成功发射天通一号 01 星、02 星和 03 星，卫星轨位大致在 81.5°E～125°E，基本覆盖范围如图 3-19 所示。天通一号 01 星覆盖我国国土及周边区域，02 星覆盖日韩及其周边海域，03 星覆盖东南亚地区和澳大利亚的达尔文港、科科斯群岛及周边海域。后续如何发展很大程度上取决于国际市场和频率、轨位协调情况。依靠高轨卫星实现移动通信全球覆盖，还是通过高、低轨卫星结合实现移动通信全球覆盖，这是要看发展需要的。

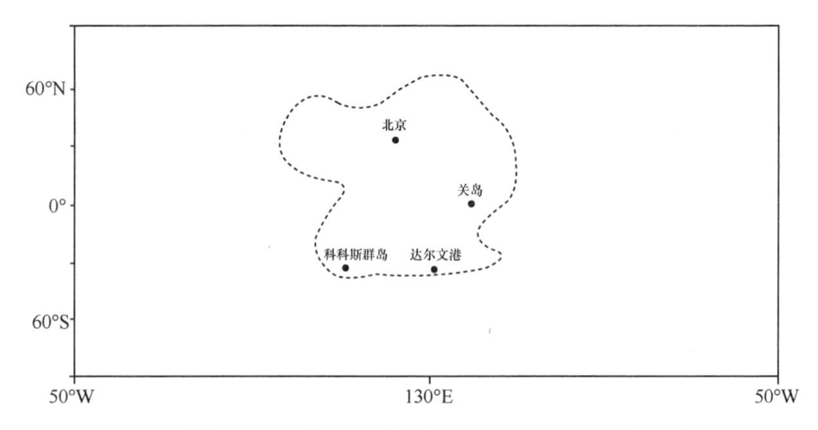

图 3-19 天通一号卫星移动通信系统的覆盖范围

下面主要阐述基于高轨卫星实现移动通信全球覆盖的方案构想，仅从技术角度考虑，从星座构想和频率协调方面对实现高轨移动通信全球覆盖进行论述分析，能否实施或者是否实施受到很多方面的制约。

（1）全球覆盖星座构型设计构想

目前全球在轨的高轨移动通信系统基本上是区域覆盖的情况，为了实现高轨卫星全球覆盖，在已有天通卫星的基础上，可考虑在太平洋东部海域上空（129.5°W）、大西洋西部海域上空（24°W）增加部署两颗 GEO 卫星，实现对太平洋区域以及美洲区域的覆盖。该星座的覆盖示意图如图 3-20 所示，在最小通信仰角为 15°的情况下，5 颗 GEO 星座可实现南北纬 50°以内的中低纬度区域全覆盖，且能实现国土及周边范围的二重增强覆盖。如图 3-20 所示，一重覆盖区域占地球表面的 46.16%，二重覆盖区域占地球表面的 22.06%，三重覆盖区域占地球表面的 20.28%。

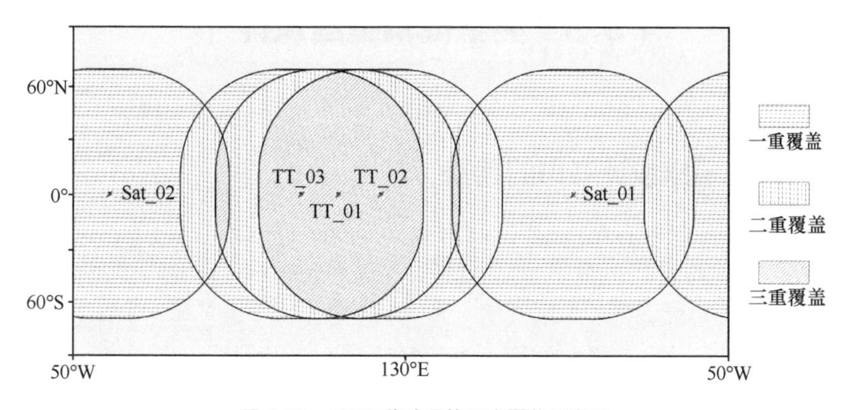

图 3-20 GEO 移动通信星座覆盖示意图

对于高纬度地区的移动通信，GEO 星座存在覆盖盲区，通过增加部署 IGSO 或者 HEO 卫星，可实现对包括南北两极地区在内的全球覆盖。但从应用情况来看，高纬度地区目标用户较少，实现全球覆盖在工程实际以及具体实施上代价都非常大。因此，可考虑与其他星座（如宽带星座）共同建设，在 IGSO、HEO 卫星上搭载移动通信载荷，实现卫星移动通信业务的全球覆盖。

（2）实现全球覆盖的星座可用频段分析

根据前文关于 UHF、L、S 频段的频率协调现状的分析，基于已规划的天通一号卫星通信系统实现高轨移动通信系统的全球覆盖，在频段选择以及频率协调方面建议如下。

- 建议主要考虑将 1518～1525MHz/（上行）1668～1675MHz（下行）上下行各 7MHz 频段和 1980～2010MHz（上行）/2170～2200MHz（下行）上下行各 30MHz 频段作为全球卫星移动业务的规划频段，对于上下行各 7MHz 频段，建议尽快制定相应的技术方案，进行频率轨位网络资料的储备工作以及干扰分析的技术攻关工作；对于上下行各 30MHz 频段，建议在国际层面上以国际电信联盟的相关议题为背景，将频率协调工作和相关技术研究工作做深、做细、做实，争取协调各方面力量，以更快地推进我国卫星移动通信星座在全球更多区域内的合法使用。

- 提前研究，在其他不太拥挤的频段中进行技术突破，为将来我国卫星移动通信业务使用其他频段打下坚实的技术基础。比如采用 Ka 频段，需要考虑与宽带卫星、海事卫星第五代通信系统的频率、轨位协调。

3.3 典型低轨星座设计

3.3.1 低轨星座设计考虑的因素

低轨星座的设计非常复杂，可选择的方案较多，主要考虑的因素包括频段、覆盖性、时延、单用户速率、系统容量、关口站部署方便性、星座安全性、卫星寿命及离轨成本、性价比和市场定位等，见表 3-7。

表 3-7 星座设计约束与影响因素

设计约束	影响因素
频段（L、Ku、Ka 等）	卫星数量
覆盖性（全球机动覆盖、连续覆盖、多重覆盖）	频段配置、卫星数量、轨道倾角等
安全性（规避空间碎片碰撞）	星座轨道高度
单用户速率	频段和轨道高度
关口站部署方便性	是否配置星间链路
卫星寿命及离轨成本	轨道高度
系统容量	卫星数量

3.3.2 频段、应用定位与星座设计

（1）L、VHF 等低频段星座与 Ku、Ka 等高频段星座

L 频段波束宽，以 Iridium 系统为例，一般星上为固定多波束天线，每波束宽度

为 3.1°，覆盖地面直径为 689km，只要少量卫星就可以实现全球覆盖。目前在轨的 L 频段低轨星座以 Iridium 系统为代表，共 66 颗卫星，6 个轨道面，每轨道面 11 颗卫星，整个星座配置了 6 颗备份卫星。卫星数量过多会造成干扰。

VHF/UHF 星座的典型代表是 ORBCOMM，星座规模为 36 颗卫星。

Ka 频段低轨星座目前还没有建成，正在建设的几个星座可以分为低密度、中密度和高密度 3 类。低密度星座的卫星数量最少，卫星数量为 100～300 颗（如 Telesat）；中密度星座的卫星数量为 700～2000 颗（如 OneWeb）；高密度星座的卫星数量最多，卫星数量为数千颗到数万颗（如 Starlink）。

由此可见，高频段星座规模远大于低频段星座规模，由于宽频段天线波束窄（波束半径为 50～100km），多颗卫星覆盖同一终端时，可以利用窄波束的特点规避干扰，因此可以构建更多的卫星星座。卫星密集情况下低频段卫星和高频段卫星的终端干扰示意图分别如图 3-21 和图 3-22 所示。

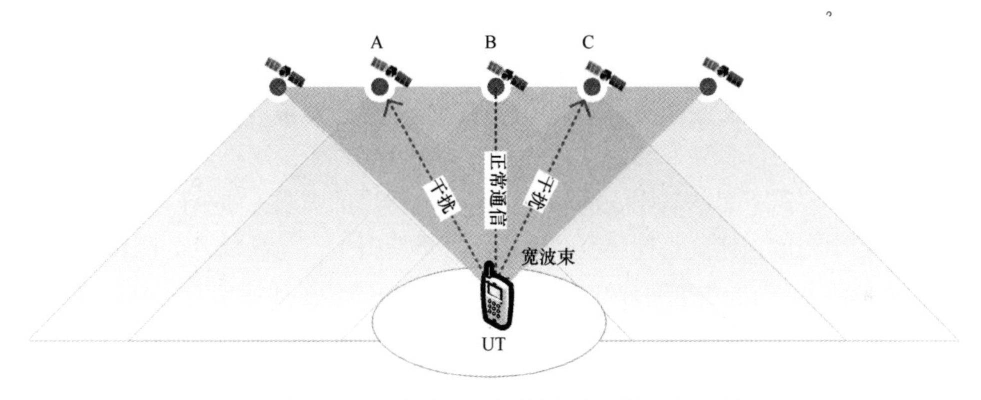

图 3-21　卫星密集情况下低频段卫星的终端干扰示意图

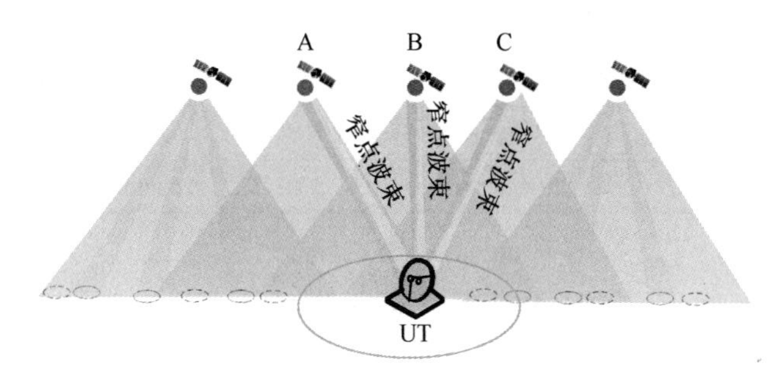

图 3-22　卫星密集情况下高频段卫星的终端干扰示意图

（2）应用定位与星座设计

应用定位对星座设计影响巨大，会影响频段选择、卫星重量、系统造价以及市场发展。以 ORBCOMM 星座为例，其定位为物联网应用，因此采用 VHF/UHF 频段，不仅比 Iridium 系统方向性更弱，而且绕射能力更强、终端环境适应性更好。尤其 ORBCOMM 星座的定位为物联网应用，终端安装位置约束更小，可适应的场景更多，占用资源极少，物联网业务不要求连续通信，因此不需要星间链路，地面关口站部署条件和数量相对灵活，载荷十分简单，卫星十分轻小，系统造价极低，因此其发展势头非常好。而 Iridium 系统最初定位为提供连续语音业务，其载荷配置尤其是天线配置需要满足必要的收发能力。为了满足全球通联，又设置了星间链路，因此载荷占据了卫星更多的体积和重量。

对于 Ku、Ka 频段的宽带星座而言，不同的应用定位对星座设计的影响很大。对于前面提到的 3 类星座，将星间组网的低密度星座作为目前大量高轨宽带卫星的补充应用是十分合适的，这是因为目前在轨宽带卫星有数百颗，随着高通量卫星的发展，单星容量急剧增加，卫星带宽和容量资源越来越丰富，运营商面临着被迫降低转发器资费的薄利趋势。低轨宽带星座可以弥补高轨宽带星座南北极覆盖不足的缺陷，满足少量高价值用户的需求（如小口径、更高速率等）。中密度星座则是连续全球覆盖（一重覆盖），与高轨卫星具有一定的同台竞争能力。而高密度星座比高轨星座具有更多优势（如速率高、时延短等），是高轨星座的强有力竞争对手。但是对于这种超大规模的高密度星座，全球不能建设太多，这是因为其频率协调难度非常大，对整个空间频谱和空间利用有较大影响。几个典型星座的应用定位见表 3-8。Starlink 系统与高通量卫星的应用能力对比见表 3-9。

表 3-8　几个典型星座的应用定位

Iridium	ORBCOMM	OneWeb	Starlink	Telesat
全球无盲区通话	物联网	宽带常规业务，地面互联网补充	与地面互联网竞争	高轨宽带补充

表 3-9 Starlink 系统与高通量卫星的应用能力对比

主要能力	高通量	Starlink	对比基本结论
单用户速率	几十 Mbit/s 到几百 Mbit/s	几百 Mbit/s 至 Gbit/s	在不考虑系统建设成本、Starlink 能够整系统建成的情况下，Starlink 的性能达到极致，可以与地面互联网相比拟
时延	几百 ms	几十 ms	
网络覆盖率	一重（单星）	二十重	
网络容量	百 Gbit/s	Tbit/s	
网络用户数	百万至千万	上亿	

3.3.3 单层与多层星座

如果以一个轨道高度为一层星座来定义，目前在轨运营的几个系统不仅均为低频段星座，而且均为单层星座；而高频段宽带星座则可以是单层星座或者多层星座。

选择单层星座或者多层星座与频段选择有关，比如低频段的星座波束较宽，单层星座可以满足需求，多层星座反而会引起更大干扰。而宽带星座依靠相控阵多点波束的窄波束和灵活调配功能，可以避开不同层星座之间的干扰，可以按需设置多层星座。以 Starlink 系统为例，典型参数见表 3-10，星座结构如图 3-23 所示。

表 3-10 Starlink 系统的典型参数

子星座	轨道高度/km	倾角	轨道面个数/个	每面卫星数/颗	卫星总数/颗
1	328	30°	1	7178	7178
2	334	40°	1	7178	7178
3	345	53°	1	7178	7178
4	360	96.9°	40	50	2000
5	373	75°	1	1998	1998
6	499	53°	1	4000	4000
7	604	148°	12	12	144
8	614	115.7°	18	18	324
合计	—		75	—	30000

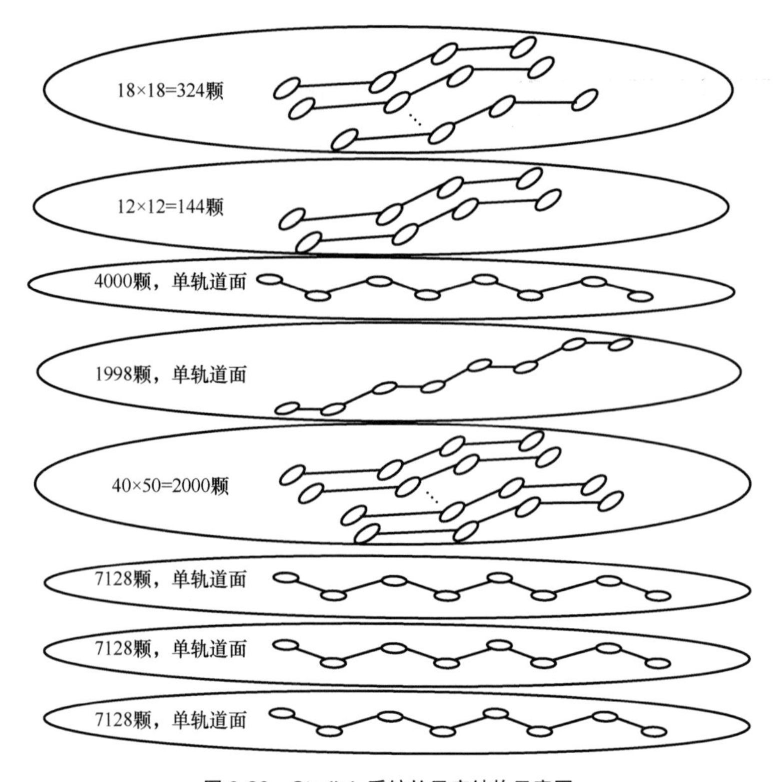

图 3-23　Starlink 系统的星座结构示意图

3.3.4　几种星座构型分析

依据倾角的不同，低轨星座一般可分为倾斜轨道星座和极轨星座。下面分别介绍这两种星座的构型及在星座设计中需要关注的内容。

（1）倾斜轨道星座

设计倾斜轨道星座时通常考虑多个轨道平面，各轨道平面具有相同的卫星数量、轨道高度，使得星座中的卫星覆盖区能够均匀分布，进一步使整个星座的覆盖性能达到最优。理论上说，在卫星数量确定的情况下，采用 Walker 星座的倾斜轨道星座的覆盖性能最好。Walker 星座的构型通常采用“$T/P/F$”来表示，其中 T 颗卫星均匀分布在 P 个轨道平面上，每个轨道平面上的 T/P 颗卫星也是均匀分布的；P 个轨道平面沿赤道等间隔分布，即轨道的升交点围绕赤道均匀分布，角距为 360°/P；相位因子 F 为相邻轨道平面邻近卫星之间的相对偏置，是 0～(P−1)间的一个整数，表示相邻轨道临近卫星间的相位差是 Δf 的 F 个整数倍（其中 Δf=360°/T）。按照星座构型，Walker 星座又分为 δ 星座、玫瑰星座、Ω 星座、σ 星座等。

- δ 星座又被称为倾斜轨道 Walker 星座、Walker-Delta 星座。δ 星座的各轨道面倾角（即 δ）都相同，其具有很好的覆盖性，被广泛应用于全球定位系统（GPS）、GLONASS、Galileo、北斗和 GlobalStar 等系统。
- 玫瑰星座是一种特殊的 δ 星座，满足 T=P，即每个轨道上只有一颗卫星。其在地球上的投影（从极点观察星座的轨迹）像一朵玫瑰，例如构型为（7/1/0）的玫瑰星座在北极上空的轨迹如图 3-24 所示。相邻卫星间的相位关系、轨道倾角和轨道高度等星座参数对星间链路的建立有很大影响，玫瑰星座本身已经对这些参数进行了最优化，更重要的是玫瑰星座的星座设计以卫星数量最少为目标。

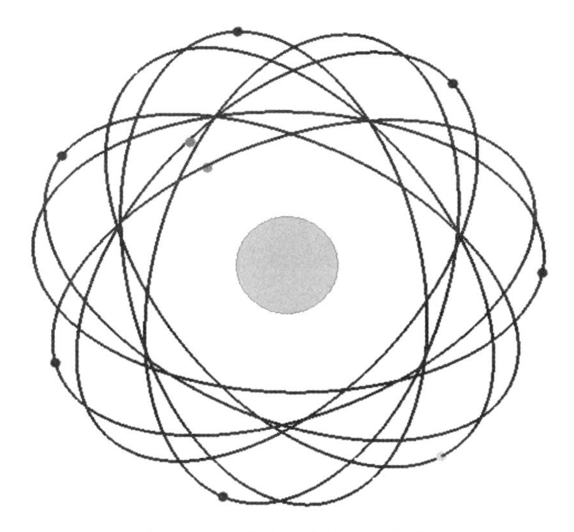

图 3-24　玫瑰星座轨迹示意图

- Ω 星座是将玫瑰星座去掉一个子星座后得到的一个非均匀星座。Ω 星座可用参考码 $T/P/F/W$ 描述，其中 T 为星座卫星数量，P 为原均匀星座的轨道平面数量，F 为去掉子星座后的相位因子，W 表示子星座的相位间隔。
- σ 星座中所有卫星的星下点轨迹相同，且各颗卫星的瞬时星下点位置沿着该轨迹等间隔分布。俄罗斯的导航卫星系统 GLONASS 就采用了 σ 星座构型，其轨迹示意图如图 3-25 所示。

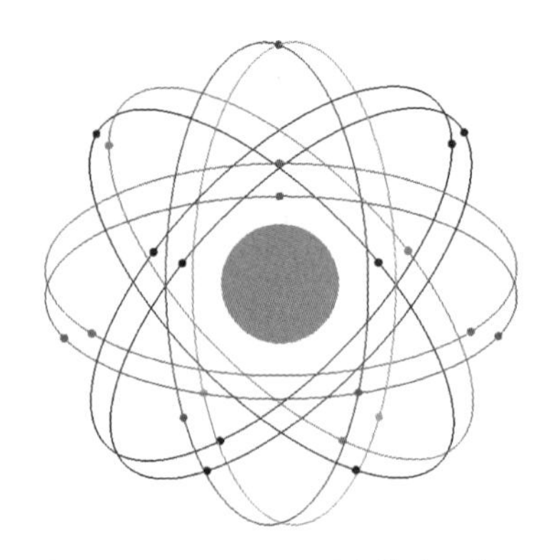

图 3-25　GLONASS 星座轨迹示意图

为了满足上述条件，σ 星座中的所有卫星轨道均为回归轨道，GLONASS 系统的卫星轨道是 8/17 恒星日的准回归轨道。与其他同轨迹星座相比，σ 星座的最大优势在于其星下点轨迹只有一条，且类似正弦曲线，这对整个星座的测控和管理是非常有利的。

（2）极轨星座

极轨道是轨道面倾角为 90°的卫星轨道，理论上在足够多的卫星和适当的相位关系的前提下，只用极轨卫星就能获得连续的全球覆盖卫星星座。需要注意的是，为了避免不同极轨道平面上具有相同相位的卫星在极点发生相互碰撞，一般采用近极轨星座，即轨道倾角为 80°～90°。

极（近极）轨星座的设计基于卫星覆盖带的思想，即同一个轨道平面上的多颗相邻卫星的部分覆盖区域重叠，形成了一条连续覆盖的带形覆盖区，然后利用多个这样的连续覆盖带（多个轨道面形成的覆盖带）就可以形成对全球或某一区域的连续覆盖。以 Iridium 系统为例，最小通信仰角为 8°时的覆盖示意图如图 3-26 所示。

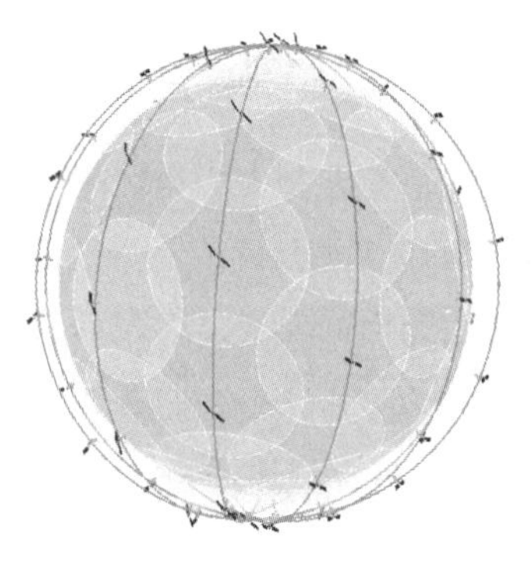

图 3-26　Iridium 系统的覆盖示意图

由于极轨卫星轨道倾角较高，其覆盖表现为在赤道附近的纬度圈上覆盖比较稀疏，越往两极地区，纬度圈的半径越小，覆盖重叠的部分越多，从而高纬度地区（特别是两极地区）的卫星非常密集。因此，利用极轨道星座实现全球覆盖时，考虑覆盖带对赤道区域实现连续无缝覆盖即可。在设计近极轨星座实现全球或某一区域连续覆盖时，在卫星轨道高度、倾角、轨道面数和每轨道面卫星数这 4 个因素中，只要确定了任意 3 个因素，即可求解剩余一个因素，或者在确定 1～2 个因素的情况下，可列出剩余因素的多种可能情况供设计者选择。

3.3.5　移动宽带结合的低轨星座设计

从我国天地一体化网络的发展来看，低轨星座的建设能够填补我国全球无缝信息服务的空白，为国家“走出去”战略的实施提供安全可控的通信支持。为了满足全球服务能力和不依托境外关口站的安全可控信息传输能力，在空间组网星座的设计上，目前有两种设计思路，一种思路是构建单层极轨星座，提供宽窄结合的全球无缝服务；另一种思路是构建混合轨道星座，利用极轨星座提供全球可达的通信服务，利用倾斜轨道星座实现宽带增强通信。

（1）极轨星座设计与能力分析

星座采用极轨道，各轨道面均匀分布，宽带卫星与窄带卫星按照轨道面间隔部署，通过星间链路实现空间组网，如图 3-27 所示。当轨道高度设置为 800～1000km 时，两类卫星数量均在 60 颗以上，可提供全球可达的宽带和窄带通信服务。

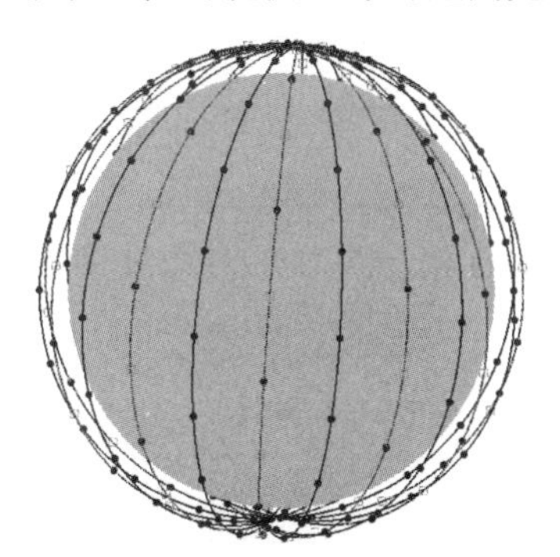

图 3-27　宽窄结合的极轨星座部署示意图

1）对地覆盖能力分析

极轨星座的覆盖能力如图 3-28 所示，在最低观测仰角为 9.1°的情况下，全球的双重覆盖率达 100%；三重覆盖率大于 42%，南北纬 50°以上区域的三重覆盖率达 100%；四重覆盖率大于 8.76%，南北纬 60°以上区域的四重覆盖率达 100%。一重覆盖时，可保证全球任意地方最低 13°的通信仰角。由此可见，增加卫星数量后，星座在对地覆盖能力、通信仰角方面的性能都得到了较大的提升。

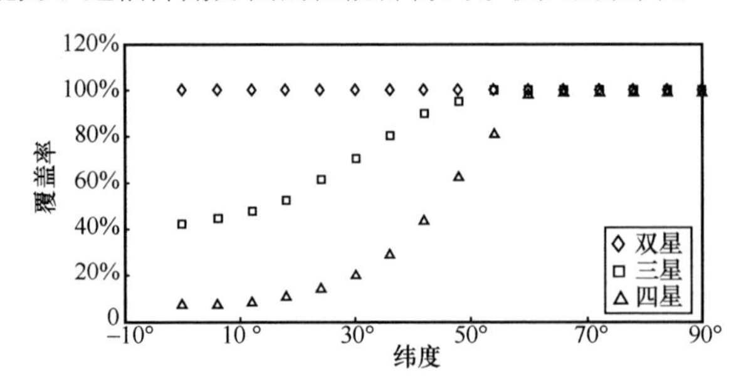

图 3-28 极轨星座的覆盖能力

2）地面站可视性分析

仿真喀什、佳木斯和三亚 3 个地面站对星座的可见情况，每个地面站可见的卫星数量见表 3-11。如图 3-29 所示，多地面站同时可见至少 7 颗卫星，最多可见 14 颗卫星，完全可以保证全网业务境内接入的能力。

表 3-11 地面站可见卫星数量

地面站	可见卫星数量/颗
喀什	2～6
佳木斯	2～7
三亚	2～5

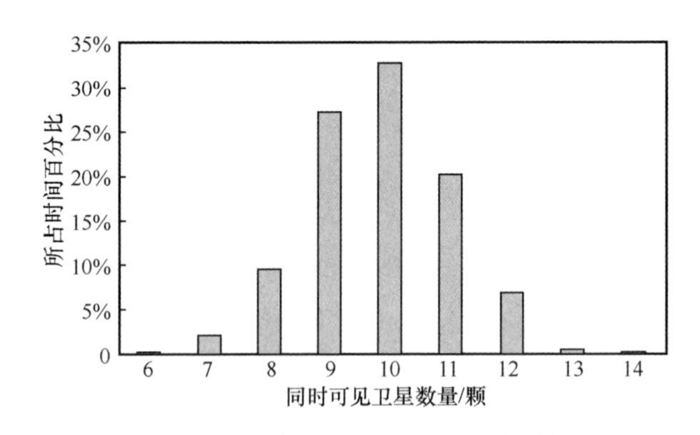

图 3-29 地面站同时可见若干低轨卫星所占时间百分比

（2）混合轨道星座设计与能力分析

混合轨道星座采用极轨+倾斜混合轨道设计，利用极轨星座良好的全球覆盖特性，提供全球可达的移动、宽带通信服务；利用倾斜轨道星座实现对中低纬度地区的增强覆盖，提供宽带通信服务。同构星座可独立星间组网，异构星座之间的组网通信需通过地面转发。在星座规模方面，当高度为 800～1000km 时，极轨星座利用 60 颗卫星即可实现对地全覆盖，如图 3-30 所示。倾斜轨道星座可依据多重覆盖需求，选择相应的星座规模。

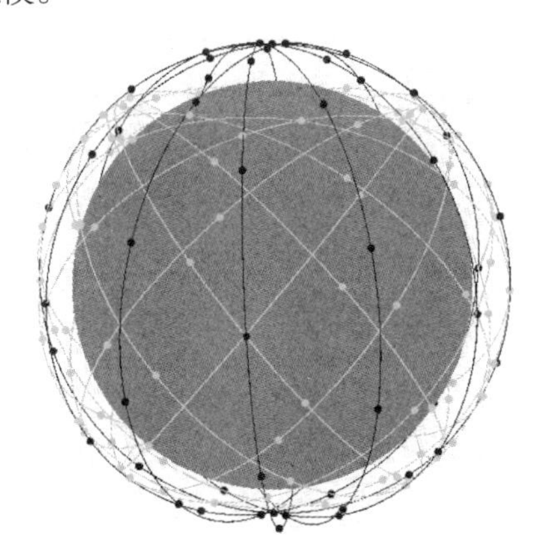

图 3-30　极轨+倾斜轨道星座构型

1）星座能力分析

在覆盖能力方面，极轨星座实现了对地单重全覆盖，倾斜轨道星座实现了对高纬度带多的重覆盖。如图 3-31 所示，在最低观测仰角为 9.1°的情况下，混合轨道星座能够保证全球范围的三重以上覆盖，在高纬度地区最多可实现六重覆盖。

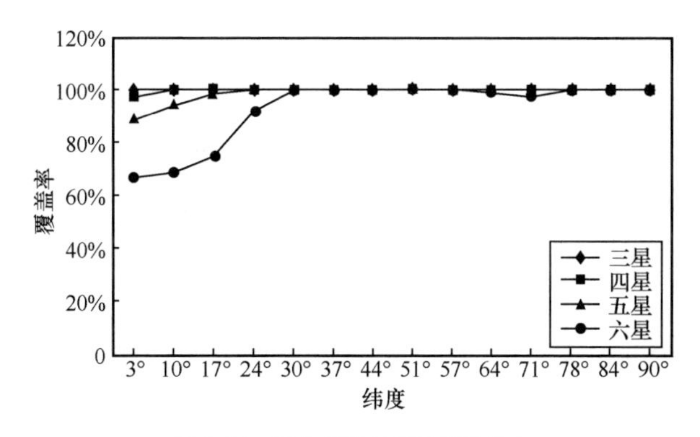

图 3-31　混合轨道星座的覆盖能力

2）地面站可见情况

针对混合轨道星座，仿真喀什、佳木斯和三亚 3 个地面站对星座的可见情况。每个地面站可见卫星数量见表 3-12。综合来看，多地面站同时可见卫星数在 18 颗以上，可保证全网业务境内接入的能力，如图 3-32 所示。

表 3-12 地面站可见卫星数量

地面站	极轨星座可见卫星数量/颗	倾斜轨星座可见卫星数量/颗	混合星座可见卫星数量/颗
喀什	1～5	5～9	6～12
佳木斯	1～5	4～8	6～12
三亚	1～3	3～8	5～11

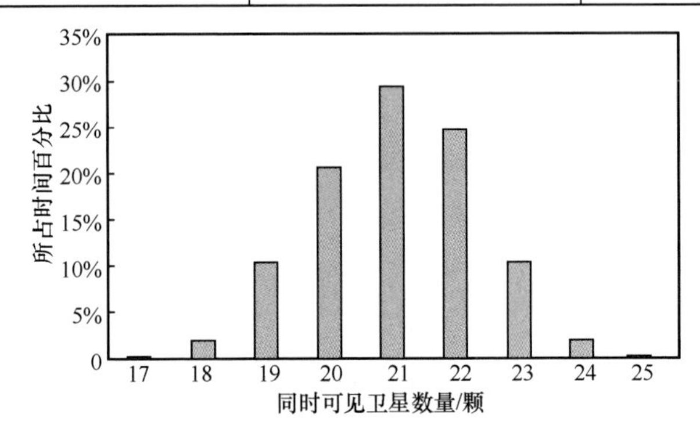

图 3-32 地面站同时可见若干低轨卫星所占时间百分比

3.4 小结

本章给出了星座的基本类型和不同星座的特点，包括高低轨不同星座的特点，以及基于高轨卫星的全球覆盖宽带星座设计、基于高轨卫星的全球覆盖移动星座设计、基于低轨全球覆盖混合星座设计等。实际上，利用高轨卫星实现全球覆盖的代价比较大，而利用高轨 GEO 实现近全球覆盖是当前各大运营商的首选，由于两极用户少，发射 IGSO 卫星费效比太高，只有军事等特殊需求才会考虑，或者与预警卫星等共星搭载小容量载荷作为补充；而对于低频段的移动通信，除 Inmarsat 外，目前没有近全球覆盖的其他星座，这主要是受到低频段频率的占用特点影响，难以同时存在多个近全球覆盖的低频段移动通信星座。采用低轨星座弥补 GEO 两极覆盖的不足，是一种经济可行的选择。

第4章
传输体制

本章给出了不同网络传输体制涉及的主要内容，即调制解调技术、编译码技术和多址技术。通过分析卫星信道的特点，给出适用于卫星信道的调制方式，并对几种常用的调制方式进行了列举；简要介绍了编译码的起源和发展历史，对常用的编译码方式的性能进行了对比。

4.1 不同网络传输体制涉及的对象

传输体制是天基传输网络的核心，决定着网络能否构建、网络中的站型能力如何、网络是否能稳定运行等关键性能。不同网络传输体制涉及的对象不同，如图 4-1 所示。

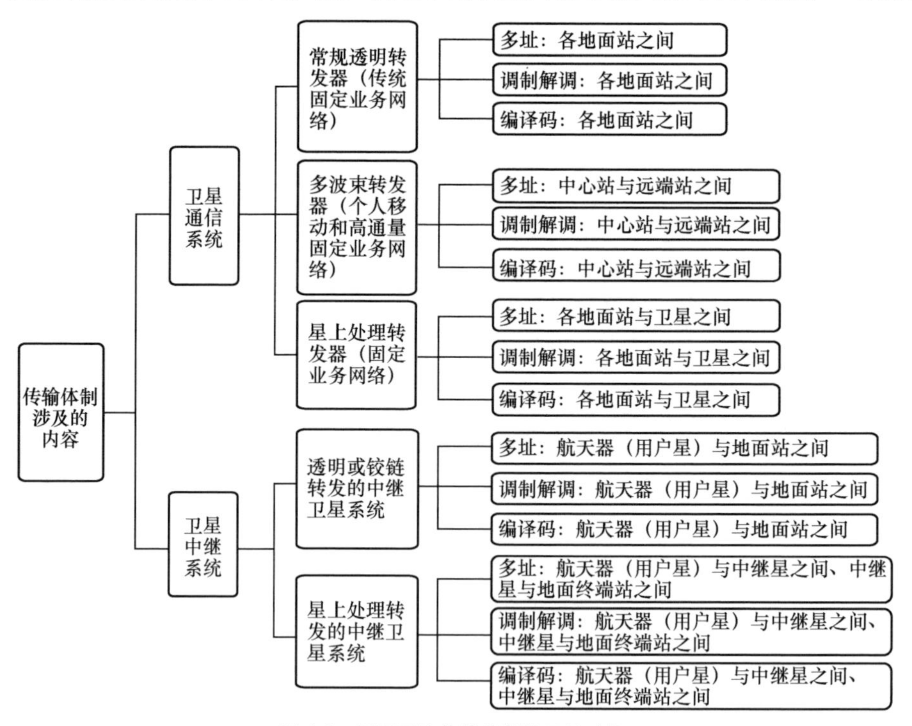

图 4-1 不同网络传输体制涉及的对象

4.2 不同网络传输体制共性的调制解调与编码技术

4.2.1 调制解调技术

调制是把基带信号的频谱搬移到载频上，以便于实现信息传输；解调是从载频上把基带信号恢复出来，实现信息的接收，接收端的解调技术必须与发送端的调制技术相匹配，才能实现信息的正确传输。调制解调方式的分类如图 4-2 所示。

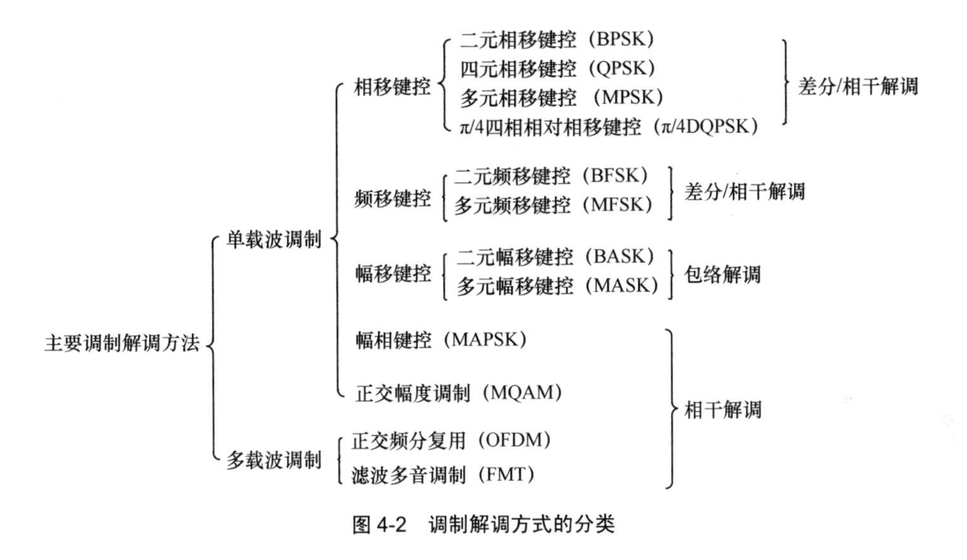

图 4-2 调制解调方式的分类

4.2.1.1 单载波调制

由于卫星信道具有非线性特点，已调波的包络波动很容易引起频谱扩展以及相位失真等问题，因此适用于卫星信道传输的调制后波形尽量要具有等幅度包络结构的特性。幅移键控（ASK）技术的已调信号包络不恒定，不适用于卫星信道。频移键控（FSK）技术的频带利用率较低，由于卫星信道频率资源非常紧张，其同样不适用于卫星信道，但在 FSK 基础上衍生出的最小频移键控（MSK）、高斯最小频移键控（GMSK）技术很好地解决了原始 FSK 频带利用率低的问题，在部分卫星通信系统中有所应用。相移键控（PSK）技术具有恒定的包络结构，资源利用率较高，适用于卫星信道，但 PSK 技术存在符号之间相位不连续的情形，同样会占用较多带宽。PSK 的一些派生调制方式很好地解决了 PSK 调制信号相位不连续的问题，提高了频谱利用率，已成为卫星通信系统中比较常用的调制技术。

（1）相移键控

相移键控又称相位偏移调制，即 PSK 调制，是一种利用载波相位表示输入信号信息的调制技术。常用的相移键控方式有 BPSK、QPSK、8PSK 和 16PSK 等。典型相移键控调制方式的主要性能见表 4-1。

表 4-1　典型相移键控调制方式的主要性能

分类	双相移键控	四相移相键控	高阶相移键控	
基本调制方式	BPSK	QPSK	8PSK	16PSK
解调性能	P_e=1×10^{-6} 相干解调：约 10.6dB； 差分解调：约 11.2dB	P_e=1×10^{-6} 相干解调：约 10.6dB； 差分解调：约 12.9dB	P_e=1×10^{-6} 相干解调：约 14dB	P_e=1×10^{-6} 相干解调：约 18.2dB
实现复杂度	调制和差分解调实现简单，相干解调实现复杂	相干解调实现较 BPSK 简单；非相干解调略复杂，需增加 viterbi 检测功能	比 QPSK 的实现复杂度更高	比 8PSK 的实现复杂度更高
信号带宽、信息速率、符号速率三者的关系	B=Rs=Rb	B=Rs=2Rb	B=Rs=3Rb	B=Rs=4Rb
特点及适用场景	抗噪声性能强，但传输效率差。存在相位模糊问题，实际应用中多采用派生方式	具备 PSK 的特点，但传输效率高于 PSK。实际应用中多采用派生方式，广泛应用于无线通信领域	具备 PSK 的特点，传输效率更高。它是地面移动通信系统 EDGE 采用的调试方法，广泛应用于卫星通信领域	非线性信道下，高阶 PSK 会产生严重的相位失真，影响传输性能
改进或派生的调制方式	D-BPSK	DQPSK、OQPSK π/4-DQPSK、 IJF-QPSK、FQPSK	D-8PSK	—

注：表 4-1～表 4-4 中的 B 为理想工作情况下的已调制信号带宽；Rb 为信息速率；Rs 为符号速率。

BPSK、QPSK、OQPSK、π/4-DQPSK、8PSK 和 16PKSK 6 种相移键控方式的星座图如图 4-3 所示。

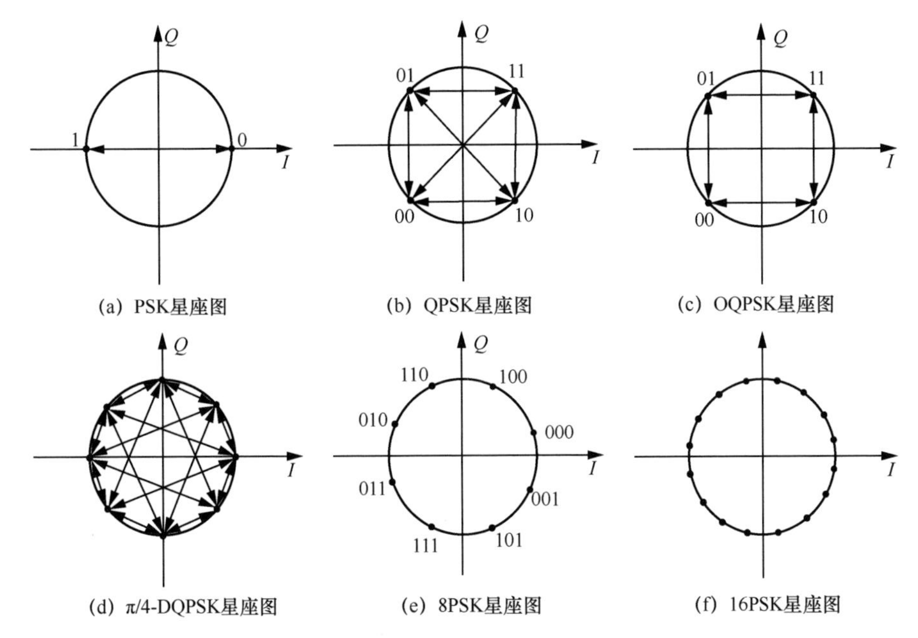

图 4-3　几种相移键控调制方式的星座图

（2）频移键控调制

频移键控又称频率偏移调制，即 FSK 调制，其利用基带脉冲信号对模拟载波信号的频率进行控制，使模拟载波信号的频率随着基带脉冲的变化而变化。常用的频移键控调试方式有二进制频移键控（Binary Frequency Shift Keying，BFSK）、多进制频移键控（Multiple Frequency Shift Keying，MFSK）和 MSK 等，其主要性能见表 4-2。

表 4-2　典型频移键控调制方式的主要性能

分类	二进制频移键控	多进制频移键控	最小相位频移键控
基本调制方式	BFSK	MFSK	MSK
解调性能	$P_e=1\times10^{-6}$ 相干解调：约 13.6dB； 差分解调：约 14.2dB	$P_e=1\times10^{-6}$ 相干解调：约 14.6dB； 差分解调：约 15.2dB	$P_e=1\times10^{-6}$ 相干解调：约 11.8dB
实现复杂度	低	高	高
信号带宽、信息速率、符号速率三者的关系	B=Rs=Rb	B=Rs=Rb/$\log_2 M$	B=0.75Rs=0.75Rb

（续表）

分类	二进制频移键控	多进制频移键控	最小相位频移键控
特点及适用场景	抗干扰能力强，不受信道参数变化的影响，占用带宽较多，适用于中低速传输。广泛应用于蓝牙、无线局域网和生物识别等领域	传输效率优于 BFSK，但频带利用率较低	具备 BFSK 的优点，频谱利用率比 BFSK 高，但不如 QPSK。其派生方式 GMSK 在无线移动通信中应用广泛，它是 GSM 采用的调试方法
改进或派生的调制方式	—	—	GMSK、CPFSK

MSK 星座图，以及 MSK 与 GMSK 的信号相位轨迹如图 4-4 所示。

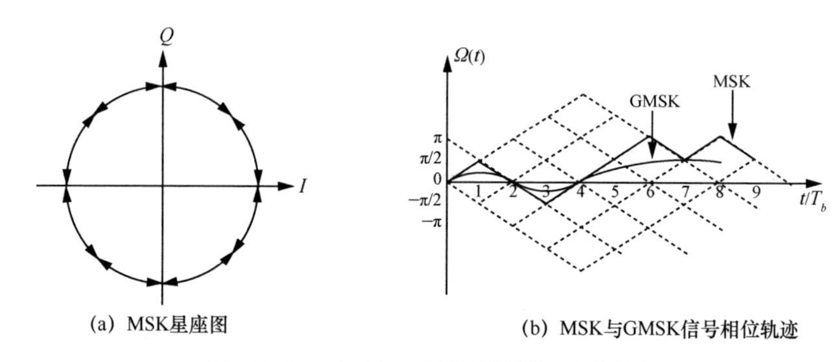

(a) MSK星座图　　(b) MSK与GMSK信号相位轨迹

图 4-4　MSK 星座图及两种频移键控的相位轨迹

（3）正交振幅调制

正交振幅调制（Quadrature Amplitude Modulation，QAM）是正交载波调制技术与多进制幅移键控技术的结合，其幅度和相位都会发生变化，属于非恒包络二维调制技术。常用的正交振幅调制方式有 16QAM、32QAM 和 64QAM 等，主要性能见表 4-3。

表 4-3　各阶数正交振幅调制方式的主要性能

正交振幅调制	16QAM	32QAM	64QAM
解调性能	$P_e=1\times10^{-6}$ 相干解调：约 14.4dB	$P_e=1\times10^{-6}$ 相干解调：约 17.3dB	$P_e=1\times10^{-6}$ 相干解调：约 18.5dB
信号带宽、信息速率、符号速率三者的关系	B=Rs=4Rb	B=Rs=5Rb	B=Rs=6Rb
实现复杂度	比 16PSK 的实现复杂度高	比 16QAM 的实现复杂度高，需要的硬件资源约是 16QAM 的两倍	比 32QAM 的实现复杂度高，需要的硬件资源约是 32QAM 的两倍

（续表）

正交振幅调制	16QAM	32QAM	64QAM
特点及适用场景	抗噪声性能优于同阶数的 PSK、APSK，但信号幅度起伏多变，在非线性信道中幅度失真严重。QAM 适用于有线信道和无线线性信道，尤其适用于有线电视电缆传输。对于功率受限的卫星通信系统，QAM 的信号阶数越高，星座点距离越小，随着信号幅度失真，误码性能急剧降低		

16QAM、32QAM 和 64QAM 3 种调制方式的星座图如图 4-5 所示。

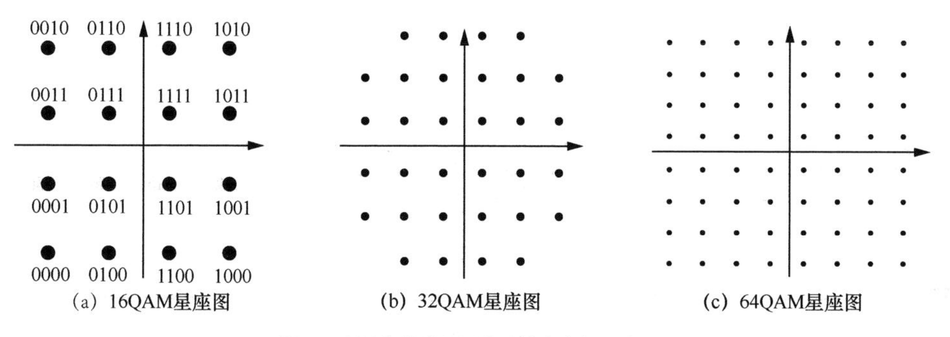

(a) 16QAM星座图　(b) 32QAM星座图　(c) 64QAM星座图

图 4-5　3 种高阶 QAM 调制方式的星座图

（4）幅度相移键控

幅度相移键控（Amplitude Phase Shift Keying，APSK）调制也是一种幅度相位调制技术。与 QAM 相比，APSK 信号呈中心向外沿半径发散分布，它是一种特殊的 QAM 信号，因此 APSK 又称星形 QAM。常用的幅度相移键控调制方式有 16APSK、32APSK 和 64APSK 等，主要性能见表 4-4。

表 4-4　各阶数幅度相移键控调制方式的主要性能

幅度相移键控	16APSK	32APSK	64APSK
解调性能	$P_e=1\times10^{-6}$ 相干解调：约 15.6dB	$P_e=1\times10^{-6}$ 相干解调：约 18dB	$P_e=1\times10^{-6}$ 相干解调：约 20.4dB
信号带宽、信息速率与符号速率三者的关系	B=Rs=4Rb	B=Rs=5Rb	B=Rs=6Rb
实现复杂度	与 16QAM 相当	与 32QAM 相当	与 64QAM 相当
特点及适用场景	抗噪声性能优于同阶数的 PSK，信号幅度起伏较小，带外辐射小，适用于非线性的卫星信道。这 3 种高阶 APSK 都是 DVB-S2 标准采用的调制方式		

16APSK、32APSK 和 64APSK 3 种调制方式的星座图如图 4-6 所示。

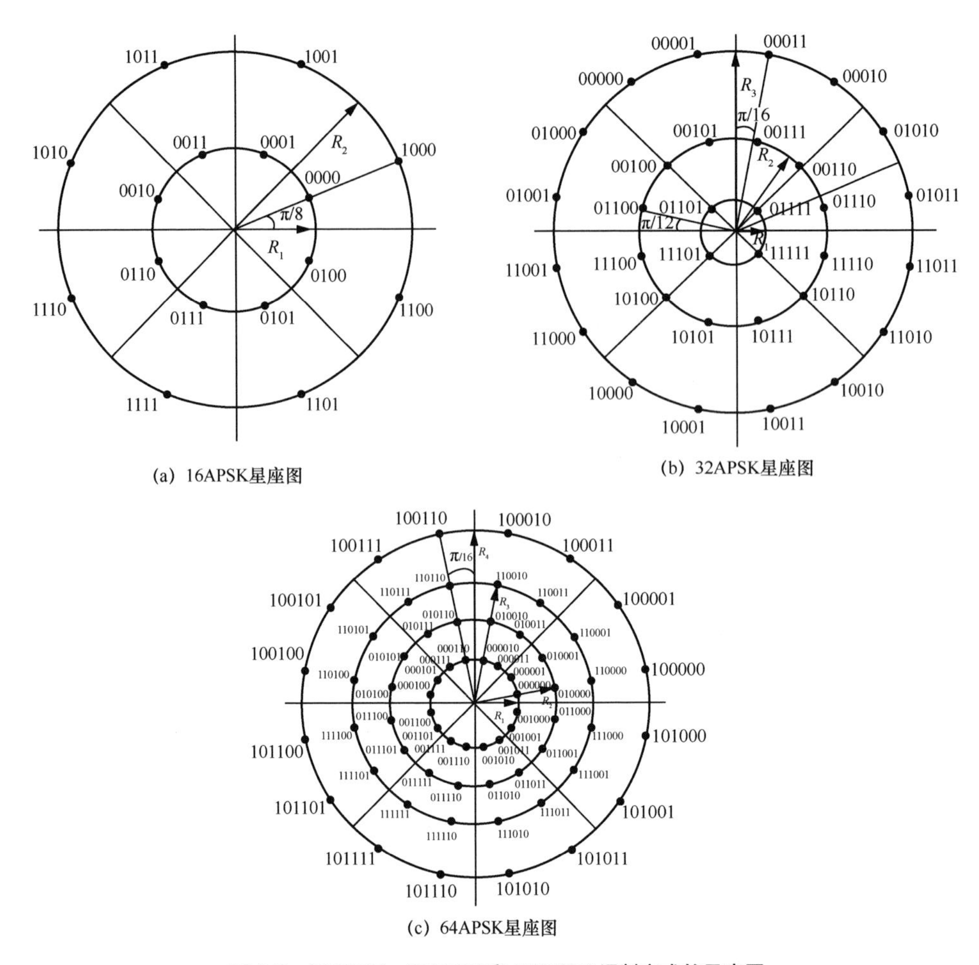

(a) 16APSK星座图

(b) 32APSK星座图

(c) 64APSK星座图

图 4-6　16APSK、32APSK 和 64APSK 调制方式的星座图

（5）几种常用调制方式的性能对比

在卫星通信中，需要通过高功率放大器将信号进行放大处理，而高功率放大器将非线性特征引入卫星信道中，使卫星信道成为一个带限非线性信道，非线性特征会引起信号失真，主要包括带外失真和带内失真。带外失真主要是信号频谱扩展，产生临道干扰；带内失真主要是信号的幅度以及相位失真，从而使信号的星座位置发生偏差，降低了系统的性能。针对信号幅度失真，在同阶数条件下，与 QAM 和 APSK 两种信号相比，PSK 信号最不敏感，这是因为它只有一种幅度值，而 QAM 信号幅度最多，对幅度失真非常敏感，APSK 信号介于两者之间。针对信号相位失真，PSK 信号的所有星座点都分布在同一个圆周上，仅依赖相位相互区分，阶数越高，对相位失真越敏感，APSK 信号次之，QAM 信号最不敏感。但是当阶数较低时，PSK 信号对相位失真同样不敏感。几种典型调制方式的性能对比如图 4-7 所示[10]。

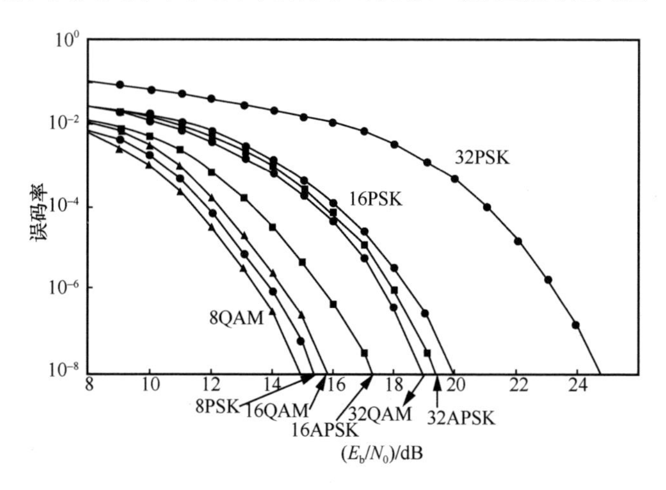

图 4-7　几种典型调制方式的性能对比

从图 4-7 可以发现，在高斯白噪声信道中，8PSK 的性能不如 8QAM，但也相差无几；阶数变大后，随着信噪比的增加，PSK 的误码率下降缓慢，其性能明显不如同阶数 QAM；当阶数相同且较大时，APSK 的性能优于 PSK、接近 QAM，但略逊色于 QAM。由此可知，在相同阶数情况下，QAM 信号性能最佳，但结合卫星信道实际应用场景，QAM 信号的最大缺点是信号幅度最多，抗非线性失真能力最差。

综上，在卫星非线性信道的影响下，低阶调制时，QAM 信号的优势不如 PSK；高阶调制时，QAM 信号的优势不如 APSK。在实际应用中，当阶数小于等于 8 时，通常采用 QPSK、8PSK 调制方式；当阶数大于 8 时，通常采用 16APSK、32APSK 调制方式。

4.2.1.2　多载波调制

多载波调制（Multicarrier Modulation）是指将一个数据流调制到多个相关联的载波上进行传输。它把一个数据流分解为若干个子数据流，从而使子数据流具有较低的传输速率，利用这些数据分别调制若干个载波。在多载波调制信道中，数据传输速率较低，码元周期较长，只要时延扩展与码元周期相比小于一定值，就不会造成符号间干扰（Intersymbol Interference，ISI），因而多载波调制对信道的时间弥散性不敏感。多载波调制可以通过多种技术途径来实现，如正交频分复用（Orthogonal Frequency Division Multiplexing，OFDM）、滤波多音调制（Filtered Multitone

Modulation，FMT）等。

（1）OFDM 技术

为了实现宽带无线信道下的高速率可靠传输，多载波调制技术因其良好的抵抗多径干扰和 ISI 的能力而获得了深入的研究和广泛的应用。以 OFDM 为代表的多载波调制技术已经被多个标准采用，并作为第四代移动通信技术（4G）系统的备选关键技术之一。在向 4G 演进的过程中，OFDM 可以结合分集、时空编码、信道间干扰抑制以及智能天线技术，最大限度地提高系统性能。

20 世纪 70 年代，韦斯坦（Weistein）和艾伯特（Ebert）等人应用离散傅里叶变换和快速傅里叶变换研制了一个完整的多载波传输系统——OFDM 系统。其主要思想是将信道分成若干个正交子信道，将高速数据信号转换成并行的低速子数据流，并调制到每个子信道上进行传输。OFDM 应用离散傅里叶变换和其逆变换方法解决了产生多个互相正交的子载波和从子载波中恢复原信号的问题，使多载波传输系统的复杂度大大降低。正交信号可以通过在接收端采用相关技术来分开，这样可以减少子信道之间的相互干扰。每个子信道上的信号带宽小于信道的相关带宽，因为每个子信道可以看成平坦性衰落，所以可以消除符号间干扰。由于每个子信道的带宽仅仅是源信号带宽的一小部分，信道均衡变得相对容易。图 4-8 给出了 OFDM 技术的优缺点及应用场景。

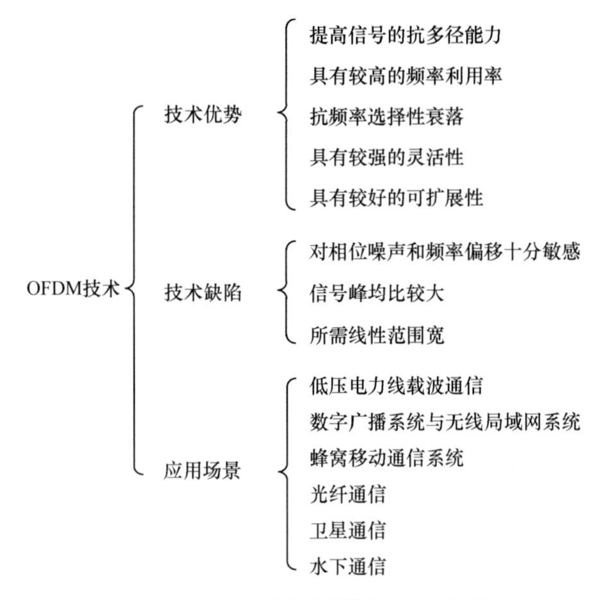

图 4-8　OFDM 技术的优缺点及应用场景

OFDM 系统的主要特点如下。

特点 1：接收端可以很容易地利用正交特性将各子载波分离开。在子信道密集的情况下不需要频带保护间隔，因此能够充分利用频带。

特点 2：子载波调制后频谱的位置和形状没有改变，仅幅度和相位发生变化，各子载波仍保持正交性。各子载波的调制方式可以不同，按照各子载波所处频段的信道特性采用不同的调制方式，并且可以随信道特性的变化而改变，具有很大的灵活性。

OFDM 系统的频带利用率优于普通的单载波系统，假定 OFDM 系统中共有 N 个子载波，子信道码元持续时间为 T_{B}，每个子载波均采用 M 进制的调制，则它占用的频带宽度为：

$$B_{\mathrm{OFDM}} = \frac{N+1}{T_B} \tag{4-1}$$

频带利用率为：

$$\eta_{\mathrm{b/OFDM}} = \frac{N\log_2 M}{T_B} \cdot \frac{1}{B_{\mathrm{OFDM}}} = \frac{N}{N+1}\log_2 M \tag{4-2}$$

当 N 很大时，有：

$$\eta_{\mathrm{b}/M} \approx \log_2 M \tag{4-3}$$

若用单个载波的 M 进制码元传输，为了得到相同的传输速率，码元持续时间应缩短为 T_B / N，而占用带宽为 $2N / T_B$，故频带利用率为：

$$\eta_{\mathrm{b}/M} = \frac{N\log_2 M}{T_B} \cdot \frac{T_B}{2N} = \frac{1}{2}\log_2 M \tag{4-4}$$

对比式（4-3）和式（4-4）可知，OFDM 系统的频带利用率大约是传统单载波系统的 2 倍。

（2）FMT 技术

由于 OFDM 采用了子信道重叠的信道分割技术，其在提高频谱利用率的同时也存在一些缺点，如它的正交性在传输中易受到破坏，引起符号间干扰和子信道间干扰，降低系统性能，从而需要大量的开销（循环前缀（Cyclic Prefix，CP）和虚拟载波（Virtual Carrier，VC）等）、比较严格的载波与定时同步等来保证系统性能。

针对 OFDM 的这些缺点，Cherubini G 等人[11]提出 FMT 技术。FMT 是基于滤波器组的多载波技术，采用子信道不重叠的信道分割技术，子信道具有很高的频谱约束性，对系统频率偏差不敏感，从而解决了 OFDM 易受频率偏差影响的问题。FMT 系统采用不满足理想重构条件的有限冲激响应（Finite Impulse Response，FIR）滤波器作为子信道滤波器，引入了符号间干扰，因此系统接收端需要引入子信道均衡技术，以消除滤波器组的影响。

FMT 继承了 OFDM 的优点，具有良好的抵抗频率选择性衰落和窄带干扰的能力；同时由于 FMT 采用频带严格受限的子信道分割方式，其对载波频率偏移不敏感，可以避免载波间干扰（Inter-Carrier Interference，ICI），且降低了对系统同步的要求。单载波调制方案与多载波调制方案的对比见表 4-5。

表 4-5　单载波调制方案与多载波调制方案对比

方案	单载波调制	多载波调制	
	FSK、PSK、QAM、APSK 等	OFDM	FMT
子载波间隔	—	1/符号周期	≥1/符号周期
脉冲成形	奈奎斯特滤波器（如升余弦滤波器）	加窗（如矩形窗）	奈奎斯特滤波器（如升余弦滤波器）
子信道分离	—	正交性	带通滤波器
保护间隔	不需要	需要 CP	不需要
保护带宽	不需要	需要 VC	不需要
优点	在平坦衰落信道中实现相对简单	子载波数量较大时，带宽效率高	子载波数量较少时，带宽效率较高；相邻信道干扰（Adjacent Channel Interference，ACI）较小
缺点	在频率选择性信道中需要高复杂度的均衡器	子载波数量较少时，带宽效率低 ACI 较大	子载波数量较多时，带宽效率低

4.2.2　编译码技术

（1）编译码的基本原理

编译码的基本原理是在被传送信息码原序列中增加一些监督码元，监督码元与信息码之间具有某种校验关系，发送端将信息码和监督码元组合成的码元序列送入信道，接收端收到该码元序列后，依照约定的译码规则，检查监督码元与信息码元之间的校验关系。当这种关系因传输错误而受到破坏时，接收端可以检查出来并纠正。

由于无线通信信号易受到干扰，接收端收到的数据经常与发送端发送的数据不一致，为了解决这个问题，无线通信引入了信道编码技术。卫星信道作为无线信道的一种，在卫星通信中同样广泛使用编译码技术，以保证信号经过有噪声及各种干扰的信道传输后的质量。

（2）信道编译码发展历程

在 20 世纪 40 年代以前，人们普遍认为只有通过提高发射功率和优化重传的方式，才能减少通信中的错误。直到 1948 年美国贝尔实验室的 Shannon 提出了香农定理，人们才意识到可以通过信道编码的方式实现可靠的通信。

在编码方法上，人们先后提出了汉明码（Hamming Code）、格雷码（Golay Code）、RM 码（Reed-Muller Code）和循环码，这些编码方案都是基于分组码实现的。分组码主要有两大缺点：一是在译码过程中必须等待整个码全部接收完毕后才能开始译码；二是需要精确的帧同步，从而导致译码时延长、增益损失大。如图 4-9 所示，在 1955 年卷积码被提出后，一直有学者提出译码算法和改进措施。卷积码的一个重要进展是 1967 年 Viterbi 提出的 Viterbi 译码算法，Viterbi 译码算法被证明是卷积码的最大似然译码算法。此后，卷积码在通信系统中得到了广泛应用，如 GSM、IS-95 CDMA、3G、商业卫星通信系统等。

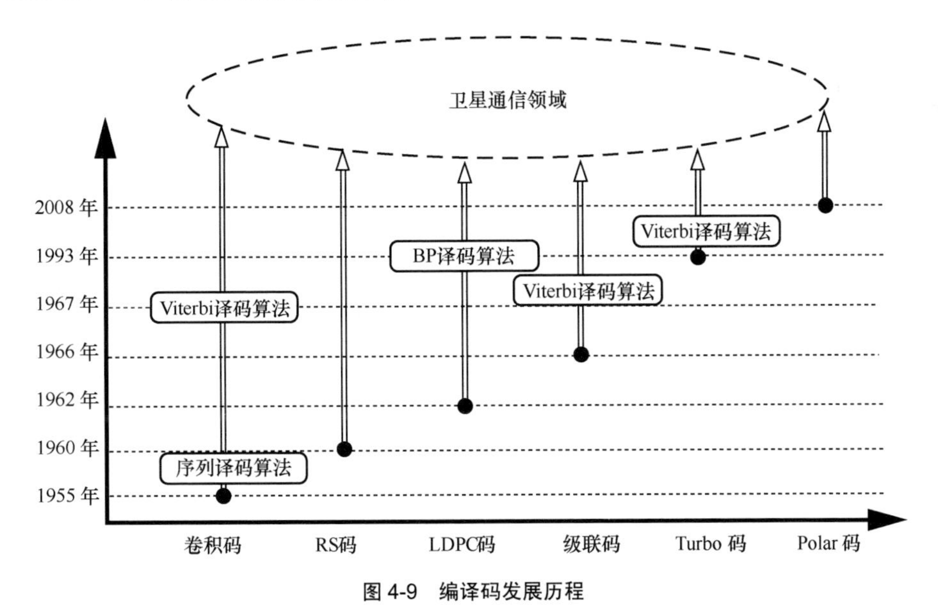

图 4-9　编译码发展历程

1966年，一种有效的长码构造方法被提出：（串行）级联码。级联码通过将内码和外码进行串行级联，在不增加译码复杂度的同时获得较大的性能提升。20世纪70年代，美国国家航空航天局（NASA）采用以卷积码为内码（并用Viterbi译码）、里德–所罗门码（Reed-Solomon Codes，RS码）为外码的级联码作为空间通信的信道编码标准，在理论上展示了这种码距离信道容量香农极限在3dB以内，并在实际应用中取得了极好的效果。

现代编码始于1993年，Turbo码的出现对于信道编码而言具有革命性意义，这是第一种能有效逼近信道容量香农极限的实用编码方案。Turbo码巧妙地将两个简单的分量码通过伪随机交织器并行级联在一起，从而构造了长码，并实现了香农随机编码的思想。在接收端，Turbo码采用低复杂度的迭代译码来逼近最大似然译码。Turbo码的提出迅速激起了编码界对迭代译码的研究热情。目前，Turbo码已被广泛应用于各种数字通信系统，如国际空间数据系统咨询委员会（CCSDS）的深空通信标准、数字视频广播标准、第三代移动通信系统（3G）以及3GPP LTE标准。

Turbo码问世后不久，有学者提出低密度奇偶校验（Low Density Parity Check，LDPC）码在迭代译码算法下也能够逼近信道容量，该成果让沉寂30余年的LDPC码重新焕发活力，同时迅速引发了又一轮对迭代译码的研究热潮。LDPC码是一种稀疏线性分组码，它和Turbo码一样具有逼近信道容量香农极限的性能。目前，LDPC码已经在通信系统中得到了广泛应用，如无线局域网（IEEE 802.11n）、全球微波接入互操作性（World Interoperability for Microwave Access，WiMax）（IEEE 802.16e）、10GBASE-T以太网（IEEE 802.3an），以及NASA的近地轨道卫星通信、CCSDS的深空通信等。

2008年极化码（Polar Code）问世，极化码构造的核心是信道极化处理。在编码侧采用特定方法使各个子信道呈现出不同的可靠性，当码长持续增加时，部分信道趋向于容量接近1的无噪声完美信道，另一部分信道趋向于容量接近0的纯噪声信道，选择在容量接近1的无噪声信道上传输信息以逼近信道容量，这是第一个能够被严格证明可以达到信道容量香农极限的编码。

在译码方法上，早期的编码方案主要采用硬判决译码，即解调器首先对调制器输入符号做出最佳判决，然后将此判决结果送给译码器；译码器再对编码器输入消息做最佳判决，以纠正解调器可能发生的错误判决，这就是所谓的“纠错码”观点。

但这种译码方法损失了一部分信道提供的有用信息，因此译码性能并不理想。后来，为了提高通信系统的性能，软判决译码方法被提出，即如果解调器能发送给译码器一个关于“不同调制器输入符号可能性”的似然信息序列，或未量化的输出，让译码器将这些信息与编码信息综合在一起做出判决，则系统性能可以得到较大提高。在一个高效的数字通信系统中，负责译码判决的是译码器而不是解调器，这就是“软判决”。

Turbo 码的问世和应用时间都比较早，但其译码时采用迭代译码方法会产生时延，因此其不适用于对实时性要求很高的应用场合，如超高速率、超低时延的 5G、6G。因此，在 5G/6G 时代，只有 LDPC 码和极化码同场竞技。

通过总结信道编译码技术的发展历程可以看出，由短码通过级联、交织构造长码，或由随机和代数方法直接构造长码，并采用软判决迭代译码逼近最大似然译码，从编码、译码两个方面共同努力，可达到逼近信道容量香农极限的性能。

（3）工程应用中几种常用编译码的性能对比

目前卫星通信中比较成熟的编译码方式主要有卷积码、卷积+RS 级联码、Turbo 码和 LDPC 码，编译码分类及主要性能见表 4-6。

表 4-6　编译码分类及主要性能

分类	特点	性能（基于 BPSK 调制时的最佳译码门限）	译码方法及复杂度	应用场景
卷积码	编码时延小，在同等纠错能力下，比分组码容易实现	$P_e=1\times10^{-7}$，约 6.1dB，采用(2, 1, 7)	译码基于最大似然准则。 译码方法如下。 • 门限译码：算法简单，易于实现，译码时延固定。 • 序列译码：译码时延较大且与信道噪声相关。 • Viterbi 译码：时延小，技术成熟，很多数字信号处理器（Digital Signal Processor，DSP）、现场可编程门阵列（Field Programmable Gate Array，FPGA）都内嵌了 Viterbi 核	深空探测、卫星通信、移动通信

（续表）

分类		特点	性能（基于BPSK调制时的最佳译码门限）	译码方法及复杂度	应用场景
分组码	Turbo 码	线性分组码，信道容量逼近香农极限，仅相差 0.7dB	$P_e=1\times10^{-7}$，约 2.5dB，编码长度为 4000，码率为 1/3	译码方法包括：基于最大后验概率（Maximum A Posteriori Probability，MAP）标准算法、Log-MAP 算法、基于 Max-Log-MAP 算法以及基于 Viterbi 的软输出算法（SOVA）	3G/4G 移动通信、卫星通信
	LDPC 码	线性分组码，特定情况下与香农极限仅相差 0.0045dB	$P_e=1\times10^{-7}$，约 2.1dB，编码长度为 8064，码率为 1/2	译码方法包括：概率域 BP 译码、对数域 BP 译码、最小和译码、归一化最小和译码（硬件更容易实现）	Wi-Fi、广播通信、家庭有线网络、无线接入网络
级联码	卷积与RS串行级联	兼容短码和长码的性能	$P_e=1\times10^{-7}$，约 4.3 dB，(220, 200)+(2, 1, 7)	译码方法包括：内外译码均硬判决、外硬+内软模式、内外译码均软判决	深空探测、卫星通信

注：卷积码用(n, k, m)表示，n 为分组长度，k 为分组中的信息码元数目，m 为本信息段之前的相关信息段数目；RS 码用(n, k)表示，n 为码字长度，k 为信息段长度。

无论是卷积码还是 Turbo 码、LDPC 码，它们都没有达到香农极限，而极化码在理论上能够达到香农极限，更值得关注的是极化码比 LDPC 码、Turbo 码等已经非常成熟的信道编码技术的编码复杂度要低。

在加性高斯白噪声（Additive White Gaussian Noise，AWGN）信道下，采用 BPSK 调制，码率均为 1/2 时，不同编码方式在不同码长下的性能如图 4-10 所示。从图 4-10 可以明显看出，在 3 种编码方式中，Turbo 码的性能对码长的变化最为敏感[12]，在码长较长时，Turbo 码能有很好的误码率（Bit Error Ratio，BER），因此 Turbo 码更适合在编码长度较长时使用。无论长码还是短码，LDPC 码的误码率都还不错，在低信噪比（Signal to Noise Ratio，SNR）时，误码率随码长变化的改变不明显，信噪比大于 2dB 时，长码字的优势比较明显。就复杂度而言，LDPC 码的译码复杂度低于 Turbo 码，可实现完全的并行操作，便于硬件实现。极化码的串行抵消（Successive Cancellation，SC）译码算法实现相对简单，但其译码结果却不够理想。由图 4-10 可知，与 Turbo 码和 LDPC 码相比，极化码的性能并不突出，若使用串行抵消列表（Successive Cancellation List，SCL）译码，则其性能明显更优，但是比

SC 算法实现复杂度高。当码长为 1024、误码率为 10^{-5} 时，采用 SCL 改进译码方式的 Polar 码性能分别比 Turbo 码和 LDPC 码高约 0.6 dB 和 1dB，其性能优势明显。

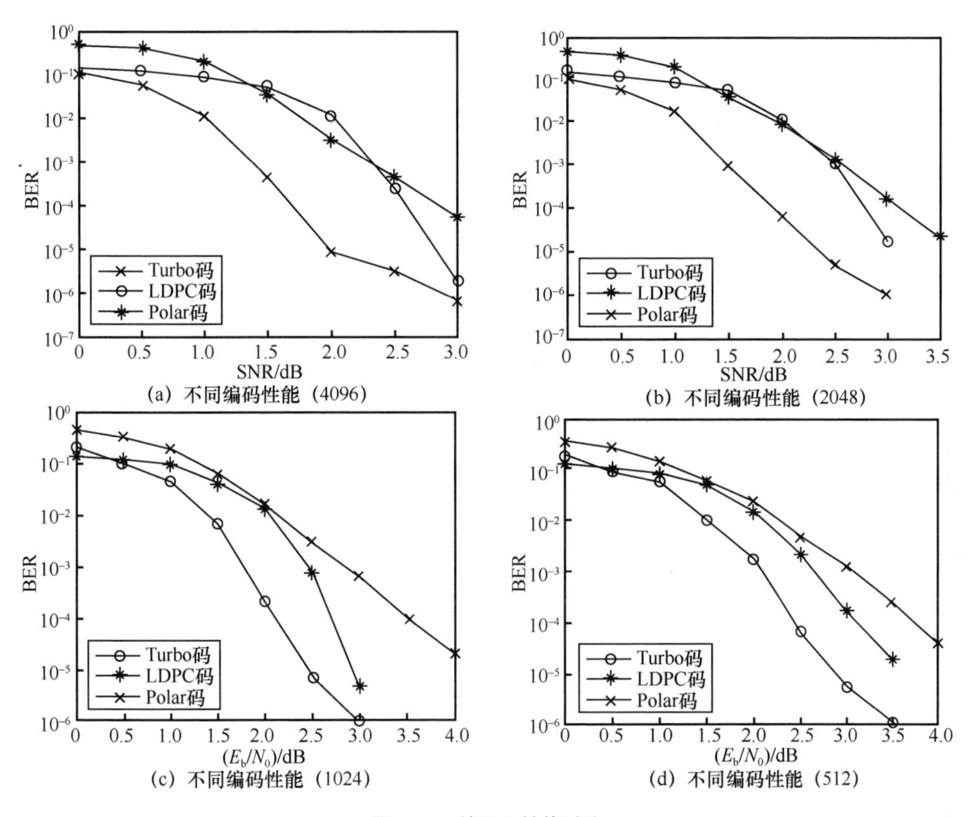

图 4-10　编译码性能对比

Turbo 码被移动通信 3G/4G 标准采用；LDPC 码被 Wi-Fi 标准、广播系统、家庭有线网络、无线接入网络等通信系统采用；而极化码出现较晚，在 5G 之前还没有任何标准采用，其成熟度较低，但应用前景非常广阔。

4.2.3　自适应编码调制技术

在自适应编码调制（Adaptive Coding Modulation，ACM）技术被提出之前，为了保证系统在恶劣天气下的传输性能，通常需要预留足够的链路余量。虽然充足的链路余量能保证链路性能，但会导致发射功率增大，从而增加功放和天线的负担。

ACM 技术是一种具有信道自适应特性的传输技术，它建立在信道估计的基础之上。在卫星通信环境下，通过反馈将信道状态信息传送给发送端，使其根据不同的信噪比自适应地改变编码和调制方式，从而在最大化星上功率的同时，使系统的整体传输性能达到最优，达到高效可靠传输的目的。

4.2.3.1 调制编码设计

调制编码设计即调制方式与编码方式的组合设计。每种调制编码组合（MODCODE）都具备不同的信噪比门限，调制阶数越高、编码码率越大，信道传输效率越高，信噪比门限越大。为了实现 MODCODE 的自适应切换，需要确定合适的调制编码模式，目前信道编码考虑采用纠错性能优良的 LDPC 码作为纠错编码方案，可支持 1/4、1/3、2/5、1/2、3/5、2/3、3/4、4/5、5/6、8/9、9/10 等多种编码码率，调制方式可选择 QPSK、8PSK、16APSK 和 32APSK。调制方式和编码方式相结合可以提供 20 多种可用编码调制方式，各种组合的频率效率和解调门限值见表 4-7。

表 4-7 不同编码调制组合方式的解调门限（P_e=1×10^{-7}）

编码调制组合	频谱效率	（E_S/N_0）/dB
QPSK 1/4	0.490243	−2.35
QPSK 1/3	0.656448	−1.24
QPSK 2/5	0.789412	−0.30
QPSK 1/2	0.988858	1.00
QPSK 3/5	1.188304	2.23
QPSK 2/3	1.322253	3.10
QPSK 3/4	1.487473	4.03
QPSK 4/5	1.587196	4.68
QPSK 5/6	1.654663	5.18
QPSK 8/9	1.766451	6.20
QPSK 9/10	1.788612	6.42
8PSK 3/5	1.779991	5.50
8PSK 2/3	1.980636	6.62
8PSK 3/4	2.228124	7.91
8PSK 5/6	2.478562	9.35
8PSK 8/9	2.646012	10.69

（续表）

编码调制组合	频谱效率	（E_S/N_0）/dB
8PSK 9/10	2.679207	10.98
16APSK 2/3	2.637201	8.97
16APSK 3/4	2.966728	10.21
16APSK 4/5	3.165623	11.03
16APSK 5/6	3.300184	11.61
16APSK 8/9	3.523143	12.89
16APSK 9/10	3.567342	13.13
32APSK 3/4	3.703295	12.73
32APSK 4/5	3.951571	13.64
32APSK 5/6	4.119540	14.28
32APSK 8/9	4.397854	15.69
32APSK 9/10	4.453027	16.05

需要注意的是，并不是所有的 MODCODE 都要参与到 ACM 中，以免增加系统的复杂性以及模式频繁切换带来的信令和硬件开销。结合实际应用场景，综合考虑链路预算结果和目标误码率等因素，选取几种适合的编码调制组合方式即可。

4.2.3.2　ACM 的控制策略与实现方式

ACM 调整采用的闭环控制策略如图 4-11 所示，根据接收端反馈的信道状态和信噪比，依靠调整调制编码和载波速率的方式来控制信息的传输速率，使得信息的传输速率尽可能与信道特性匹配。即在信道条件好的情况下采用高阶编码调制方式或较高的载波速率，尽可能多地传输信息；在信道条件较差的情况下，为了保证信息传输的可靠性，采用低阶的编码调制方式或较低的载波速率，降低信息传输速率。

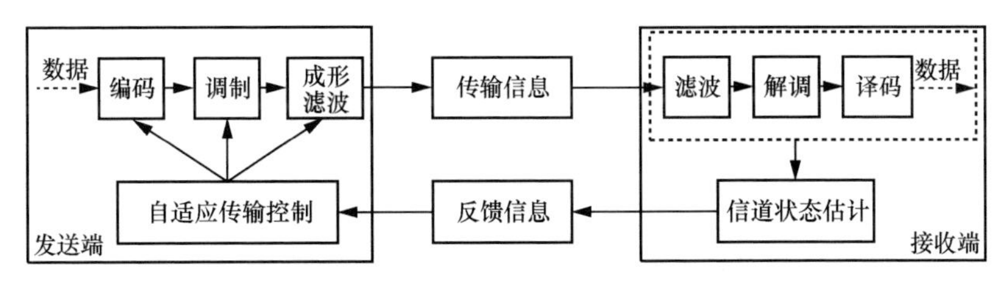

图 4-11　ACM 控制策略示意图

ACM 控制策略的实现方式有多种，比较常见的有逐突发调制编码可变方式和基于载波模板的载波跳变方式两种。

逐突发调制编码可变方式指的是每个载波的每个时隙的调制编码方式均可按需调整，用户站在 ACM 调整过程中无须调整发送载波，每个载波可支持不同站型能力的用户站同时使用。

基于载波模板的载波跳变方式的核心思路是每个载波采用固定的载波速率、调制和编码方式，将一种载波速率、调制方式和编码方式的组合称为 CMODCODE。用户站在链路条件变化时，通过载波跳变实现上行 ACM 调整。该方式定义了多个载波池，每个载波池内包含多个 CMODCODE 相同的载波，不同载波池的 CMODCODE 不同，每个载波池定义一个最高信噪比门限和最低信噪比门限。在链路状态发生变化时，用户站根据链路能力选择合适的载波池中的载波，从而达到调整 ACM 的目的。

4.2.3.3 ACM 的典型应用

MF-TDMA 系统可支持多个不同速率的载波，每个载波的每个时隙都可以配置不同的调制编码方式，通过 ACM 和自适应载波速率调整可以最大限度地提高传输效率，保证信道的可用性。在 MF-TDMA 星状组网中，可根据网络配置和链路条件灵活地选择合适的 MODCODE 和载波速率，如图 4-12 所示。

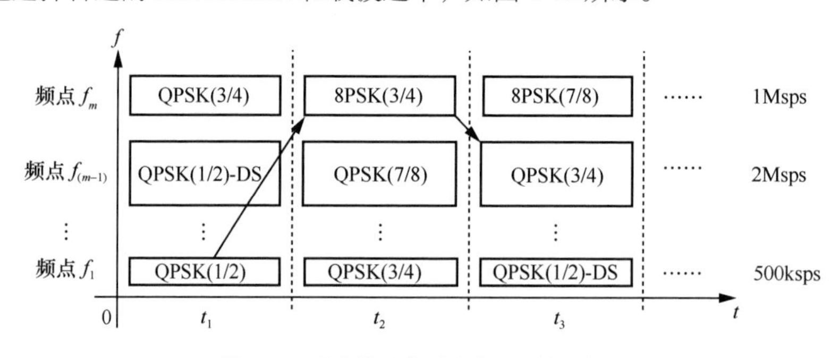

图 4-12 突发信号自适应编码调制示意图

ACM 在透明星状网中实现比较简单，目前已有比较成熟的实现方案。星状网 ACM 分为前向链路 ACM 和反向链路 ACM，控制中心均部署在关口站，用于 ACM 调整的集中控制。

控制信道用于传输 ACM 调整信息和链路状态，采用固定调制编码方式，不采用 ACM，维持控制信道的可靠接收。

前向链路 ACM 调整基于用户站通过控制信道上报的接收链路状态进行，反向链路 ACM 调整基于关口站接收用户站的链路状态进行。关口站进行 ACM 调整时，将调整结果发送到关口站资源分配单元和用户站，资源分配单元生成帧计划并下发给关口站和用户站信道设备，各信道设备依据帧计划和 ACM 调整信息进行 ACM 调整[13]。透明星状网 ACM 调整示意图如图 4-13 所示。

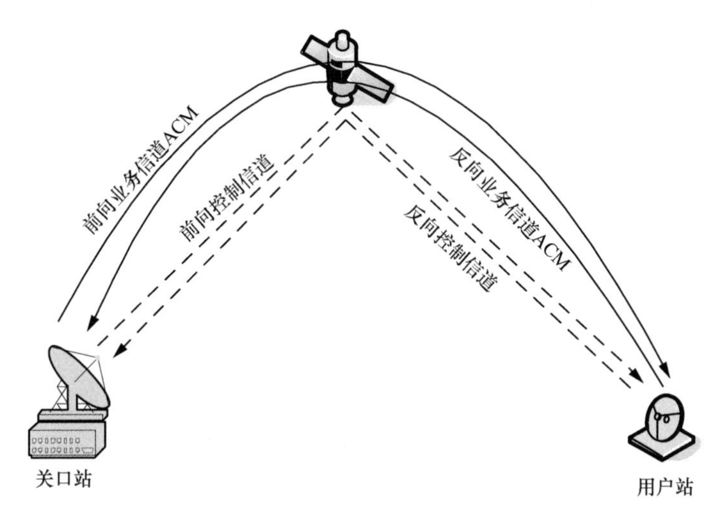

图 4-13　透明星状网 ACM 调整示意图

4.2.4　扩频调制技术

扩频调制是一种抗干扰性能优越的调制方式，它将待传的信息频谱用某种手段进行扩展，扩展后的带宽为信息带宽的几十到几万倍，将这样的宽带信号送入信道传输，接收端采用相反的手段进行压缩，从而得到传输信息。扩频调制方式主要有直接扩频和跳频扩频两种。

直接序列扩展频谱系统通常被简称为直接扩频系统，其将待传输的信号与高速率的伪随机码波形相乘后，直接控制射频载波信号的某个参量，从而扩展传输信号的带宽，用于频谱扩展的伪随机序列被称为扩频码序列。载波经过直接扩频调制后产生了一个频谱中心点在载波频点、频谱函数为$(\sin x/x)^2$的直接序列调制扩展信号。频谱主瓣的带宽是调制码时钟速率的两倍，旁瓣带宽等于调制码时钟速率。直接扩频系统的实现流程如图 4-14 所示。发射端将待传输的基带信号与伪随机码相乘得到扩频基带信号，再用扩频基带信号对载波进行调制，最后由发射机将已调制信号发射出去。在接收端，需要产生一个和发射端同步的伪随机码，使用伪随机码对接收信号进行解扩处理，将解扩后的信号送至解调器，恢复出传输的信息。

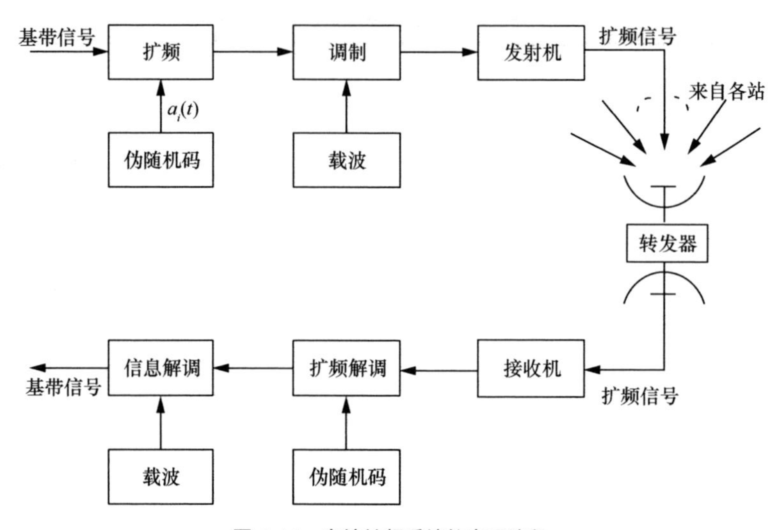

图 4-14　直接扩频系统的实现流程

频率跳变扩展频谱系统通常被简称为跳频扩频系统。它用二进制伪随机码离散地控制频率合成器的输出频率，使频率合成器的输出频率随着伪随机码的变化而跳变。对于每一路信号，在发送端基带信号调制后再与频率合成器输出的频率进行混频，振荡器输出的频率是固定的，但由于频率合成器输出的频率受伪随机码控制，频率合成器输出的频率少则几个，多则上千个，这样输出的跳频信号的载波频率随着伪随机码的变化而变化。在接收端，跳频信号经宽带滤波器滤除干扰后，与频率合成器输出的频率进行混频，由于频率合成器的输出频率受伪随机码控制，如果接收端的伪随机码与发送端的伪随机码不一致，混频后就只能得到噪声而不能获得相应的中频信号，解调器的输出只能是噪声；只有当接收端的伪随机码与发送端的伪随机码一致时，解调器才能恢复出发送端发送的信息。由此可见，在整个系统中，各通信点的伪随机码在同一时刻各不相同，系统可以通过伪随机码来区分各通信点的信号，完成多址通信，跳频多址的每对发射机-接收机具有相同的地址码、调制器和解调器，因此每对收发机之间进行通信时不会受到其他收发机的干扰。在任一时刻，跳频多址占用的频带宽度很窄，只是在很宽的频带范围内跳动。跳频扩频系统的实现流程如图 4-15 所示。

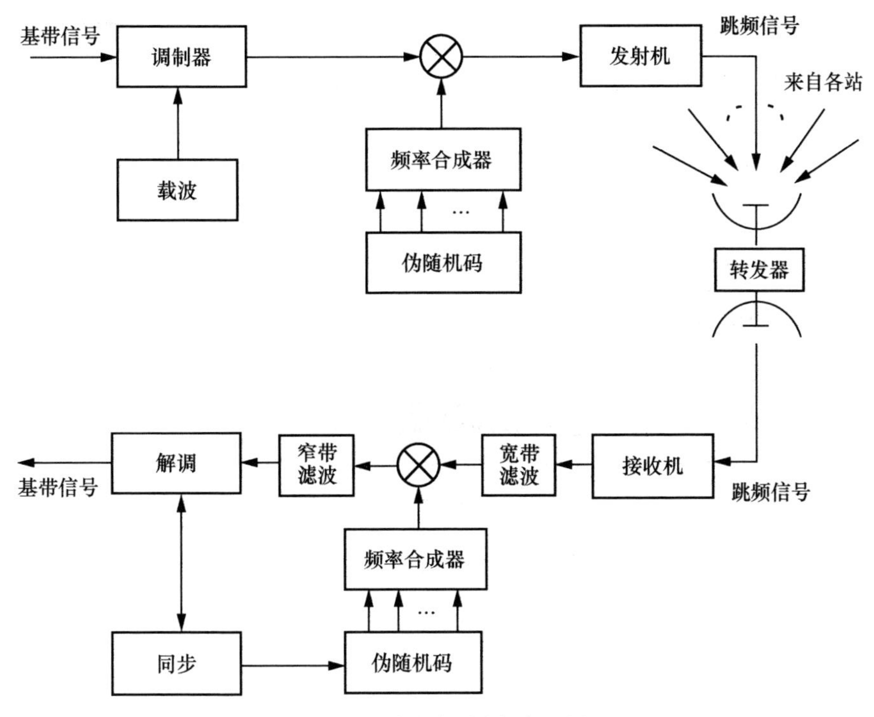

图 4-15　跳频扩频系统的实现流程

跳频扩频系统分为慢跳频系统和快跳频系统。如果系统的频率跳速大于信息速率，则称之为快跳频系统；如果系统的频率跳速小于信息速率，则称之为慢跳频系统。跳频扩频系统与 FDMA 的区别是 FDMA 的载波是不变的，而跳频扩频系统的载波是不断变化的。当跳变的频率数量多、跳频带宽宽时，系统具有较强的抗干扰、抗截获和保密通信等能力[14]。直接扩频和跳频扩频两种扩频体制有各自的优缺点，见表 4-8。

表 4-8　两种扩频体制优缺点对比

扩频体制	优点	缺点
直接扩频	• 通信隐蔽性能好； • 信号容易产生，易于实现数字加密； • 频谱密度降低几十 dB	• 同步要求严格； • 远近特性差； • 需要占用较宽频带
跳频扩频	• 比直接扩频方式的传输速率高； • 远近特性良好； • 快跳频可避免瞄准干扰； • 模拟或数字调制灵活性高	• 快跳频设备复杂； • 多址复用时对脉冲波形要求高； • 慢跳频的隐蔽性能差，快跳频的频率合成实现难度大

4.2.5 激光链路传输体制

天基信息传输方式除微波传输方式外，还有激光传输方式。激光一般用于在对带宽要求较高的骨干网络节点之间传输信息，如同步轨道卫星之间的链路、低轨卫星之间的链路等。激光传输将基带信号调制到光载波上进行远距离传输。调制方式有两种：强度调制（Identity Modulation，IM）和相位调制。对应的接收探测方式也有两种：非相干探测（直接探测，Direct Detection，DD）和相干探测。

调制方式和探测方式逐一对应，形成两种组合。

第一种是发送采用强度调制，接收采用直接探测，即强度调制/直接探测（IM/DD）体制。强度调制/直接探测体制可有效降低实现复杂度，其经济成本低，但容易引入噪声，接收灵敏度较差。

第二种是发送采用相位调制，接收采用相干探测，即相干通信体制。相干通信体制具有接收灵敏度高、抗干扰能力强等优点，其探测灵敏度比直接探测高 10～20dB，但采用相干探测时，信号光与本振光要具有良好的相干性，系统实现比直接探测复杂，对激光源等器件的性能要求也较高。

激光传输体制对比见表 4-9。

表 4-9　激光传输体制对比

激光传输体制	优点	缺点
IM/DD 体制	实现复杂度低，经济成本低	容易引入噪声，接收灵敏度较差
相干通信体制	接收灵敏度高，抗干扰能力强	实现复杂，对激光源等器件的性能要求高

激光通信常用于卫星星间通信，天基信息传输网的星间距离为 40000～70000km，传输距离较远。星载激光载荷受到功耗、重量的制约，为了保证星间激光通信成功，需要提高激光接收端的接收灵敏度。相干通信具有较高的接收灵敏度，是开展远距离、高速率空间激光通信链路的技术基础和保障。因此，星间激光传输链路通常采用相干通信体制。

4.3　常用多址方式

4.3.1　多址方式分类

卫星通信系统常用的多址方式有 FDMA、CDMA、TDMA、空分多址（Space-Division Multiple Access，SDMA）以及应用多种多址方式的混合多址。具体采用哪种多址方式，通常需要对一系列因素进行综合考虑，如链路能力、频带带宽、业务特点、通信容量、扩展灵活性、成本效费比、抗干扰、快速响应等。多址方式的分类如图 4-16 所示。

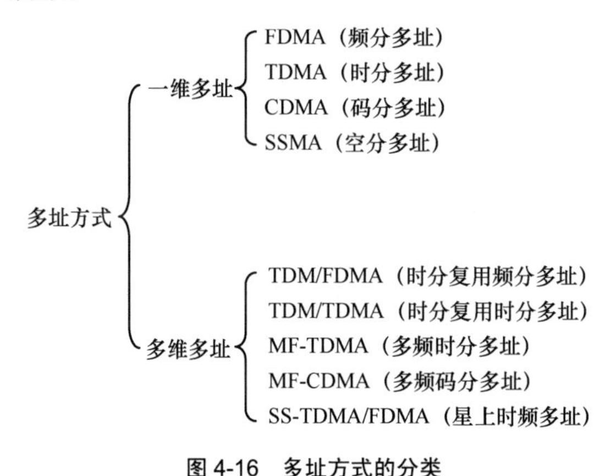

图 4-16　多址方式的分类

4.3.2　频分多址技术

频分多址将可用频率资源在频域进行分割,形成互相不会重叠的若干个子频带，相互之间用保护频带分隔，如图 4-17 所示。通信时每个地球站独占一个频点和一段频带，一对地球站互通需占用两个频点和两段频带（收发各一个/段）。频分多址通常构建两种类型的网络，一种是中高速干线固定连接的类型（有时也被称为 FDMA/MCPC 体制），另一种是按需建立连接的类型（通常指 FDMA/DAMA、SCPC/DAMA 或 FDMA/SCPC/DAMA）。

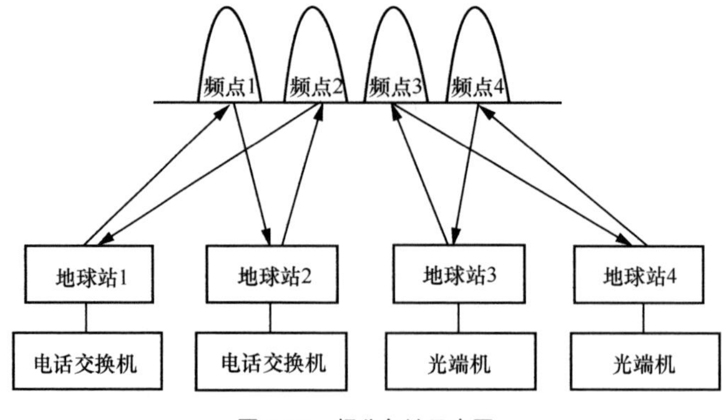

图 4-17　频分多址示意图

4.3.3　时分多址技术

时分多址在时间维度对各站收发信号进行分割，所有站使用同一个载波进行通信，将载波按时间划分为时隙。TDMA 系统的不同站在不同时隙发送信息，如图 4-18 所示。

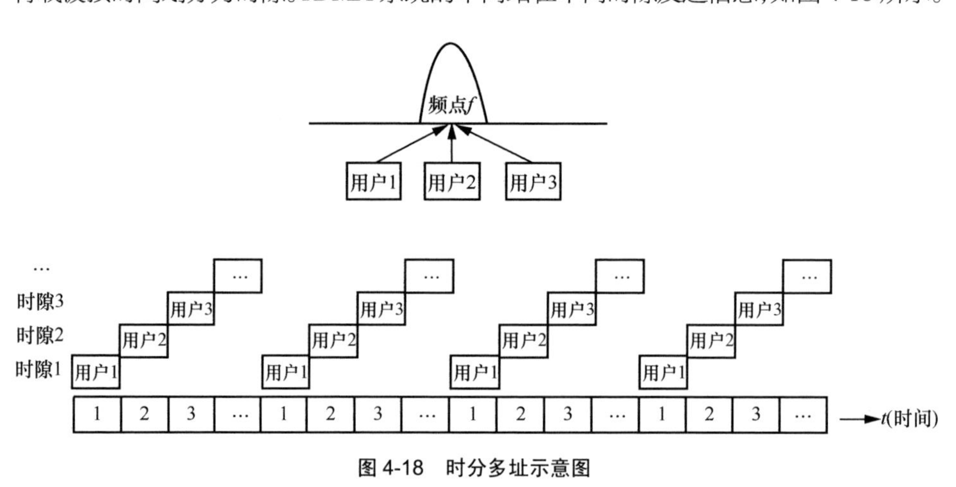

图 4-18　时分多址示意图

4.3.4　码分多址技术

码分多址利用信号结构参量区分不同用户，各个用户发送的信号结构不同且具有准正交性，但所有信号在频率、时间和空间上都可能重叠。在码分多址中，将自相关性强而互相关性弱的周期性码序列作为地址信息，称之为地址码，码分多址的用户一般速率较低。码分多址方式如图 4-19 所示。

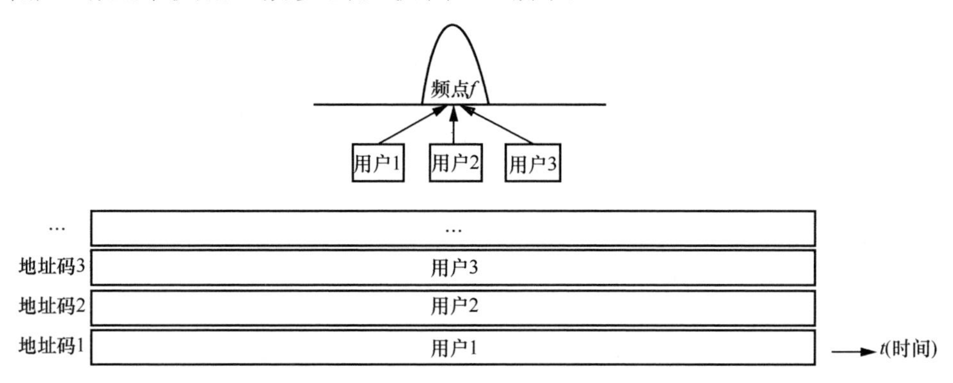

图 4-19　码分多址示意图

4.3.5　空分多址技术

空分多址通过卫星上许多不同空间指向的波束来区分（或覆盖）不同地域的地球站的地址。空分多址通常与其他多址方式结合使用，很少单独使用。空分多址方式如图 4-20 所示。

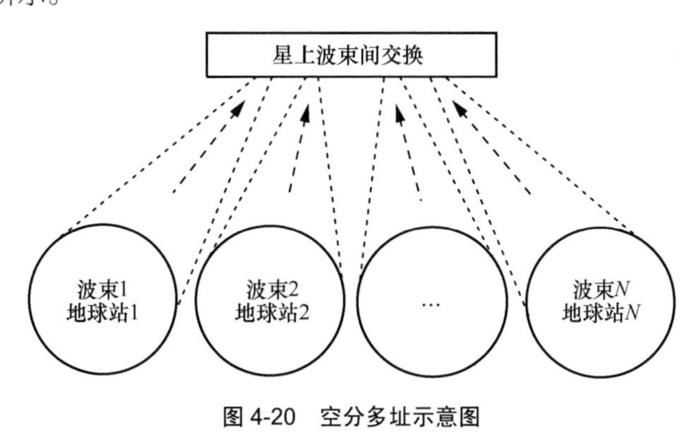

图 4-20　空分多址示意图

4.3.6　TDM/FDMA 与 TDM/TDMA 混合多址技术

TDM/FDMA 与 TDM/TDMA 是卫星通信常用的两种混合多址方式。TDM/FDMA 多址方式即下行链路时分复用，上行链路频分多址；TDM/TDMA 多址方式即下行链路时分复用，上行链路时分多址。两种多址方式分别如图 4-21 和图 4-22 所示。

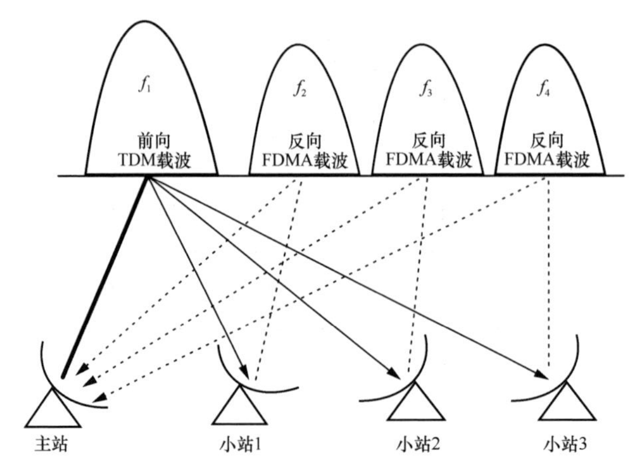

图 4-21 TDM/FDMA 多址方式示意图

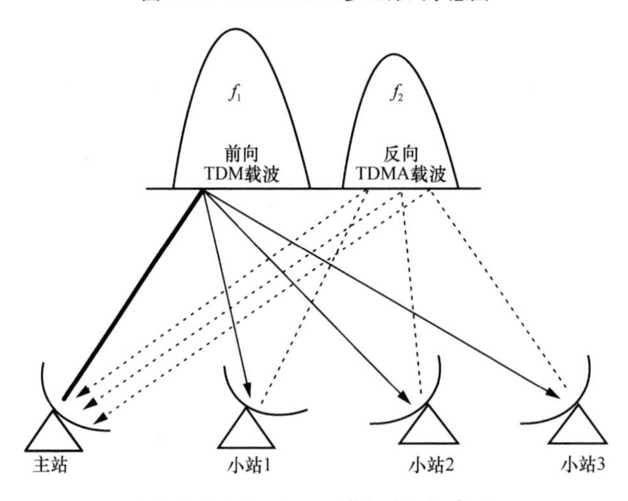

图 4-22 TDM/TDMA 多址方式示意图

在 TDM/TDMA 多址方式中，主站发送 TDM 连续载波，小站发送 TDMA 突发载波。主站只接收各个小站的 TDMA 载波，小站只能接收主站的 TDM 载波；在 TDM/FDMA 多址方式中，主站发送 TDM 连续载波，小站发送 FDMA 连续载波，主站只接收各个小站的 FDMA 载波，小站只接收主站的 TDM 载波。无论是 TDM/FDMA，还是 TDM/TDMA，下行的 TDM 载波都基于帧结构中的地址，通过与不同的地球站关联实现下行信息的寻址。

4.3.7 多频时分多址技术

TDMA 系统采用不同地球站使用不同时隙的方式共享载波，MF-TDMA 系统则使用多个载波，利用逐时隙载波跳变发送和接收，实现地球站间灵活组网。MF-TDMA 系统的实现方式主要有 3 种：发送载波时隙跳变，接收载波固定（发跳收不跳）；发送载波固定，接收载波时隙跳变（收跳发不跳）；发送载波和接收载波都时隙跳变（收发都跳）。

系统将所有地球站分组，一组由多个站构成，并为每个组分配一个固定的接收载波，通常称之为值守载波。地球站间进行通信时，发送站将突发信号发送到接收站的值守载波上，发送站根据接收站所处的值守载波的不同而在不同载波上逐时隙跳变发送信号。发跳收不跳 MF-TDMA 组网示意图如图 4-23 所示。

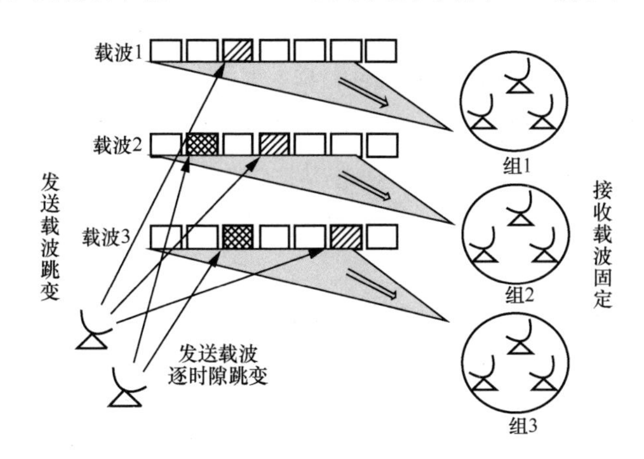

图 4-23　发跳收不跳 MF-TDMA 组网示意图

收跳发不跳 MF-TDMA 与发跳收不跳 MF-TDMA 的不同之处在于，对于收跳发不跳 MF-TDMA，与接收站通信时，发送站在自己固定载波的指定时隙位置发送，接收站根据发送站载波的不同而逐时隙跳变接收。收跳发不跳 MF-TDMA 组网示意图如图 4-24 所示。

地球站发送和接收突发信号都可根据使用载波的不同而跳变。不同于发跳收不跳 MF-TDMA 和收不跳发跳 MF-TDMA，收发都跳 MF-TDMA 的地球站不再进行分组。收发都跳 MF-TDMA 为两个通信站间分配载波和时隙基于双方收发能力进行分配，可以根据其不对称传输能力而分配不同载波上的时隙。

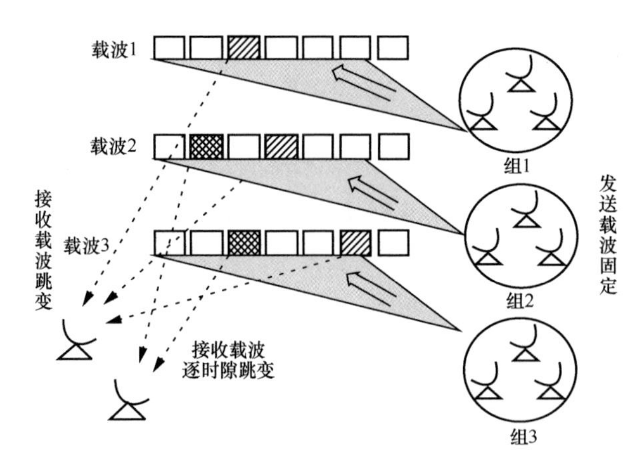

图 4-24　收跳发不跳 MF-TDMA 组网示意图

收发都跳 MF-TDMA 既具备 FDMA 体制的特点，也具备 TDMA 体制的特点。信道资源分配以时隙为基本单位，一个突发信号内仅携带去往一个站的信息分组。收发都跳 MF-TDMA 的帧结构设计同样包括参考时隙、申请时隙、测距时隙和数据时隙。地球站根据自己的能力和帧计划可在任一载波的任一时隙跳变发送和接收相应突发信号。图 4-25 所示为 A 站发送 B 站接收占用载波时隙示意图，随着两站间业务量的增大，两站间可等效占用一对载波进行通信。

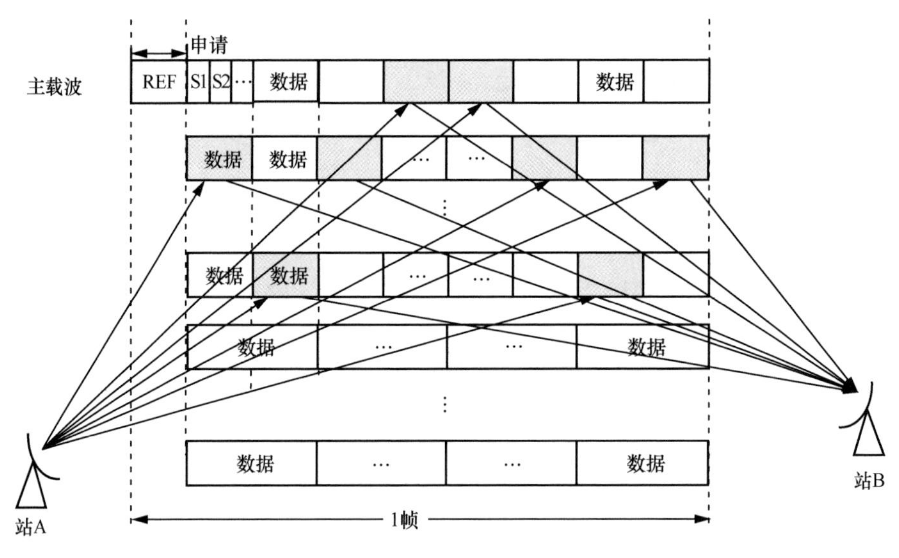

图 4-25　收发都跳 MF-TDMA 系统载波时隙使用示意图

4.3.8　多频码分多址技术

多频码分多址（Multi Frequency-Code Division Multiple Access，MF-CDMA）技术可被认为是 FDMA 和 CDMA 技术的结合应用。MF-CDMA 的每个载波采用扩频调制，可以利用不同的伪随机序列在相同载波内划分为不同的信道，以区别不同的用户，当单个载波中伪随机序列的数量无法满足用户的接入需求时，则采用增加载波的方式进行扩展，同时伪随机序列可以在各载波间复用。MF-CDMA 频域示意图如图 4-26 所示。

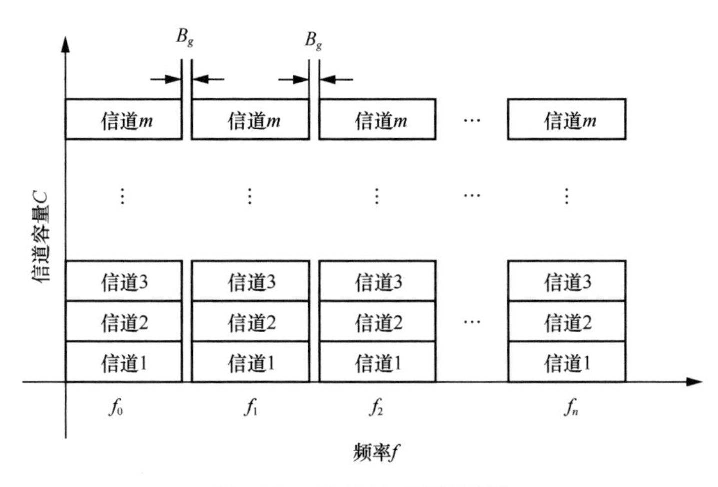

图 4-26　MF-CDMA 频域示意图

4.3.9　星上交换时频多址技术

星上交换时频多址（Satellite-Switched TDMA/FDMA，SS-TDMA/FDMA）技术是 SDMA、FDMA 和 TDMA 3 种多址技术的混合应用。星上支持多波束和时隙交换，卫星将从多个上行波束、多个频点收到的 TDMA 突发按需分别送给多个下行波束、多个频点。地球站需要准确知道星上交换处理单元的时隙切换时间，从而控制本站的发射时间和接收时间，以保证在准确的时间内通过星上交换，建立严格的时间同步。SS-TDMA/FDMA 方式适用于地球站数量特别多、业务量较大、卫星频带资源不足的系统。SS-TDMA/FDMA 方式示意图如图 4-27 所示。

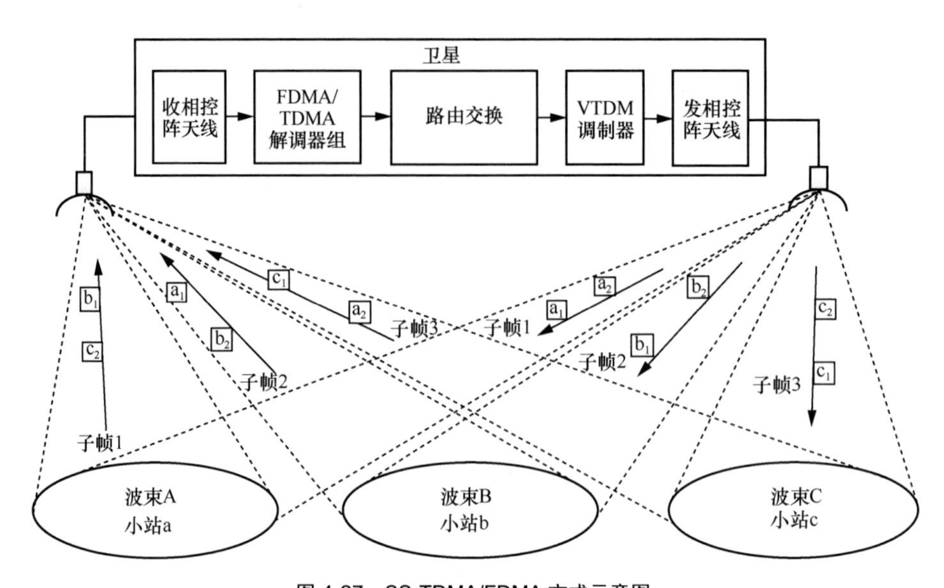

图 4-27 SS-TDMA/FDMA 方式示意图

4.4 小结

传输体制是天基传输网络的核心，决定了天基传输网络的构建、站型的能力、网络的性能。本章给出了不同网络传输体制涉及的主要内容，即调制解调技术、编译码技术和多址技术。通过分析卫星信道的特点，给出适用于卫星信道的调制方式，并对几种常用的调制方式进行了列举；简要介绍了编译码的起源和发展历史，对常用的编译码方式的性能进行了对比。ACM 技术是调制解调技术和编译码技术的紧密结合，本章介绍了 MODCODE 的设计方法、实现方式和典型应用。对具有良好抗干扰性能的扩频和跳频技术也做了简要描述。激光通信是星间通信的常用方式，本章对其两种传输体制进行了对比说明。最后简要讲述了 TDMA、FDMA、CDMA 和 SDMA 4 种主要多址方式以及基于这 4 种多址方式组合而来的混合多址方式。

第5章

天基传输网络链路预算

本章给出了常见场景的链路预算模型和方法。在实际工程中，有些可以参考工程经验，先确定链路的配置，再使用链路预算方法核实配置的正确性。为了提高计算的方便性，目前已经将链路预算功能作为决策支持系统嵌入网络管理控制系统中，后续还可以结合人工智能技术，进一步实现自动化、精确化计算。

5.1 转发器及链路种类

5.1.1 转发器类型

典型的天基传输网络是卫星通信网络和卫星中继网络，未来可能是卫星通信和中继融合网络。目前，链路预算应用最多的场景是卫星通信网络，涉及的转发器类型多、站型多、应用场景多、站数量庞大、网络互联互通复杂；卫星中继网络的链路预算与卫星通信网络的链路预算本质上相同，只是应用场景不同，考虑的因素也不同。另外，卫星中继系统用户少，需要遍历的场景少。通信和中继融合的系统链路预算的场景基本上被卫星通信和卫星中继的场景涵盖，只是链路和链路的组合不同而已。从链路预算方法的相关性来看，转发器类型的不同可能导致链路预算的模型或者链路预算的参数选择有所不同。通过分析可以发现，无论是卫星通信还是卫星中继，转发器类型可以大致分为透明转发器、铰链转发器和星上处理转发器，如图 5-1 所示。不同转发器的主要特征见表 5-1。

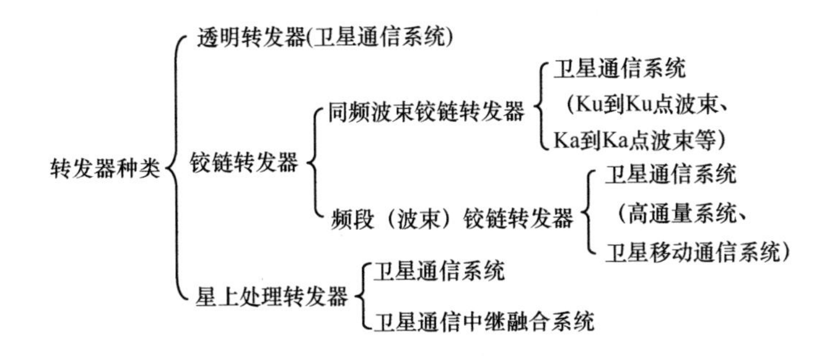

图 5-1　卫星转发器种类

表 5-1　不同转发器的主要特征

转发器类型	常见卫星	常见频段或者处理模式	常见系统
透明转发器	常规宽带卫星	Ku 频段、C 频段、X 频段、UHF 频段等大波束覆盖	VSAT 系统、战术卫星通信系统
铰链转发器	高通量卫星、移动通信卫星、（天通系列卫星、Inmarsat 卫星）、中继卫星	多波束 Ka-单波束 Ka、多波束 Ku-单波束 Ka、多波束 S-单波束 C、多波束 L-单波束 C、多波束 S-单波束 Ka、单波束 S-单波束 Ka、单波束 Ka-单波束 Ka、单波束 Ku-单波束 Ku、多波束 Ka 到单波束 Q/V	高通量卫星通信系统、Inmarsat 系统、卫星移动通信系统（天通系列系统）、天链系统
星上处理转发器	星间互联通信卫星、通信与中继融合卫星	星间 Ka、Q/V 或者激光、星地 Ka、Q/V 或者激光、星上解调再生+路由交换、星上解调再生+电路交换	Spaceway3 系统、某军事卫星通信系统、TSat 系统（构想）

5.1.2　链路种类

链路预算虽然与转发器类型相关，但是最终预算的是链路能力，因此“链路”是关注点。卫星链路的分类方法有很多种，按照功能，卫星链路可分为上行链路与下行链路、前向链路与反向链路、用户链路与馈电链路、星间链路与星地链路；按照传输介质，卫星链路可分为微波链路与激光链路，还可按照应用场景等进行分类，如图 5-2 所示。各种卫星链路的示意图如图 5-3 所示。

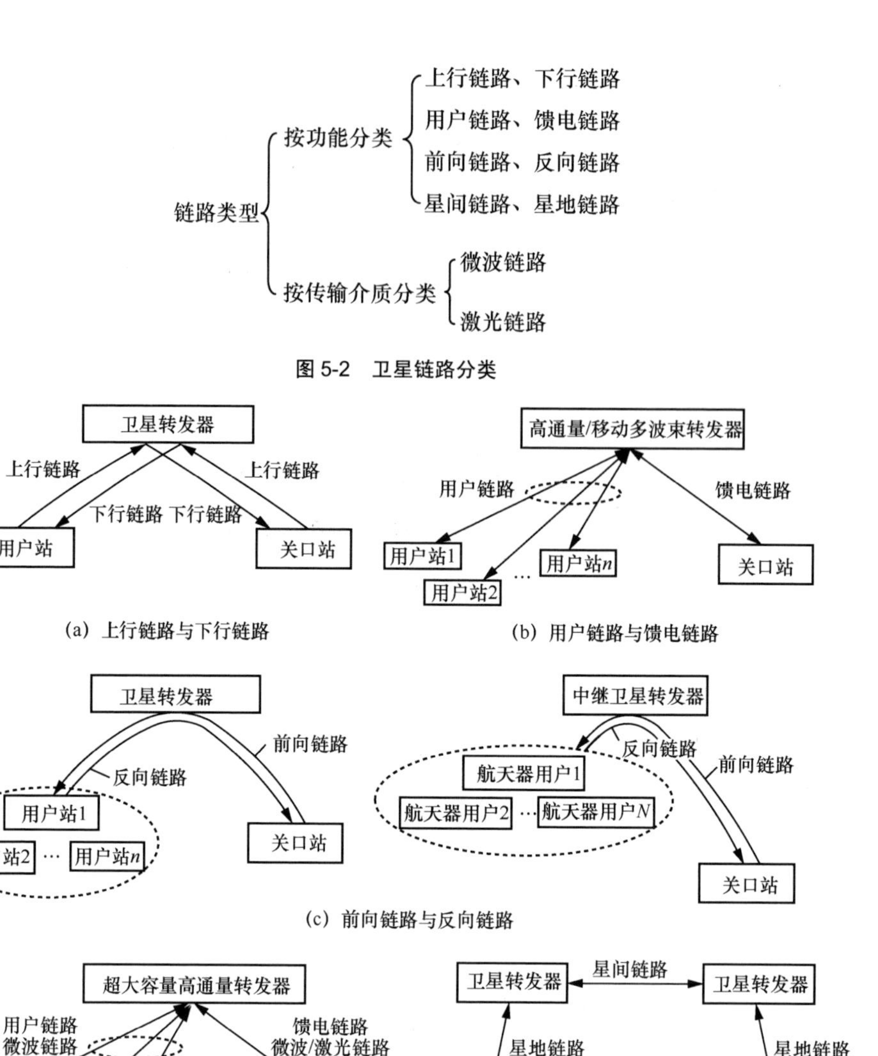

图 5-2 卫星链路分类

(a) 上行链路与下行链路

(b) 用户链路与馈电链路

(c) 前向链路与反向链路

(d) 微波链路与激光链路

(e) 星地链路与星间链路

图 5-3 各种卫星链路示意图

5.1.3 链路预算模型方法分类

链路预算模型和预算方法与转发器类型、链路类型直接相关，也与天基网络类型相关，比如卫星通信和卫星中继。若模型考虑的因素不同，则链路预算方法也不尽相同。链路预算方法分类见表 5-2。

表 5-2　链路预算方法分类

<table>
<tr><th>适合系统</th><th>转发器/链路种类</th><th>模型</th><th>预算方法</th><th>备注</th></tr>
<tr><td rowspan="4">卫星通信</td><td>透明转发器</td><td>地球站到地球站
微波链路模型（简称为透明转发器模型，可用相同转发器参数）</td><td>选择一对站（可以是同一转发器），上下行链路端对端估算</td><td rowspan="3">统一参照透明转发器的系统链路预算方法（具体参数选择不同）选择成对站计算</td></tr>
<tr><td>铰链转发器</td><td>透明转发模型改进（考虑不同频段转发器、不同波束以及不同天线能力）</td><td>选择一对站（跨不同频段或波束转发器），上下行链路端对端估算</td></tr>
<tr><td>高通量转发器</td><td>透明转发模型改进（考虑多波束干扰）</td><td>选择用户站和关口站，端对端估算（考虑多波束干扰）</td></tr>
<tr><td>星上处理转发器</td><td>处理转发器
微波链路模型</td><td>可选择一个站和一颗卫星进行估算</td><td>不同于透明转发器方法，不需要进行地球站端对端计算</td></tr>
<tr><td>各类具有星间链路的系统</td><td>骨干星间链路</td><td>星间微波链路模型
星间激光链路模型</td><td>两星端对端进行估算</td><td>星间链路预算方法</td></tr>
<tr><td rowspan="2">卫星中继</td><td>用户星和骨干（中继）星间链路</td><td>微波链路模型
激光链路模型</td><td>用户星和骨干星（中继星端对端）估算</td><td>卫星通信星上处理方法改进</td></tr>
<tr><td>用户星和地面终端站间微波链路</td><td>参照卫星通信频段铰链模型改进（参数不同）</td><td>用户星终端和地面站之间估算</td><td>中继卫星微波链路计算方法</td></tr>
</table>

5.2　透明转发卫星通信链路预算模型及方法

5.2.1　链路预算模型

透明转发卫星通信链路预算模型适用于使用透明转发器的卫星通信系统。如图 5-4 所示，上下行同频段不同频率，如 C 频段，上/下行为 6GHz/4GHz；Ku 频段，上/下行为 14GHz/12GHz；Ka 频段，上/下行为 30GHz/20GHz 等。

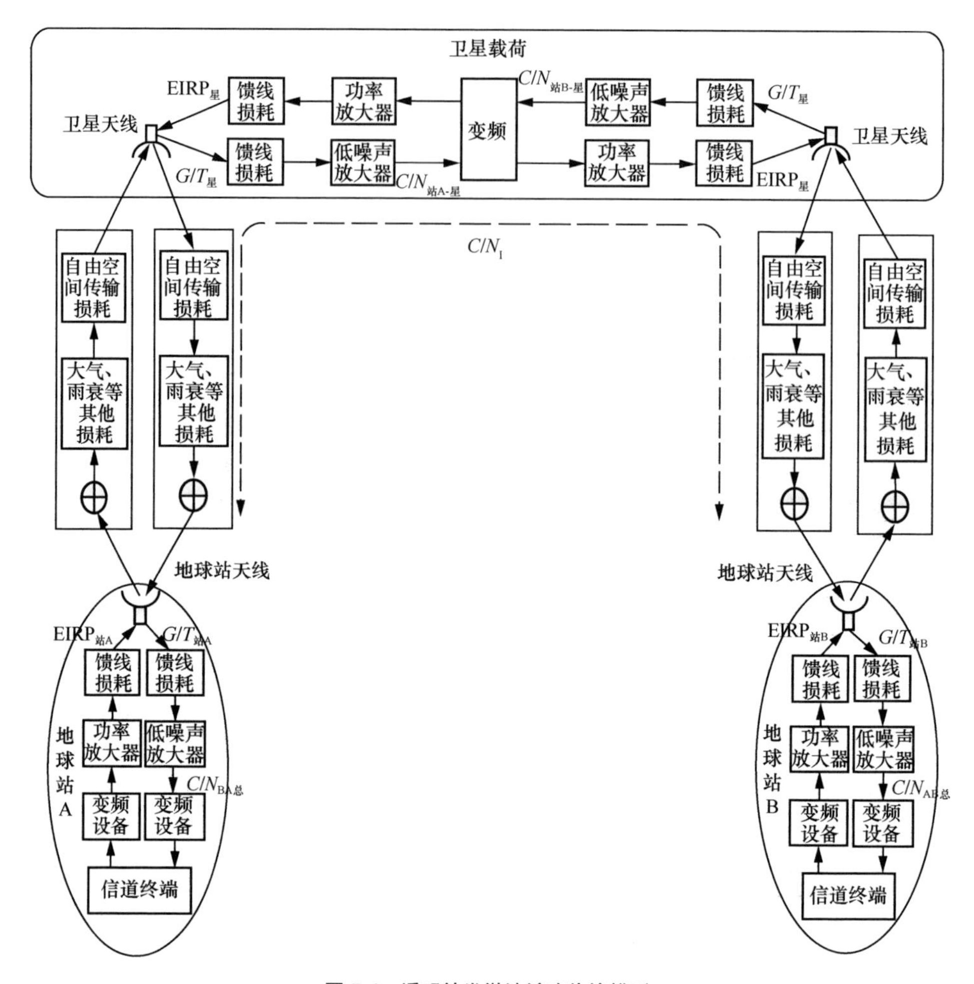

图 5-4 透明转发微波链路传输模型

5.2.2 链路预算方法

在工程设计中链路预算的典型用法是设计地球站的发送能力。通常是在给定传输速率、解调门限和上行链路裕量的情况下，通过链路预算来选择地球站EIRP。

透明转发器链路预算的核心是估算发送信号的地球站到接收信号的地球站之间整个链路的载波噪声功率比，即端到端载波噪声功率比（以下简称总载噪比）$\left[\frac{C}{N}\right]_{总}^{-1}$。

地球站 A 到地球站 B 之间链路的总载噪比计算式如式（5-1）所示：

$$\left[\frac{C}{N}\right]_{总}^{-1}=\left[\frac{C}{N}\right]_{站A-星}^{-1}+\left[\frac{C}{N}\right]_{星-站B}^{-1}+\left[\frac{C}{N}\right]_{I}^{-1} \tag{5-1}$$

其中，$\left[\frac{C}{N}\right]_{站A-星}^{-1}$ 和 $\left[\frac{C}{N}\right]_{星-站B}^{-1}$ 分别表示透明转发器链路中的地球站 A 到卫星转发器的上行链路的载噪比（简称上行载噪比）和卫星转发器到地球站 B 的下行通信链路的载噪比（简称下行载噪比）。$\left[\frac{C}{N}\right]_{I}^{-1}$ 表示卫星系统的各类干扰载噪比，主要是由卫星系统内部的互调干扰、邻道干扰、共信道干扰以及交叉极化干扰等共同引起的卫星系统载噪比恶化，一般情况下该数据通过实验的方法或计算机模拟的方法获得，在系统设计中由卫星制造公司或卫星运营公司给出。根据工程经验在计算时可选取 $\left[\frac{C}{N}\right]_{I}$ =18dB。

5.2.3　链路预算应用示例

（1）输入参数需求

透明转发器链路预算依据前面的模型和方法进行，所需输入参数包括端对端链路涉及的载波参数、使用的转发器参数、参与通信的两个地球站的参数和空间传输参数等。对于某 GEO 系统，链路预算所需参数见表 5-3，地球站 A 向地球站 B 的发送载波速率为 100Mbit/s，链路裕量为 10dB，那么地球站 A 的 EIRP 需要多少？

表 5-3　透明转发链路预算的输入参数

参数类别	参数项	数值	单位
载波参数	信道编码 FEC	3/4	—
	每符号比特数 MOD	2	bit/sym
	滚降系数 α	0.25	—
	门限信噪比$[E_b/N_0]_{门限}$	4.5	dB
转发器参数	卫星饱和$[\mathrm{EIRP}_{星}]$	54	dBw
	卫星接收机品质因数$[G/T]_{星}$	12	dB/K
	卫星饱和通量密度 SFD	–84	dBw/m^2

（续表）

参数类别	参数项		数值	单位
转发器参数	输入补偿[BO_i]		6	dB
	输出补偿[BO_o]		4	dB
	发送频率 f_t		30	GHz
	接收频率 f_r		20	GHz
地球站参数	地球站天线发送指向损耗及其他损耗 L_{to}		0.5	dB
	地球站接收机品质因数$[G/T]_{站}$		19.3	dB/K
	地球站天线接收指向损耗及其他损耗 L_{ro}		0.5	dB
空间传输参数	上行链路	星地距离 D_u	36000	km
		大气损耗 L_{ua}	1.0	dB
		链路裕量 M_u	10	dB
	下行链路	星地距离 D_d	36000	km
		大气损耗 L_{da}	1.0	dB

（2）链路计算步骤

链路计算主要分 6 步进行，如图 5-5 所示。

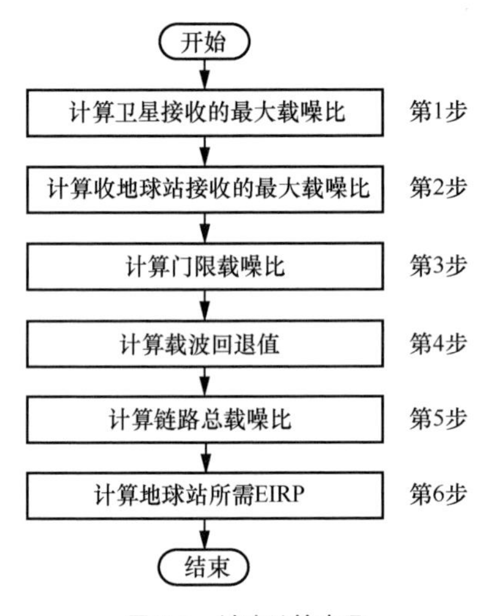

图 5-5　链路计算步骤

第 1 步：计算卫星接收的最大载噪比（即上行信号载噪比最大值）。

计算式如式（5-2）所示：

$$\left[\frac{C}{N}\right]_{卫星}=[\mathrm{SFD}]+10\log\left(\frac{c^2}{4\pi(f_r)^2}\right)-[\mathrm{BO_i}]+\left[\frac{G}{T}\right]_{星}-[\mathrm{k}]-[B] \qquad (5\text{-}2)$$

其中，$[\mathrm{SFD}]$为卫星饱和通量密度，$[\mathrm{BO_i}]$为卫星输入补偿，$\left[\frac{G}{T}\right]_{星}$为卫星接收机品质因数，$[f_r]$为卫星接收频率，c 为光速，k 为玻尔兹曼常数，$B$ 为信号载波占用带宽。其中载波带宽可由载波速率等参数计算获得，此处不赘述。

利用式（5-2），按照表 5-3 给出的参数，则卫星接收的信号的最大载噪比为：

$$\left[\frac{C}{N}\right]_{卫星}=20.40(\mathrm{dB})。$$

第 2 步：计算地球站 B 接收信号的最大载噪比（即下行信号载噪比最大值）。

地球站接收的信号的最大载噪比如式（5-3）所示：

$$\left[\frac{C}{N}\right]_{站\mathrm{B}}=[\mathrm{EIRP}]_{星}-[\mathrm{BO_o}]-[L_{\mathrm{df}}]-[L_{\mathrm{da}}]-[L_{\mathrm{ro}}]+\left[\frac{G}{T}\right]_{站\mathrm{B}}-[\mathrm{k}]-[B] \tag{5-3}$$

其中，$[\mathrm{EIRP}]_{星}$表示卫星发送能力，$[\mathrm{BO_o}]$表示卫星转发器输出补偿，$[L_{\mathrm{df}}]$表示下行链路自由空间损耗，$[L_{\mathrm{da}}]$表示下行链路大气损耗，$[L_{\mathrm{ro}}]$表示下行链路天线指向损耗及其他因素引起的总损耗；$\left[\frac{G}{T}\right]_{站\mathrm{B}}$表示地球站 B 接收机的品质因数。其中自由空间损耗可由星地距离等参数计算获得，此处不赘述。

利用式（5-3），按照表 5-3 给出的参数，则地球站 B 接收的信号最大载噪比为：

$$\left[\frac{C}{N}\right]_{站\mathrm{B}}=7.55\ (\mathrm{dB})。$$

第 3 步：计算门限载噪比。

门限载噪比计算式如式（5-4）所示：

$$\left[\frac{C}{N}\right]_{门限}=\left[\frac{E_b}{N_0}\right]_{门限}+[\mathrm{FEC}]+[\mathrm{MOD}]-[1+\alpha] \tag{5-4}$$

利用式（5-4），按照表 5-4 给出的参数，门限载噪比为：

$$\left[\frac{C}{N}\right]_{门限}=5.29\ (\mathrm{dB})。$$

第 4 步：计算载波回退值。

载波回退值如式（5-5）所示：

$$[n]=10\log\left(\frac{10^{\frac{\left[\frac{C}{N}\right]_{门限}}{10}}-10^{\frac{\left[\frac{C}{N}\right]_{I}}{10}}}{10^{-\frac{\left[\frac{C}{N}\right]_{卫星}}{10}}+10^{-\frac{\left[\frac{C}{N}\right]_{站\mathrm{B}}}{10}}}\right) \tag{5-5}$$

代入相关参数，可以得出：$[n]=1.80(\mathrm{dB})$。

这里需要注意的是，载波回退值大于或等于 0，表示卫星系统能够支持地球站 B 接收 100Mbit/s 信号载波；载波回退值小于 0，则表示卫星系统不支持地球站 B 接收 100Mbit/s 信号载波。

第 5 步：计算链路总载噪比。

上行链路载噪比：$\left[\frac{C}{N}\right]_{\text{站A-星}}=\left[\frac{C}{N}\right]_{\text{卫星}}-[n]=18.60(\mathrm{dB})$。

下行链路载噪比：$\left[\frac{C}{N}\right]_{\text{星-站B}}=\left[\frac{C}{N}\right]_{\text{站B}}-[n]=5.75(\mathrm{dB})$。

根据式（5-1）可计算出链路总载噪比：

$$\left[\frac{C}{N}\right]_{\text{总}}=5.29(\mathrm{dB})。$$

第 6 步：计算地球站发射 EIRP。

地球站发射 EIRP 如式（5-6）所示：

$$[\mathrm{EIRP}]_{\text{站A}}=\left[\frac{C}{N}\right]_{\text{站A-星}}+[L_{\mathrm{uf}}]+[L_{\mathrm{ua}}]+[L_{\mathrm{to}}]+[M]-\left[\frac{G}{T}\right]_{\text{星}}+[\mathrm{k}]+[B] \tag{5-6}$$

其中，$[L_{\mathrm{uf}}]$为上行链路自由空间损耗，$[L_{\mathrm{ua}}]$表示上行链路大气损耗，$[L_{\mathrm{to}}]$表示上行链路天线指向损耗及其他因素引起的总损耗；$\left[\frac{G}{T}\right]_{\text{星}}$表示卫星接收机的品质因数。

利用式（5-6）计算得出，地球站 A 发射 100Mbit/s 信号载波所需 EIRP 为：

$$[\mathrm{EIRP}]_{\text{站A}}=81.8(\mathrm{dBw})。$$

通过链路计算可以得出，当地球站 A 的 EIRP 为 81.8dBw 时，能够支持地球站 A 向地球站 B 发送速率为 100Mbit/s 的载波，且上行链路裕量为 10dB。

5.3 铰链卫星通信链路传输模型及预算方法

5.3.1 传输模型

在使用铰链转发器通信时，参与通信的地球站不在同一频段或波束覆盖区，地球站无法接收到自己发送的信号，其链路传输模型如图 5-6 所示。

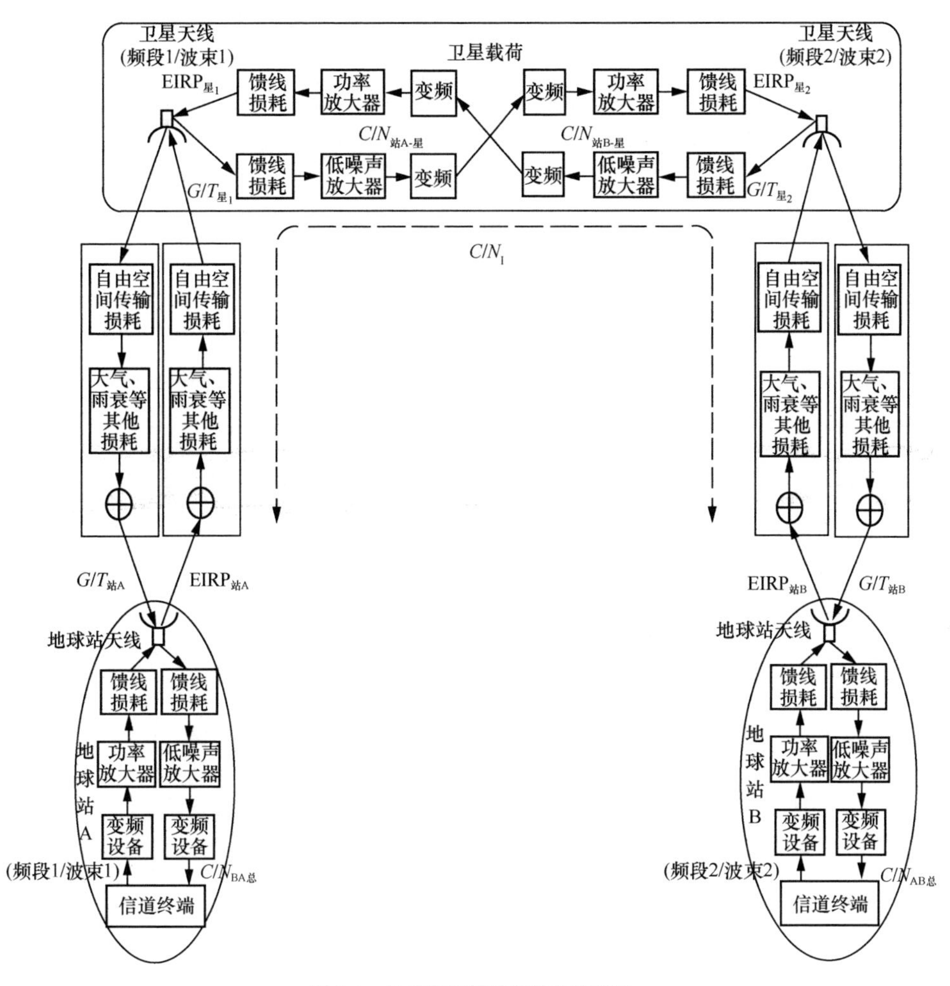

图 5-6　铰链转发微波链路传输模型

5.3.2　链路预算方法

与透明转发相比，除了参与通信的地球站不在同一频段或波束下，铰链转发传输均与透明转发传输相同，卫星不对传输的信号进行解调处理，因此链路预算方法也相同，这里不再赘述。

不同的地球站使用卫星转发器的不同频段或波束，其相应的 EIRP、G/T 和 SFD 也可能不同，在计算上行链路和下行链路载噪比时要注意。

5.4 高通量/移动多波束卫星通信微波链路传输模型及预算方法

5.4.1 传输模型

高通量/移动多波束卫星通信系统微波链路传输模型可分为前向信道传输模型和反向信道传输模型。图 5-7～图 5-10 分别为高通量卫星通信系统前向链路传输模型、卫星移动通信多波束转发器前向链路传输模型、高通量卫星通信系统反向链路传输模型和卫星移动通信多波束转发器反向链路传输模型。这两类卫星通信系统模型基本相同，只是频段不同、参数不同。对于卫星移动通信系统而言，地球站模型可以更加简单，这是因为卫星移动通信系统用户站多数为手持终端模式，彼此之间影响较小。

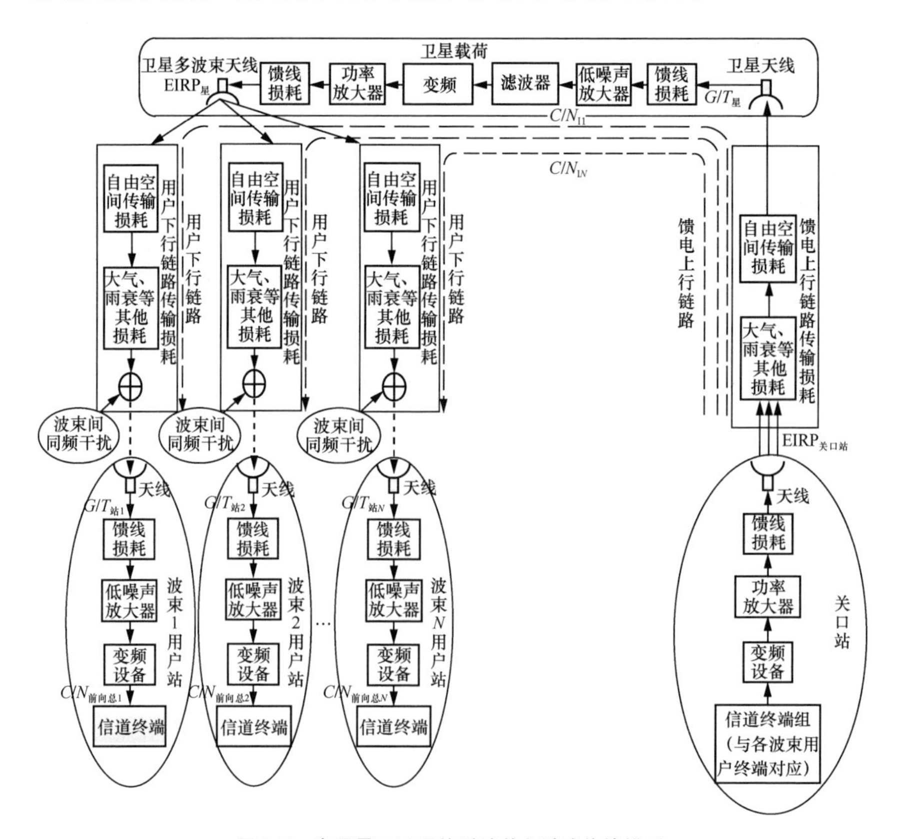

图 5-7 高通量卫星通信系统前向链路传输模型

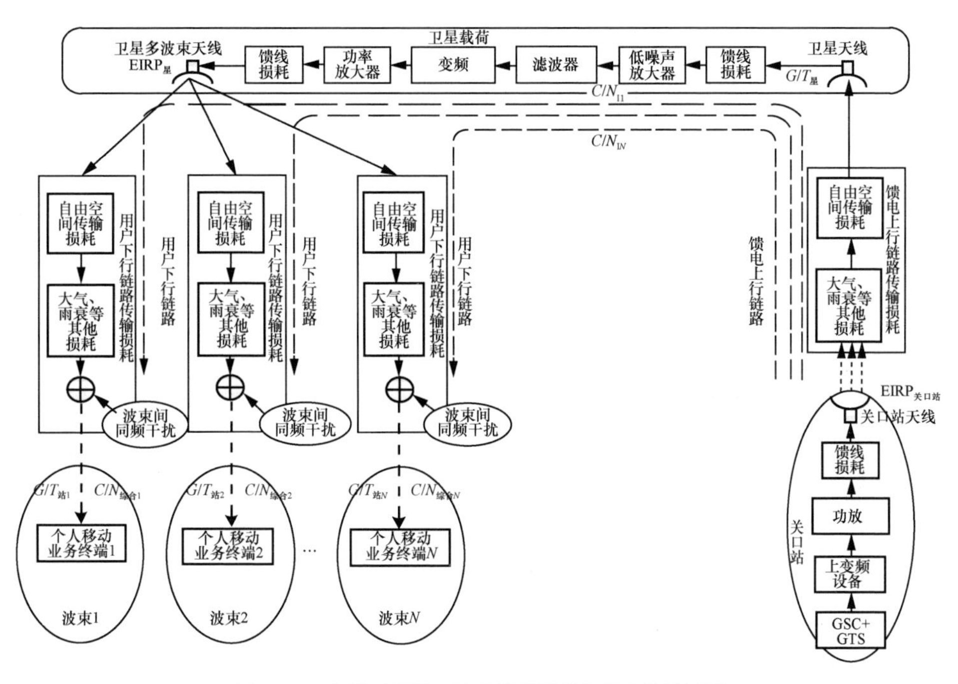

图 5-8　卫星移动通信多波束转发器前向链路传输模型

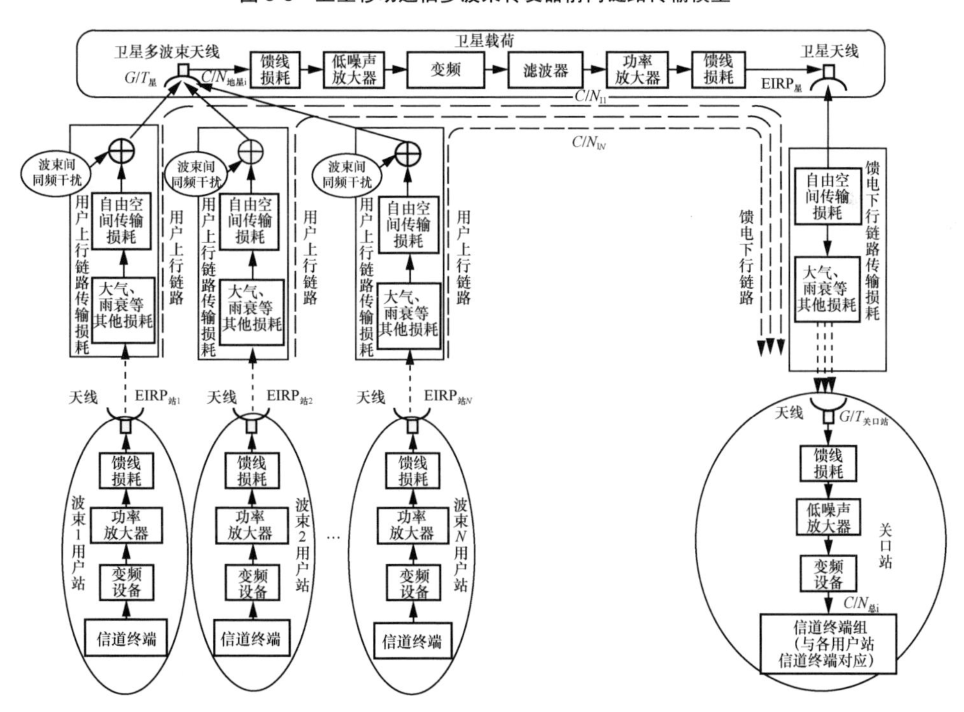

图 5-9　高通量卫星通信系统反向链路传输模型

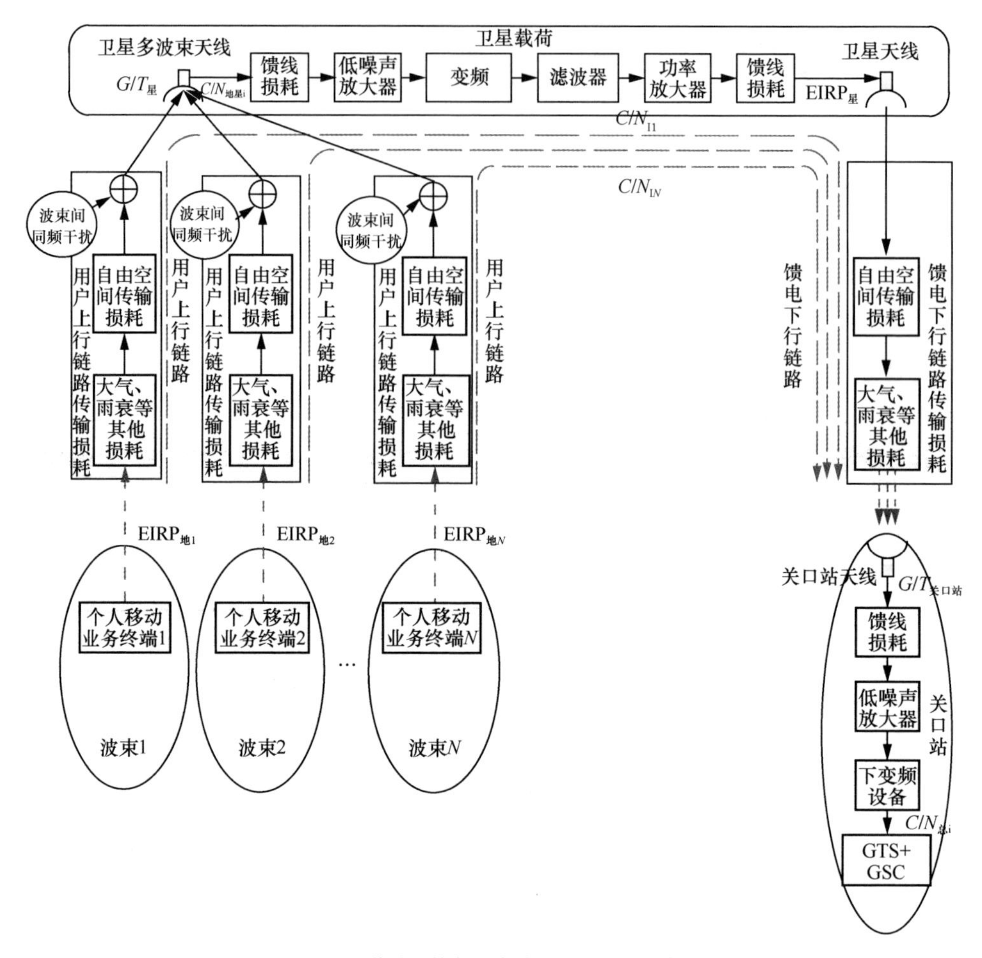

图 5-10　卫星移动通信多波束转发器反向链路传输模型

5.4.2　链路预算方法

高通量卫星通信系统和卫星移动通信系统使用的转发器本质上是一种频段铰链转发器，但是由于指向用户侧的为多波束天线，因此该转发器是一个多波束到单波束的转发模型。与通常的铰链转发器系统不同的是，该模型需要特别考虑用户波束同频复用带来的波束间同频干扰，该干扰值一般由卫星制造公司或卫星运营商给出。

5.5 基于星上处理转发器的星地链路预算模型及方法

5.5.1 星地微波链路传输模型及计算方法

5.5.1.1 传输模型

星地微波链路的传输模型如图 5-11 所示，与透明转发器或者铰链转发器相比，星上处理转发器卫星通信系统的链路能力不取决于一对地球站，只取决于本站和卫星，体现了上下行隔离的效果。

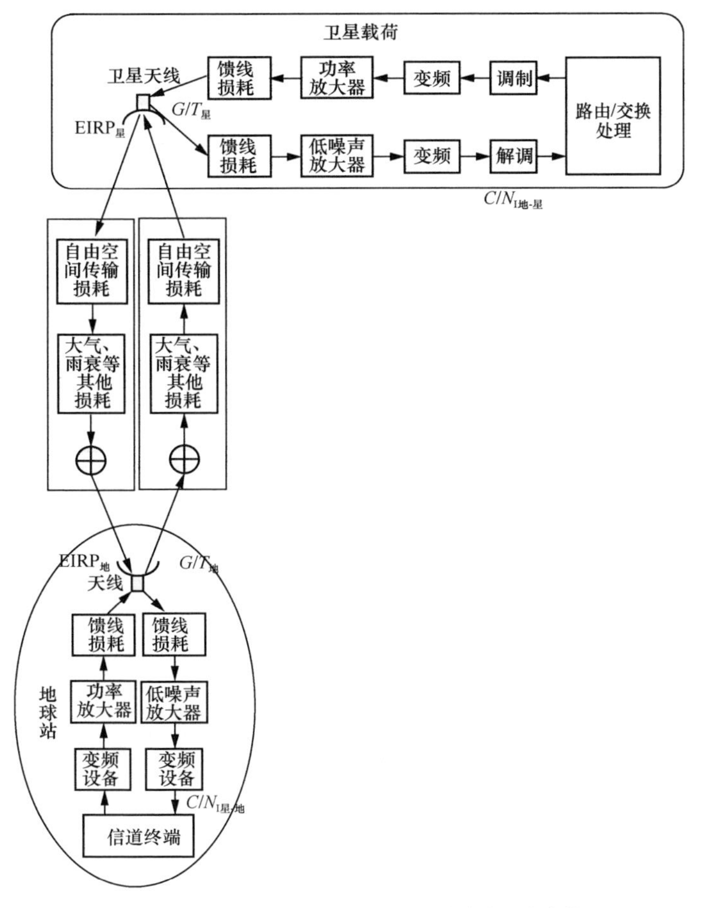

图 5-11　基于星上处理转发器的星地微波链路传输模型

5.5.1.2 计算方法

在工程设计中，通常在给定传输速率、星上解调门限和上行链路裕量的情况下，通过链路预算来确定地球站的 EIRP；给定传输速率、地球站解调门限，对下行链路裕量进行估算。上下行分别独立计算，重点关注上行载噪比$\left[\frac{C}{N}\right]_{地-星}$和下行载噪比$\left[\frac{C}{N}\right]_{星-地}$。

上行载噪比$\left[\frac{C}{N}\right]_{地-星}$如式（5-7）所示：

$$\left[\frac{C}{N}\right]_{地-星}=[\text{EIRP}]_{地}-[L_{\text{uf}}]-[L_{\text{ua}}]-[L_{\text{to}}]-[M_{\text{u}}]+\left[\frac{G}{T}\right]_{星}-[\text{k}]-[B] \tag{5-7}$$

其中，$[\text{EIRP}]_{地}$表示地球站发送能力，$[L_{\text{uf}}]$表示上行链路自由空间损耗，$[L_{\text{ua}}]$表示上行链路大气损耗，$[L_{\text{to}}]$表示上行链路天线指向损耗及其他因素引起的总损耗，$[M_{\text{u}}]$表示上行链路裕量，$\left[\frac{G}{T}\right]_{星}$表示卫星接收机的 G/T。

下行载噪比$\left[\frac{C}{N}\right]_{星-地}$如式（5-8）所示：

$$\left[\frac{C}{N}\right]_{星地}=[\text{EIRP}]_{星}-[L_{\text{df}}]-[L_{\text{da}}]-[L_{\text{ro}}]+\left[\frac{G}{T}\right]_{地}-[\text{k}]-[B] \tag{5-8}$$

其中，$[\text{EIRP}]_{星}$表示卫星发送能力，$[L_{\text{df}}]$表示下行链路自由空间损耗，$[L_{\text{da}}]$表示下行链路大气损耗，$[L_{\text{ro}}]$表示下行链路天线指向损耗及其他因素引起的总损耗，$\left[\frac{G}{T}\right]_{地}$表示地球站接收机 G/T。

5.5.1.3 典型计算示例

（1）输入参数

对于某 GEO 系统，地球站收发速率为 100Mbit/s，上行链路裕量为 10dB，链路预算所需参数见表 5-4，那么地球站的 EIRP 需要多少？下行链路裕量是多少？

表 5-4 处理转发微波链路预算输入参数

参数类别	参数项	数值	单位
载波参数（上/下行）	信道编码 FEC	3/4	—
	每符号比特数 MOD	2	bit/sym
	滚降系数 α	0.25	—
	门限信噪比$[E_b/N_0]_{门限}$	4.5	dB

（续表）

<table>
<tr><th>参数类别</th><th colspan="2">参数项</th><th>数值</th><th>单位</th></tr>
<tr><td rowspan="5">转发器参数</td><td colspan="2">卫星饱和[EIRP]$_{星}$</td><td>54</td><td>dBw</td></tr>
<tr><td colspan="2">卫星接收机品质因数[G/T]$_{星}$</td><td>12</td><td>dB/K</td></tr>
<tr><td colspan="2">输出补偿[BO_o]</td><td>4</td><td>dB</td></tr>
<tr><td colspan="2">发送频率 f_t</td><td>30</td><td>GHz</td></tr>
<tr><td colspan="2">接收频率 f_r</td><td>20</td><td>GHz</td></tr>
<tr><td rowspan="3">地球站参数</td><td colspan="2">发地球站天线指向损耗及其他损耗 L_{to}</td><td>0.5</td><td>dB</td></tr>
<tr><td colspan="2">收地球站[G/T]$_{地}$</td><td>19.3</td><td>dB/K</td></tr>
<tr><td colspan="2">收地球站天线指向损耗及其他损耗 L_{ro}</td><td>0.5</td><td>dB</td></tr>
<tr><td rowspan="5">空间传输参数</td><td rowspan="3">上行链路</td><td>星地距离 D_u</td><td>36000</td><td>km</td></tr>
<tr><td>大气损耗 L_{ua}</td><td>1.0</td><td>dB</td></tr>
<tr><td>链路裕量 M_u</td><td>10</td><td>dB</td></tr>
<tr><td rowspan="2">下行链路</td><td>星地距离 D_d</td><td>36000</td><td>km</td></tr>
<tr><td>大气损耗 L_{da}</td><td>1.0</td><td>dB</td></tr>
</table>

（2）链路计算步骤

链路计算主要分 5 步进行，如图 5-12 所示。

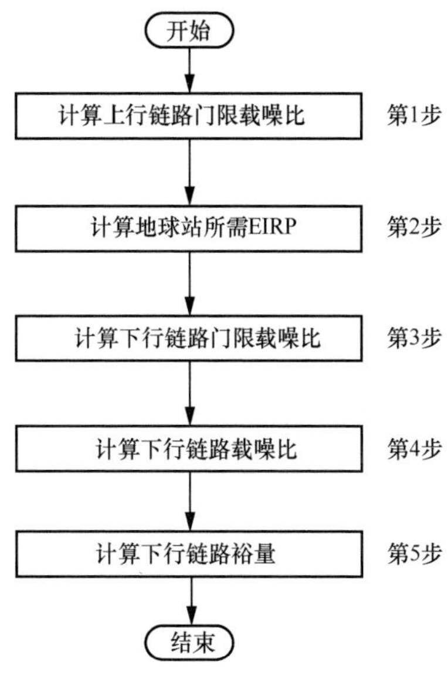

图 5-12　链路计算步骤

链路计算主要分 5 步进行，具体如下。

第 1 步：计算上行链路门限载噪比。

利用式（5-4），按照表 5-4 给出的参数，上行链路门限载噪比为：

$$\left[\frac{C}{N}\right]_{\text{u门限}}=5.29(\text{dB})\text{。}$$

第 2 步：计算地球站所需 EIRP。

根据式（5-7），地球站所需 EIRP 为：

$$\left[\text{EIRP}_{\text{地}}\right]=\left[\frac{C}{N}\right]_{\text{u门限}}+\left[L_{\text{uf}}\right]+\left[L_{\text{ua}}\right]+\left[L_{\text{uo}}\right]+\left[M\right]-\left[\frac{G}{T}\right]_{\text{星}}+\left[\text{k}\right]+\left[B\right]=68.50(\text{dB})\text{。}$$

第 3 步：计算下行链路门限载噪比。

利用式（5-4），按照表 5-4 给出的参数，下行链路门限载噪比为：

$$\left[\frac{C}{N}\right]_{\text{d门限}}=5.29(\text{dB})\text{。}$$

第 4 步：计算下行链路载噪比。

根据式（5-8），下行链路载噪比为：

$$\left[\frac{C}{N}\right]_{\text{星-地}}=11.55(\text{dB})\text{。}$$

第 5 步：计算下行链路裕量。

$$\left[M_{\text{d}}\right]=\left[\frac{C}{N}\right]_{\text{星-地}}-\left[\frac{C}{N}\right]_{\text{d门限}}=6.26(\text{dB})\text{。}$$

通过链路计算可以得出，地球站收发速率为 100Mbit/s 时，地球站所需 EIRP 为 68.50dBw，下行链路裕量为 6.26dB。

5.5.2 星地激光链路传输模型及计算方法

5.5.2.1 传输模型

基于星上处理转发器的星地链路目前大多为微波链路，后续可能会出现激光链路[15]。激光链路传输模型如图 5-13 所示。

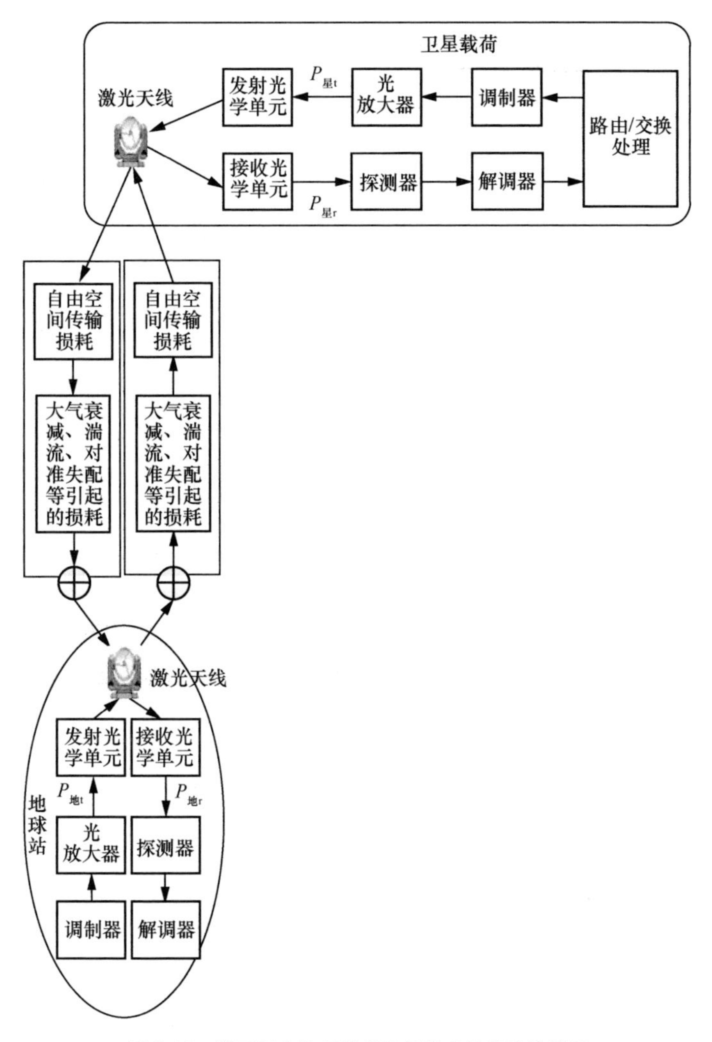

图 5-13　基于星上处理转发器的激光链路传输模型

5.5.2.2　计算方法

激光链路预算计算的是接收端光接收机接收到的功率。通过计算光接收机接收到的功率与接收灵敏度，确认能否满足通信要求。接收端光接收机的接收功率对数式如式（5-9）所示：

$$[P_r]=[P_t]+[G_t]+[\eta_{ot}]-[L_S]-[L_P]-[L_f]-[L_{APT}]+[G_r]+[\eta_{or}] \tag{5-9}$$

其中，$[P_t]$为激光平均发送功率，$[G_t]$为光学天线发射增益，$[\eta_{ot}]$为发射光学单元效率，$[L_S]$为大气衰减，$[L_P]$为大气湍流损耗，$[L_f]$为自由空间传输损耗，$[L_{APT}]$为天线对准失配损耗，$[G_r]$为接收天线增益，$[\eta_{or}]$为接收光学单元效率。

在激光通信中，接收端光学接收天线只能接收部分远场激光功率。对于束散角为$[\theta_{div}]$的激光光斑，在发送端和接收端距离为$[L]$处，由有效口径为$[D_r]$的光学接收天线进行接收，于是空间传输能量利用率为：

$$L_r = \left[\frac{D_r}{\theta_{div} \times L}\right]^2 \tag{5-10}$$

对式（5-9）进行进一步整理可以得到接收端光接收机接收功率的另一种表达形式：

$$[P_r] = [P_t] + [\eta_{ot}] - [L_S] - [L_P] - [L_{APT}] + [\eta_{or}] + [L_r] \tag{5-11}$$

5.5.2.3 典型计算示例

（1）输入参数

激光链路预算所需参数包括地面站参数、卫星参数和空间传输参数，具体参数数值见表 5-5 和表 5-6。

表 5-5　星上处理转发激光上行链路参数值

参数		数值	单位	备注
地面站	通信发射功率$[P_t]_{地}$	5	W	
	束散角$[\theta_{div}]_{地}$	40	μrad	
	发射光学单元效率$[\eta_{ot}]_{地}$	0.7	—	
卫星	光学天线口径$[D_r]_{星}$	250	mm	
	接收光学单元效率$[\eta_{or}]_{星}$	0.5	—	
	接收机灵敏度$[S]_{星}$	–59	dBm	5Gbit/s 速率
空间传输	收发距离 L	40000	km	
	激光天线对准失配损耗 L_{APT}	0.54	dB	
	大气衰减 L_S	7	dB	
	大气湍流损耗 L_P	3	dB	

表 5-6　星上处理转发激光下行链路参数值

参数		数值	单位	备注
地面站	光学天线口径$[D_r]_{地}$	1000	mm	
	接收光学单元效率$[\eta_{or}]_{地}$	0.5	—	
	接收机灵敏度$[S]_{地}$	–42	dBm	1Gbit/s 速率
卫星	通信发射功率$[P_t]_{星}$	5	W	
	束散角$[\theta_{div}]_{星}$	22	μrad	
	发射光学单元效率$[\eta_{or}]_{星}$	0.7	—	
空间传输	收发距离 L	40000	km	与上行链路一致
	激光天线对准失配损耗 L_{APT}	0.54	dB	
	大气衰减 L_S	7	dB	
	大气湍流损耗 L_P	3	dB	

（2）链路计算步骤

链路计算主要分 4 步进行，如图 5-14 所示。

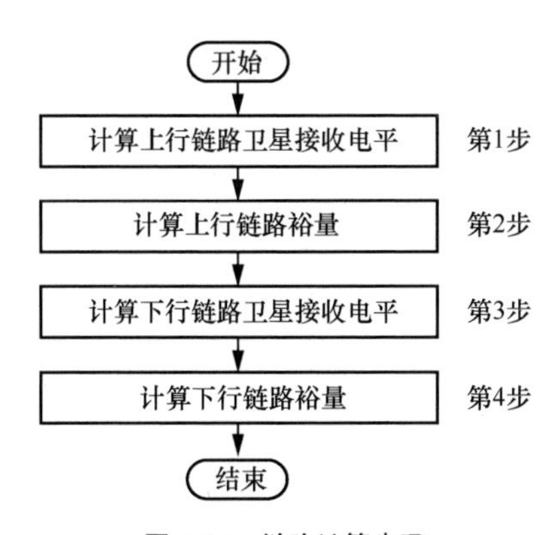

图 5-14　链路计算步骤

第 1 步：计算上行链路卫星接收电平。

利用式（5-11）可计算得到上行链路接收电平：

$$[P_r]_{星}=-54.23(\text{dBm})\text{。}$$

第 2 步：计算上行链路裕量：

$$[M_u]=[P_r]_{星}-[S]_{星}=4.77(\text{dB})\text{。}$$

第 3 步：计算下行链路卫星接收电平：

$$[P_{\mathrm{r}}]_{地} = -37.00(\mathrm{dBm})。$$

第 4 步：计算下行链路裕量：

$$[M_{\mathrm{d}}]=[P_{\mathrm{r}}]_{地}-[S]_{地}=5(\mathrm{dB})。$$

通过链路计算可以看出，卫星能够接收地球站发送速率为 1Gbit/s 的信号，链路裕量为 4.77dB；地球站能够接收卫星发送速率为 5Gbit/s 的信号，链路裕量约为 5dB。

5.6 星间通信传输链路预算模型及方法

5.6.1 星间微波链路传输模型及计算方法

5.6.1.1 传输模型

基于星上处理转发器的微波链路传输模型如图 5-15 所示。

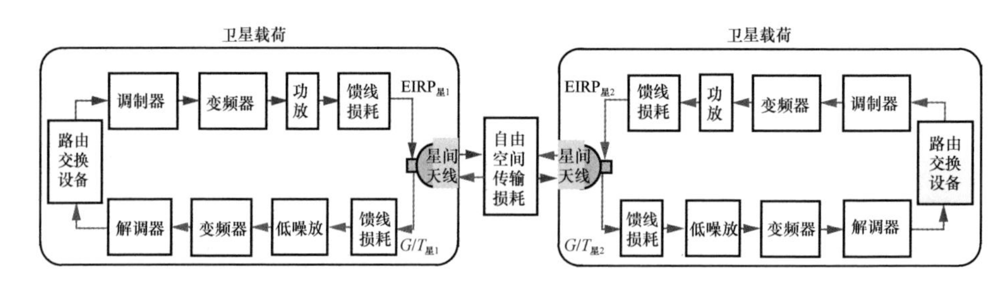

图 5-15 星间微波链路传输模型

5.6.1.2 计算方法

星间微波链路预算重点计算两个卫星间链路的$\left[\frac{C}{N}\right]$，将计算出的$\left[\frac{C}{N}\right]$与接收门限信噪比进行对比。由于星间链路处于大气层外，不存在大气、云、雨带来的传输损耗，因此主要考虑自由空间损耗。星间微波链路$\left[\frac{C}{N}\right]$如式（5-12）所示：

$$\left[\frac{C}{N}\right]_{星1\text{-}星2}=\left[\mathrm{EIRP}_{星1}\right]-\left[L_{\mathrm{f}}\right]-\left[L_{\mathrm{o}}\right]+\left[\frac{G}{T}\right]_{星2}-[\mathrm{k}]-[B] \tag{5-12}$$

其中，$\left[\mathrm{EIRP}_{星1}\right]$为发射卫星的EIRP，$\left[L_{\mathrm{f}}\right]$为两个卫星之间的自由空间传输损耗，$\left[L_{\mathrm{o}}\right]$为两个卫星之间由其他因素（如天线对准失配等）引起的总损耗，$\left[\frac{G}{T}\right]_{星2}$为接收卫星接收机 G/T，k 为玻尔兹曼常数，$B$ 为信号占用带宽。

5.6.2　星间激光链路传输模型及计算方法

5.6.2.1　传输模型

星间激光链路传输模型如图 5-16 所示。

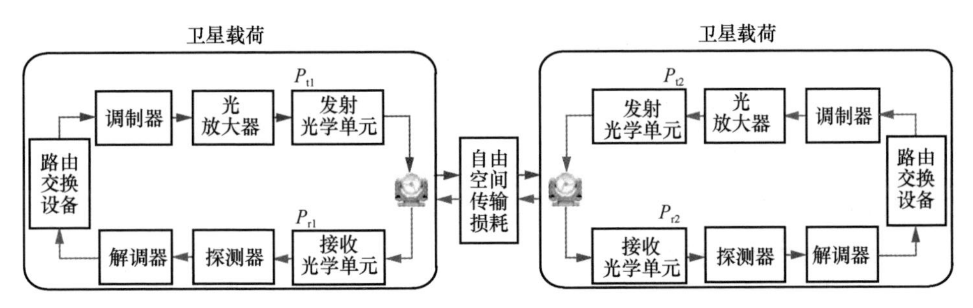

图 5-16　星间激光链路传输模型

5.6.2.2　计算方法

星间激光链路预算重点计算接收信号卫星的光接收机所接收到的信号功率$\left[P_{\mathrm{r}}\right]$，然后将计算得到的信号接收功率$\left[P_{\mathrm{r}}\right]$与光接收机的灵敏度$\left[P_{\mathrm{th}}\right]$进行对比。由于星间链路处于大气层外，不存在大气、湍流等带来的传输损耗。参考星地激光链路的计算方法，星间激光链路的接收功率$\left[P_{\mathrm{r}}\right]$计算式如式（5-13）所示：

$$\left[P_{\mathrm{r}}\right]=\left[P_{\mathrm{t}}\right]+\left[\eta_{\mathrm{ot}}\right]-\left[L_{\mathrm{APT}}\right]+\left[\eta_{\mathrm{or}}\right]+\left[L_{\mathrm{r}}\right] \tag{5-13}$$

其中，$\left[P_{\mathrm{t}}\right]$为激光平均发送功率，$\left[\eta_{\mathrm{ot}}\right]$为发射光学单元效率，$\left[L_{\mathrm{APT}}\right]$为天线对准失配损耗，$\left[\eta_{\mathrm{or}}\right]$为接收光学单元效率，$\left[L_{\mathrm{r}}\right]$为空间传输能量利用率，由式（5-10）得出。

5.7 卫星中继系统链路预算模型及方法

5.7.1 微波链路传输模型及计算方法

5.7.1.1 传输模型

卫星中继系统既有频段铰链也有波束铰链，其传输模型与频段铰链传输模型和波束铰链传输模型十分相似，主要区别在于其链路不存在大气和降雨影响[16]。卫星中继系统微波链路传输模型如图 5-17 所示。

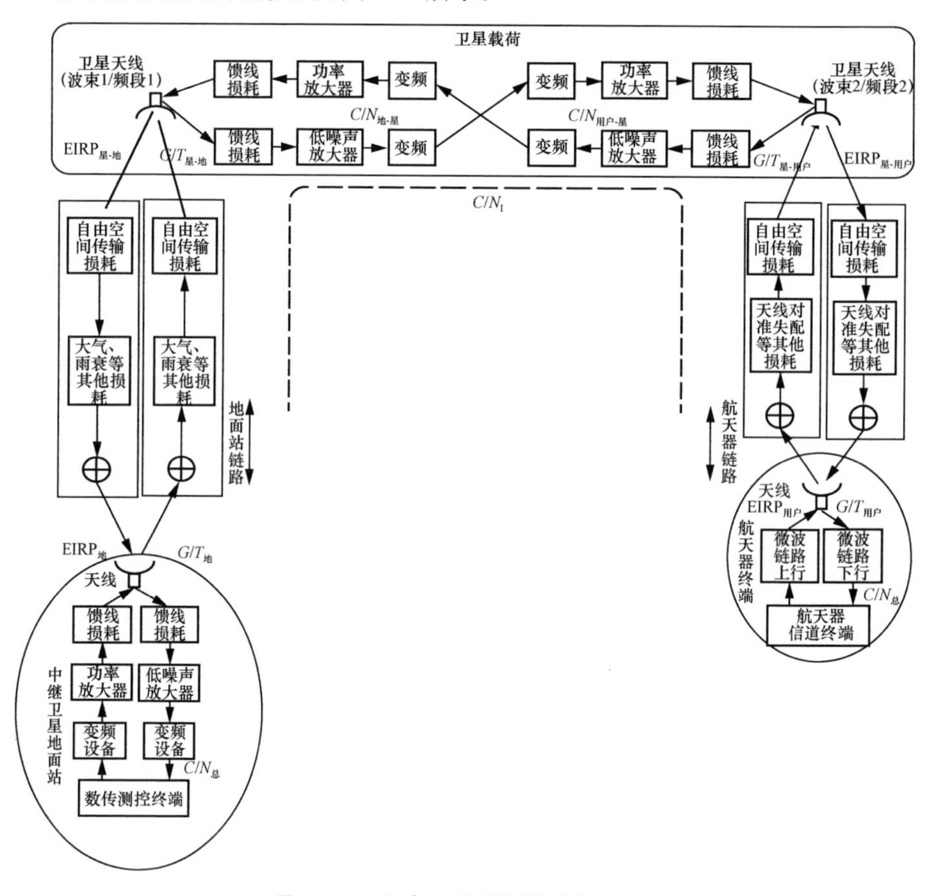

图 5-17　卫星中继系统微波链路传输模型

5.7.1.2 计算方法

卫星中继系统用户链路侧的计算不用考虑大气损耗和雨衰，同时由于支持测控和数据传输，与通信系统的解调门限要求也不同，但总体上与铰链转发器卫星通信系统类似，在此不再详述。

5.7.2 激光链路模型及预算方法

航天器到中继卫星的链路，由于没有大气湍流的影响，相对于卫星通信的地球站链路，在某种程度上更适合使用激光链路，当然激光对准是比较关键的，传输模型如图 5-18 所示。

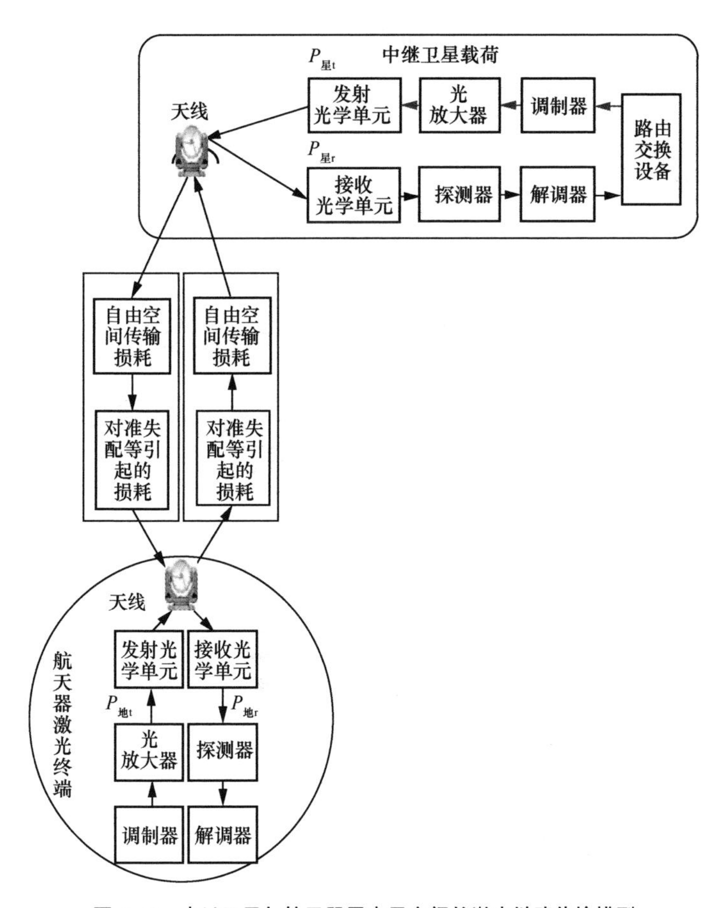

图 5-18 中继卫星与航天器用户星之间的激光链路传输模型

激光链路预算方法可以参见基于星上处理转发器的激光链路预算方法，这里不再赘述。

5.8 小结

本章给出了常见场景的链路传输模型和方法。在实际工程中，有些可以参考工程经验，先确定链路的配置，再使用链路预算方法核实配置的正确性。不同网络链路预算的工作量不同，比如对于 MF-TDMA，分群核验不同载波的能力，需要遍历的状态很多，工作量非常大；对于星上处理的链路，需要针对每一类站进行计算。为了提高计算的方便性，目前已经将链路预算功能作为决策支持系统嵌入网络管理控制系统中，后续还可以结合人工智能技术，进一步实现自动化、精确化计算。

第 6 章

业务接入体制及路由交换体制

本章首先介绍了常见的业务接入体制和路由交换体制。针对基于透明转发器系统的天基传输网络，详细说明了 GEO 宽带网状网、GEO 宽带星状网、GEO 移动通信网和 LEO 宽带通信网等典型网络的路由交换原理以及路由机制等内容；针对基于处理转发器系统的天基传输网络，详细说明了星地一体 ATM 网络、星地一体自定义分组网络、多星星地一体电路交换网络、多星星地一体分布式路由交换网络、多星星地一体分域路由交换网络、多星星地一体 SDN 路由交换网络和多星星地一体光电混合路由交换网络等典型网络的交换架构、交换原理以及路由机制等内容。

6.1 常见的业务接入体制和路由交换体制

6.1.1 常见的业务接入体制

业务接入体制通常是指语音/传真、视频、数据等各类业务通过卫星信道终端接入天基传输网络的方式。从业务占用信道的角度，业务接入体制可分为单路业务接入体制和多路业务接入体制，如图 6-1 所示。单路业务接入体制是指用户的每一路语音/传真业务、每一路视频业务、每一路数据业务固定占用一条专用的卫星信道。多路业务接入体制是指用户的语音业务、视频业务、数据业务通过 E1、IP、帧中继、ATM 等标准协议或专用协议复接成综合业务，固定占用一条专用的卫星信道，即一条卫星信道可以传输包括多路语音、多路视频、多路数据在内的多种不同综合业务[17]。

（1）单路业务接入体制

卫星信道终端对业务终端提供模拟语音接口、同步/异步接口、IP 接口等标准接口，支持语音/传真、数据、视频等单路业务接入方式，如图 6-2 所示。模拟语音/传真业务一般采用专用芯片完成语音/传真的编码、解码等处理，将模拟语音/传真信号按接口配置的编码方式，转换成数字分组语音包。卫星信道终端对分组语音包进行缓存和解析，并根据分组语音包内的电话号码，申请到目的站的信道资源，实现地球站之间语音/传真的通信。同步业务（视频）采用预先建链的方式进行信道申

请，在链路选择上可以采用虚路由配置的方式实现。卫星信道终端通过定义每条链路的收发站及端口，信道可以在收发站间按需预先建立，实现地球站之间同步业务通信。IP 业务采用桥接/路由方式接入，传输过程中直接将收到的媒体访问控制（MAC）帧/IP 包进行整体传输。

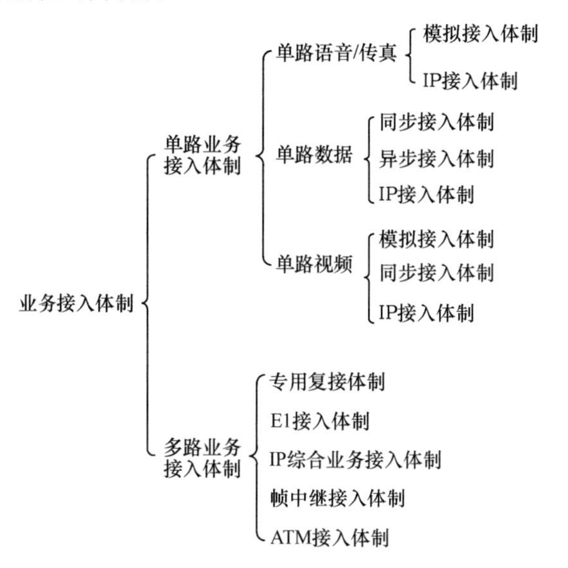

图 6-1　业务接入体制分类

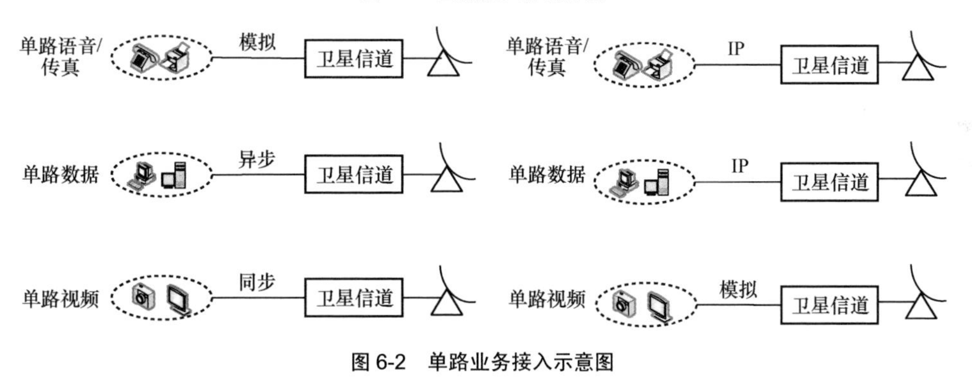

图 6-2　单路业务接入示意图

（2）多路业务接入体制

卫星信道终端对地面网络提供 E1、IP、帧中继和 ATM 等专用或标准群路接口，支持多路业务接入方式，如图 6-3 所示。专用多路业务接入方式将模拟语音/传真、IP 数据、IP 视频等业务复接成专用协议报文格式，通过卫星信道终端的群路接口接入天基传输网络，实现地球站之间多路业务的通信；基于 E1 适配的多路接入方式将多路模拟语音/传真、视频等业务复接成 E1 格式，通过卫星信道终端 E1 接口接入天基传输网络，实现地球站之间多路业务的通信；基于 IP 路由的多路接入方式将 IP 语音/传真、IP 视频、IP 数据等业务通过路由器或者桥接入天基传输网络，采用 IP 路由交换体制实现地球站之间多路业务的通信，IP 既是一种单路接入方式也是一种多路接入方式；基于帧中继的多路接入方式将模拟语音/传真、同步/异步数据、IP 数据等业务复接成帧中继帧格式，通过卫星信道终端帧中继接口接入天基传输网络，采用帧中继交换体制实现地球站之间多路业务的通信；基于 ATM 的多路接入方式将模拟语音/传真、同步/异步数据、IP 数据等业务复接成 ATM 帧格式，通过卫星信道终端 ATM 接口接入天基传输网络，采用 ATM 交换体制实现地球站之间多路业务的通信。

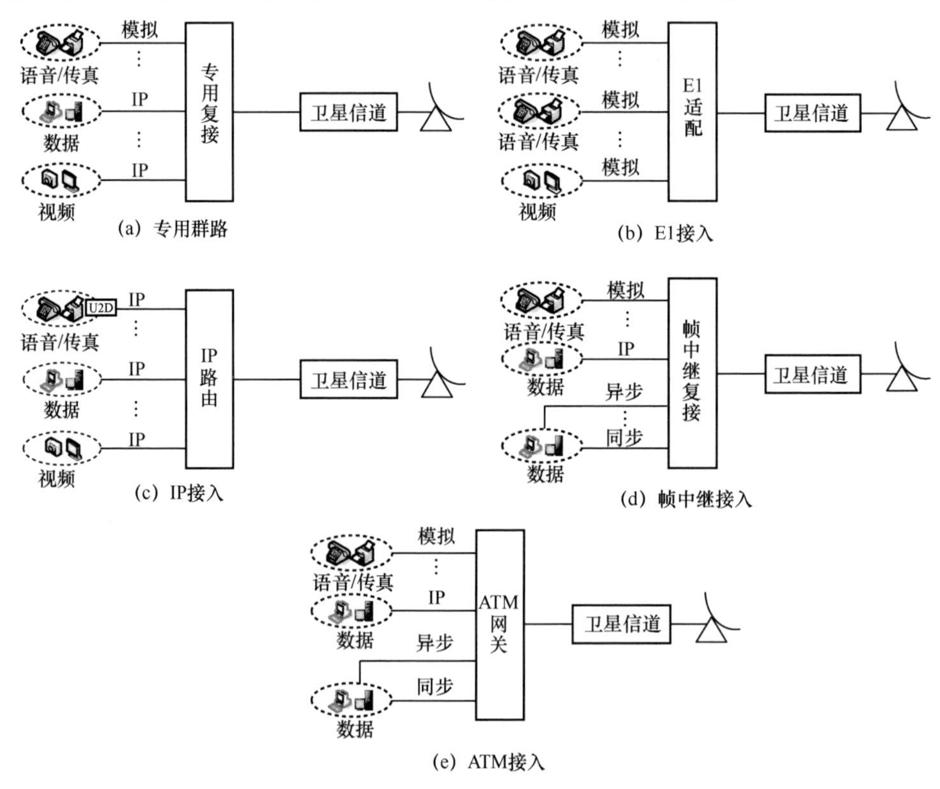

图 6-3　多路业务接入示意图

6.1.2　常见的路由交换体制分类

路由交换体制通常在基于星上处理多波束交换转发器的系统中或者在多星组网

的系统中提到，这类系统如果没有路由交换，就难以实现波束之间和多星之间的信息交换；而在基于透明转发器的卫星通信系统中，常常被忽略。实际上，基于透明转发器的卫星通信系统和基于处理转发器的卫星通信系统都存在路由交换技术，只是基于处理转发器的系统中，星上需要明确的路由交换功能，而基于透明转发器的路由交换功能由空中信号和各地球站共同完成。后续按照基于透明转发器系统和基于处理转发器系统来描述天基传输网络的路由交换机理，如图 6-4 所示。

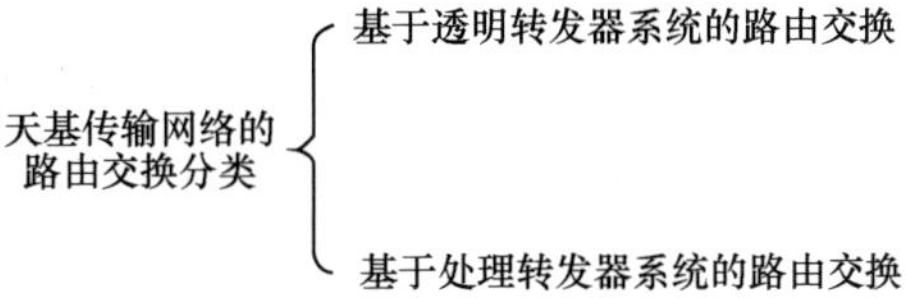

天基传输网络的路由交换分类
- 基于透明转发器系统的路由交换
- 基于处理转发器系统的路由交换

图 6-4　天基传输网络的路由交换分类

6.2　基于透明转发器系统的路由交换体制

6.2.1　典型网络

目前，天基传输网络主要是基于透明转发器、以众多地球站为核心构成的网络。在这种网络中，很少提及交换体制，这是因为所有地球站利用卫星的广播特性和透明转发特性，共同构成了一个跨大地域的交换机，各地球站是这个交换机的入口；卫星本身是一个透明转发管道，通常用业务接入体制可以表征不同的接入方式，对系统的路由交换体制产生影响，另外，路由交换体制也与网络拓扑、网络类型有关[18]。常见的基于透明转发器的典型网络包括 GEO 宽带网状网络、GEO 宽带星状网络、GEO 移动网络、LEO 宽带网络等，如图 6-5 所示，其路由交换体制均不相同。

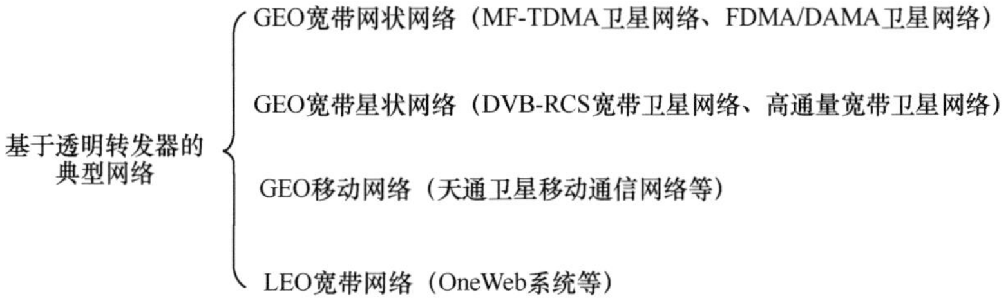

基于透明转发器的典型网络
- GEO宽带网状网络（MF-TDMA卫星网络、FDMA/DAMA卫星网络）
- GEO宽带星状网络（DVB-RCS宽带卫星网络、高通量宽带卫星网络）
- GEO移动网络（天通卫星移动通信网络等）
- LEO宽带网络（OneWeb系统等）

图 6-5　基于透明转发器的典型网络

6.2.2 GEO 宽带网状网络路由交换体制

6.2.2.1 MF-TDMA 卫星网络

MF-TDMA 宽带网状网络是典型的基于透明转发器的天基传输网络，所有地球站共同构成一个全网统一的交换平台，同时支持帧中继交换和 IP 路由交换，如图 6-6 所示。MF-TDMA 卫星网络将帧中继技术、IP 路由技术和卫星通信技术结合，组成集语音、视频、数据传输于一体的综合业务宽带 VSAT 系统，在远程机动组网、广域互联网构建方面应用广泛。

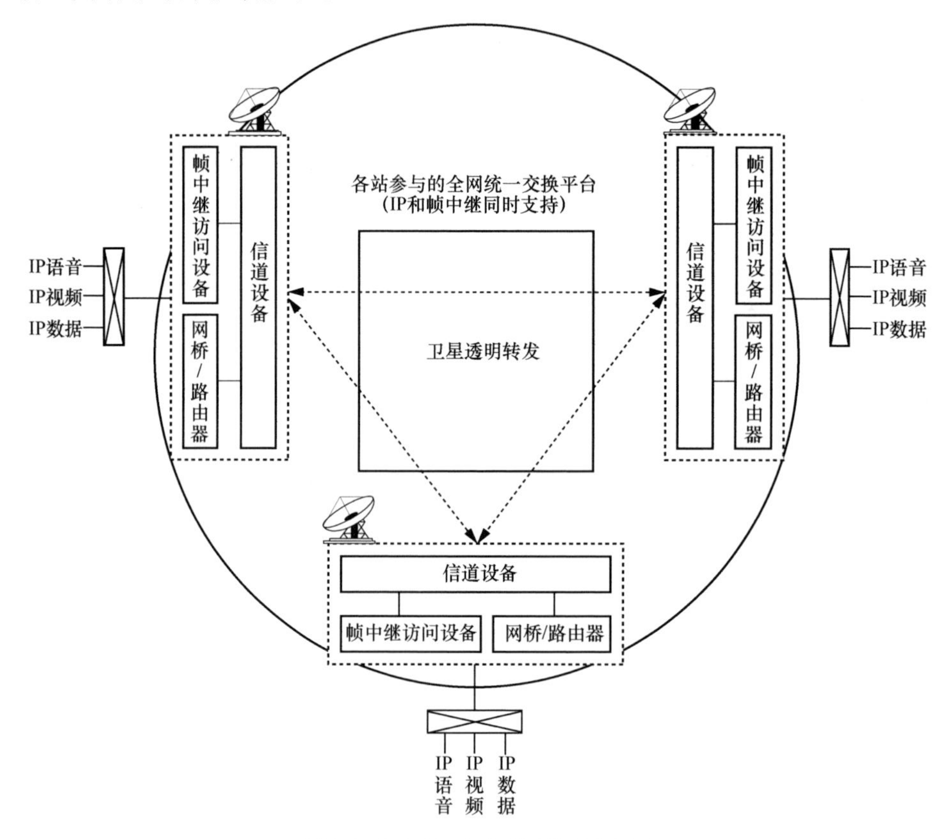

图 6-6 MF-TDMA 宽带网状网示意图

（1）帧中继交换

MF-TDMA 卫星网络帧中继交换通过永久虚电路完成数据包的端到端传送，用

户数据链路连接标识（Data Link Connection Identifier，DLCI）表示永久虚电路的路由并指定目的地址。永久虚电路在源站配置时，需要将远端站号、远端站的端口号、该永久虚电路的远端 DLCI 映射到本地 DLCI 上。MF-TDMA 卫星网络帧中继交换原理如图 6-7 所示。地球站的帧中继端口配置一张可以与本端口互通业务的虚路由表，包括路由标签 DLCI、远端站号、远端端口号等参数，并在地球站入网后激活与已入网的其他地球站帧中继业务的虚路由。当地球站有数据需要发送时，帧中继访问设备复接语音、数据等业务，并按照帧中继格式进行组帧，信道设备根据数据帧中的 DLCI 确定目的地球站，并将数据按 TDMA 数据帧格式组帧后在地球站申请得到的相应时隙内发送给目的地球站。目的地球站在收到 TDMA 数据帧后，将数据解帧并发送给接收端口的业务终端，实现帧中继数据在 MF-TDMA 卫星网络中的传输与交换。

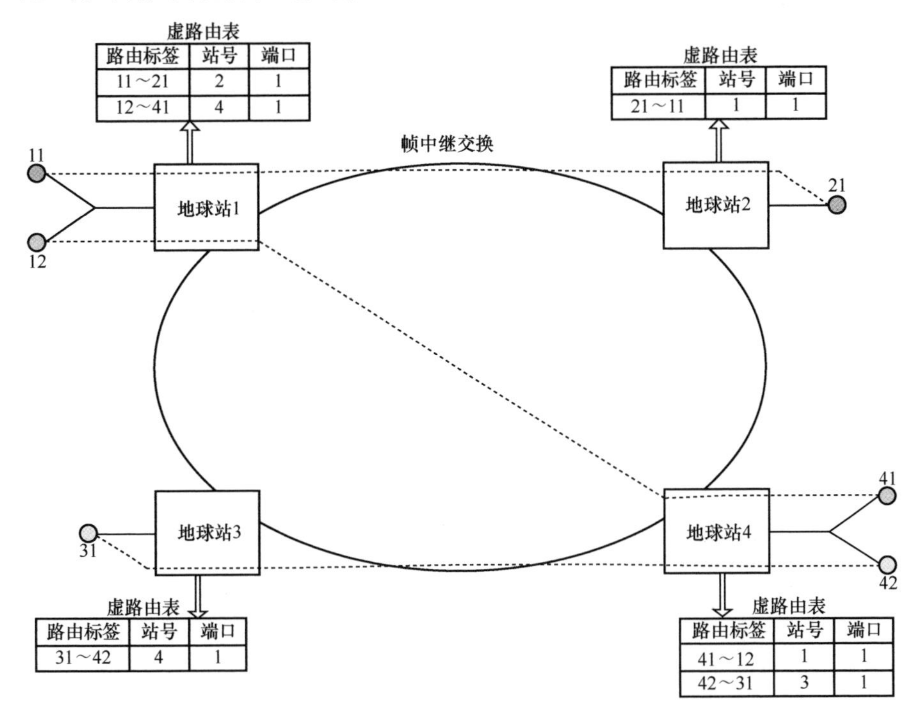

图 6-7　MF-TDMA 卫星网络帧中继交换原理

（2）二层（MAC）交换

MF-TDMA 卫星网络二层（MAC）交换通过网桥自学习功能，动态维护网内 MAC 地址与其所在站号的地址映射表。地球站根据地址映射表确定 IP 业务的路由，实现 IP 局域网通过卫星信道连接、组网。MF-TDMA 卫星网络二层（MAC）交换原

理如图 6-8 所示。地球站根据 IP 数据包的目的 MAC 地址查询地址映射表，确定该 IP 数据包的目的地球站。若目的站就是本站，将此数据包丢弃，否则根据 IP 数据包的目的站号申请发送时隙，并使用该地球站申请得到的发送时隙将 IP 数据包发送给目的地球站。目的地球站接收到 IP 数据包后，通过网桥发送给本地局域网的相应计算机。对于广播数据，网桥将其复制多份并发送给卫星网内的所有地球站。

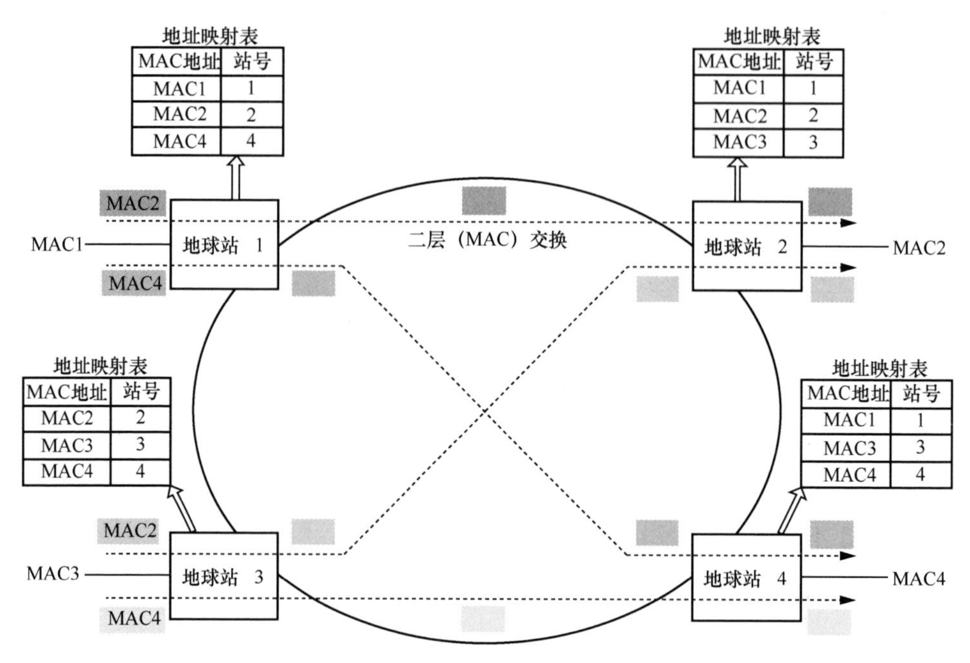

图 6-8 MF-TDMA 卫星网络二层（MAC）交换原理

（3）IP 路由（交换）

MF-TDMA 卫星网络 IP 路由（交换）通过路由器运行路由协议，动态维护网内路由表以及下一跳 IP 地址与其所在站号的地址映射表。地球站根据路由表和地址映射表确定 IP 业务的路由，实现不同 IP 局域网通过卫星信道广域互联。MF-TDMA 卫星网络 IP 路由（交换）原理如图 6-9 所示。地球站根据 IP 数据包的目的 IP 地址查询路由表，获取下一跳 IP 地址，再根据下一跳 IP 地址查询地址映射表，确定该 IP 数据包的目的地球站。地球站根据 IP 数据包的目的站号申请发送时隙，并使用申请得到的发送时隙将 IP 数据包发送给目的地球站。目的地球站接收到 IP 数据包后，通过路由器将其发送给本地局域网的相应计算机。

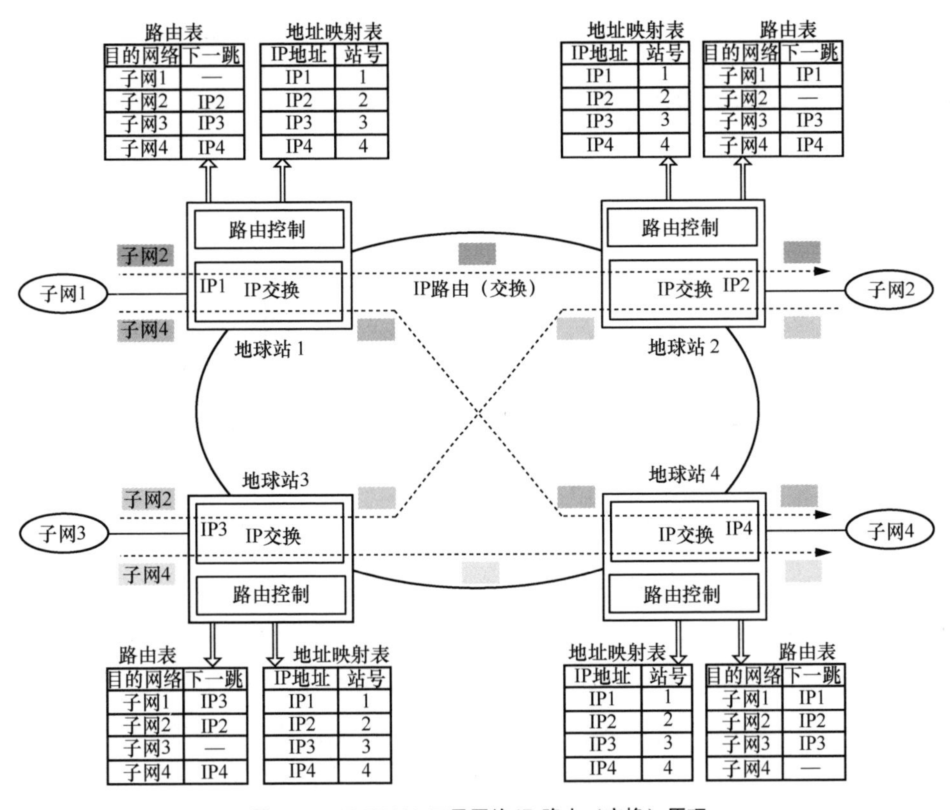

图 6-9　MF-TDMA 卫星网络 IP 路由（交换）原理

在 MF-TDMA 卫星网络中，由于任意两站之间仅距离一跳，且不存在冗余链路，更适合采用水平分割的路由信息协议（Routing Information Protocol，RIP）。此外，由于标准路由器 IP 交换采用三层路由寻址与二层地址解析相结合的二次查询转发操作，并且卫星链路时延长，延长了数据包在路由器的转发时延。为了解决该问题，可在标准 RIP 基础上集成双层寻址路由技术（称之为卫星 RIP），优化路由器 IP 交换流程，提高卫星网络的传输效率。双层寻址路由技术是三层路由寻址与二层地址解析的集成实现技术，三层路由寻址是指通过数据包的目的 IP 地址获取下一跳节点的 IP 地址，二层地址解析是指通过下一跳节点的 IP 地址获取其物理地址（在 MF-TDMA 卫星网络中，物理地址为地球站的站号）。卫星 RIP 利用定期更新的特性，并使用自定义的路由报文格式，使整个卫星网络的路由收敛和二层地址解析同时完成，一次查表即可完成数据的转发工作。标准路由器二次数据查表转发和卫星优化双层寻址路由转发的流程如图 6-10 所示。

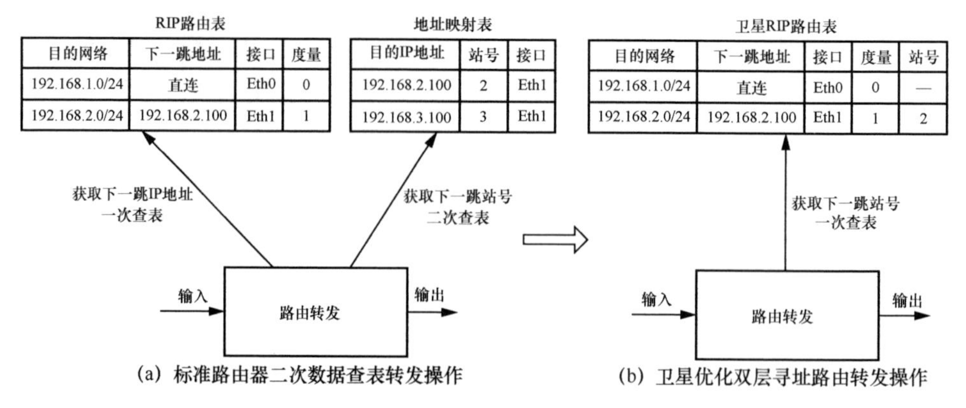

图 6-10　标准路由器二次数据查表转发和卫星优化双层寻址路由转发的流程

6.2.2.2　FDMA/DAMA 卫星网络

FDMA/DAMA 卫星网络可被理解为一种拨号建链方式的网状网络，无法像 MF-TDMA 网络那样网内多点同时在线相互通信。FDMA/DAMA 网络体制起源于稀路由语音，随着 IP 业务的发展而发展为中速按需建链非全贯通网状网络，中心站网控中心和所有远端站（网控代理）共同构成路由交换的控制面，按需连接的一对信道交换相关数据信息，如图 6-11 所示。DAMA 方式使得 FDMA 通信体制提高了信道利用率，又可实现灵活组网，在应急通信等领域得到了广泛应用。

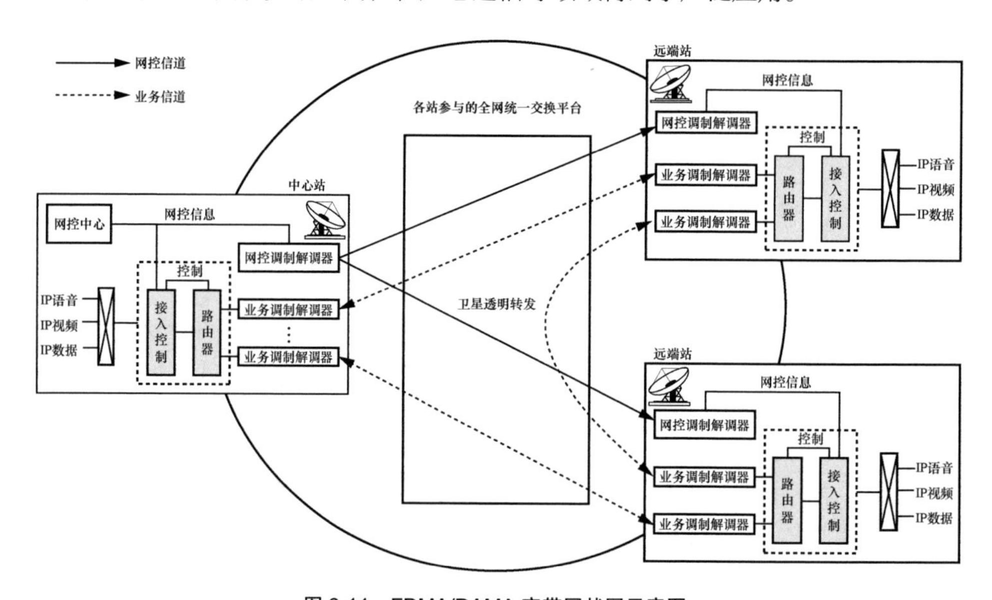

图 6-11　FDMA/DAMA 宽带网状网示意图

FDMA/DAMA 卫星网络 IP 路由交换通过网控信令的路由配置功能，按需更新路由器的静态路由表，维护网内 IP 地址与路由器端口之间的映射关系，实现不同 IP 局域网之间通过卫星信道广域互联。FDMA/DAMA 卫星网络 IP 路由交换原理如图 6-12 所示。中心站或远端站的接入控制设备根据 IP 数据包的目的 IP 地址查询静态路由表，确定该 IP 数据包的路由器出口。若静态路由表项存在，则通过路由器的相应端口转发出去，通过点到点的形式发送给目的站；若静态路由表项不存在，则丢弃该数据包。目的站收到 IP 数据包后，转发给业务终端。

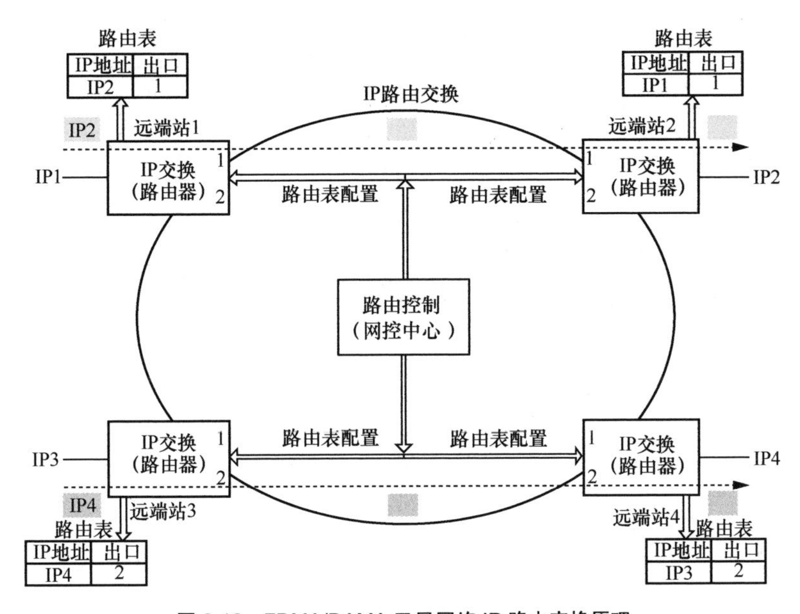

图 6-12　FDMA/DAMA 卫星网络 IP 路由交换原理

FDMA/DAMA 卫星网络采用自动检测或人工动态设置的方式实现信道按需接入控制，达到动态申请卫星资源的目的，卫星链路不是一直存在的，路由也不存在，RIP、开放最短路径优先（Open Shortest Path First，OSPF）等路由协议无法直接应用。FDMA/DAMA 卫星网络中卫星链路的建立具有阶段性。FDMA/DAMA 卫星网络根据用户通信需求动态申请卫星资源，卫星链路建立后自动建立路由。自适应路由技术提供可控的路由建立机制，避免用户对路由的复杂配置，同时对地面网和地球站的用户完全透明。FDMA/DAMA 卫星网络中的自适应路由建立/删除流程如图 6-13 所示。

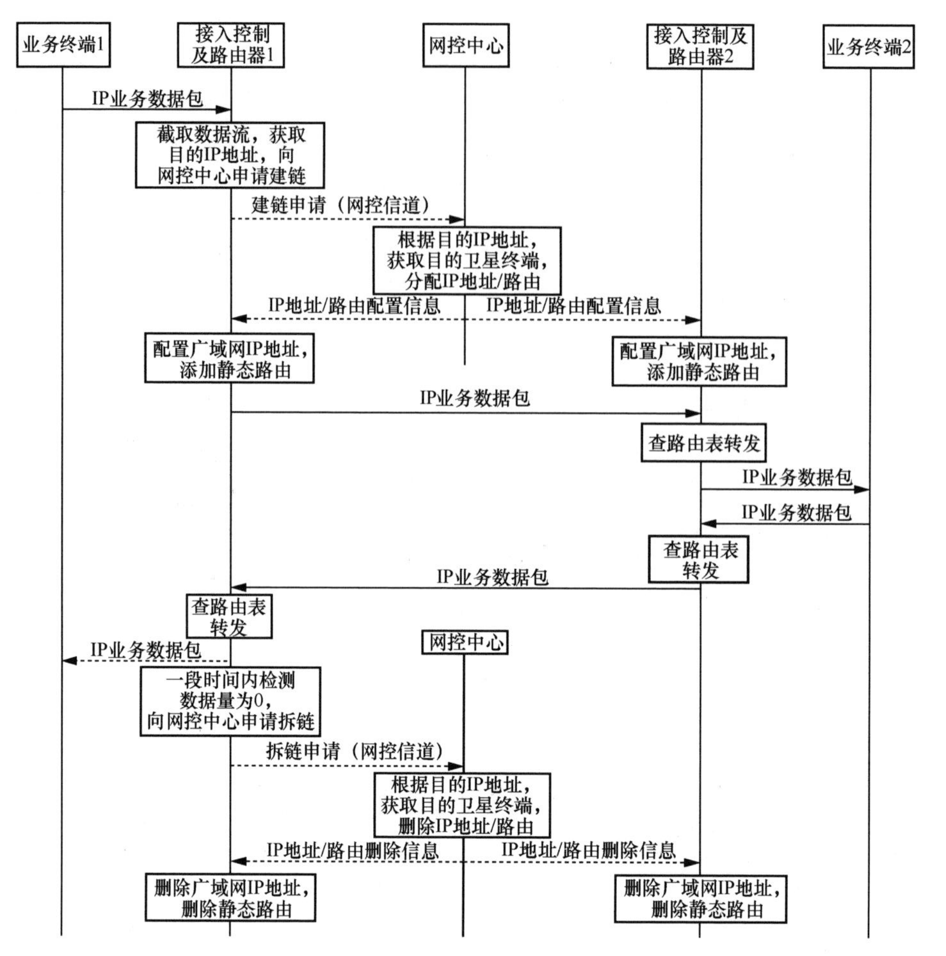

图 6-13 FDMA/DAMA 卫星网络中的自适应路由建立/删除流程

6.2.3 GEO 宽带星状网络路由交换体制

6.2.3.1 DVB-RCS 宽带卫星网络

DVB-RCS 宽带卫星网络是目前应用非常广泛的宽带卫星通信系统，通过中心站的路由器实现全网的 IP 路由交换，如图 6-14 所示。DVB-RCS 宽带卫星网络前向链路采用 TDM 体制，负责向所有远端站发送广播信息以及远端站之间的通信；反向链路采用 MF-TDMA 方式，负责传输远端站的信息。任意远端站之间的通信需经历卫星两跳时延。

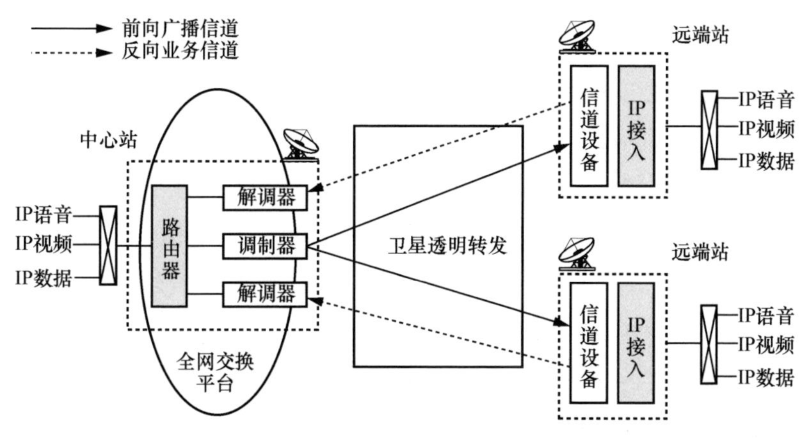

图 6-14　DVB-RCS 宽带卫星网络示意图

DVB-RCS 宽带卫星网络 IP 路由交换通过自定义路由注册机制，动态更新中心站路由器的地址映射表，维护网内 IP 地址与其所在站号的映射关系，实现远端站不同局域网通过中心站路由器互联。DVB-RCS 宽带卫星网络 IP 路由交换原理如图 6-15 所示。远端站的 IP 接入设备收到 IP 数据包，申请中心站的发送时隙，并使用申请到的发送时隙将 IP 数据包发送给中心站。中心站路由器接收到远端站的 IP 数据包后，根据 IP 数据包的目的 IP 地址查找地址映射表，确定该数据包的目的地球站，并通过广播的形式将数据包发送给网内的各地球站，只有该数据帧的目的地球站将其转发给业务终端，其他地球站将该数据帧丢弃。

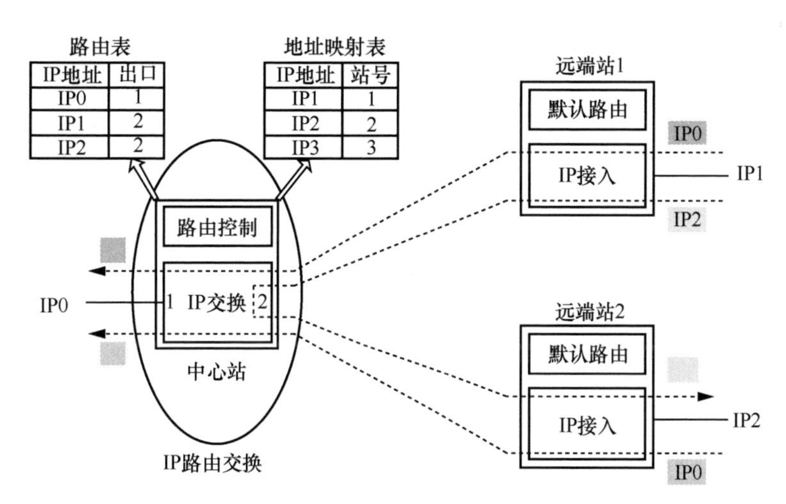

图 6-15　DVB-RCS 宽带卫星网络 IP 路由交换原理

在 DVB-RCS 宽带卫星网络中，远端站之间必须经过中心站转发才能实现互通，远端站之间没有必要直接交互路由信息。对于路由协议来说，DVB-RCS 宽带卫星网络属于点到多点网络，只有 OSPF 协议支持点到多点网络，且 OSPF 路由报文交互会占用较多的信道带宽，因此 DVB-RCS 宽带卫星网络通常采用专用的路由注册信令来解决域内路由选择问题。远端站可支持 OSPF 等标准路由协议，获取本地可达的路由信息，并配置默认路由，指向中心站。远端站定期/触发向中心站上报本地的可达路由信息。中心站路由器负责收集全网路由信息的更新，进行卫星网络内的路由计算，维护远端站 IP 地址与地球站号的映射信息。DVB-RCS 宽带卫星网络的路由交互流程如图 6-16 所示。

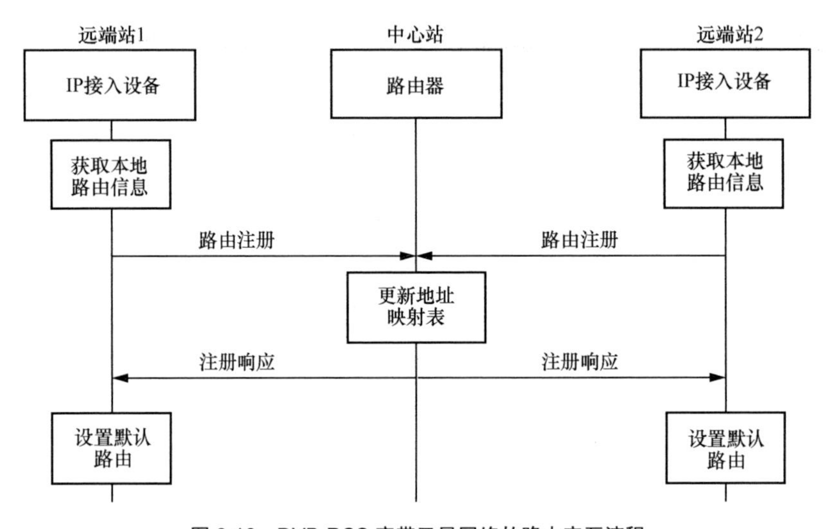

图 6-16　DVB-RCS 宽带卫星网络的路由交互流程

6.2.3.2　高通量宽带卫星网络

高通量宽带卫星网络的本质就是 DVB-RCS 卫星网络，只是波束不同，并通过多个关口站的路由器构成一个全网统一的 IP 路由交换平台，如图 6-17 所示。高通量宽带卫星网络利用多点波束频率复用等方式，可以实现频率倍增，获得了常规透明卫星数倍或数十倍的可用频率资源，大大降低了单位带宽的成本。高通量宽带卫星网络主要被应用于宽带接入、数据中继、基站回传、航空船载娱乐等方面。

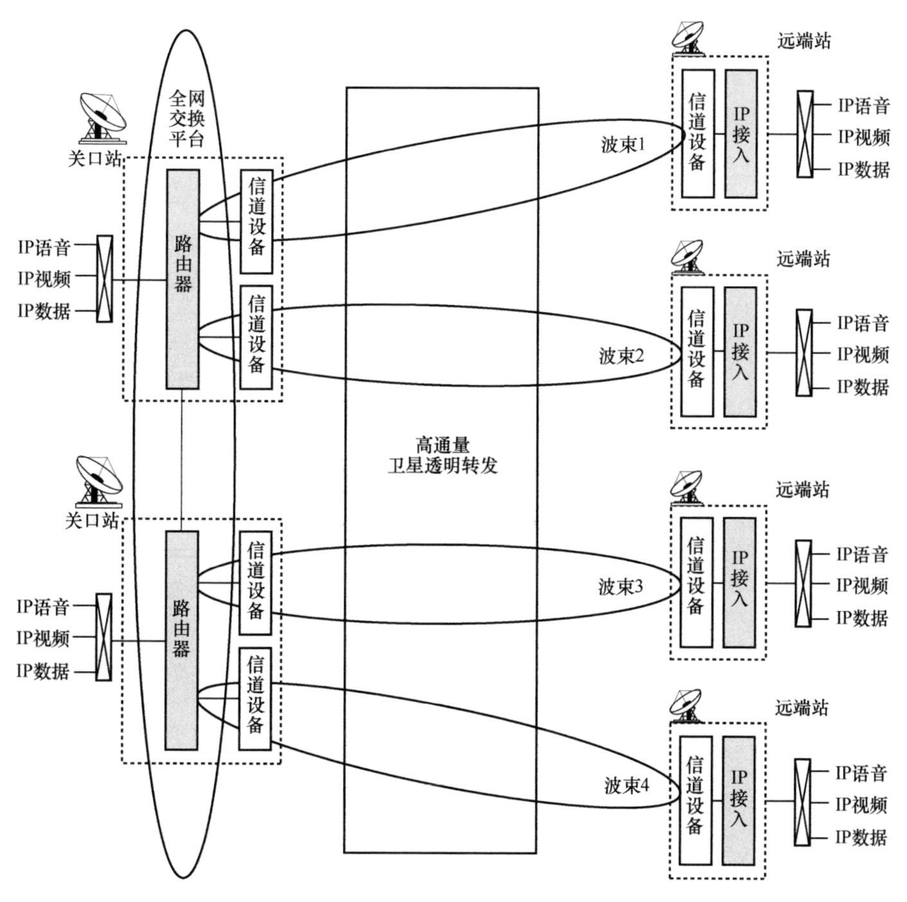

图 6-17　高通量宽带卫星网络示意图

高通量宽带卫星网络 IP 交换通过 OSPF 协议和自定义路由注册机制，动态更新关口站路由器的路由表和地址映射表，维护网内 IP 地址与其所在站号的映射关系，实现远端站局域网通过多个关口站路由器连接、组网。高通量宽带卫星网络 IP 路由交换原理如图 6-18 所示。远端站的 IP 接入设备收到 IP 数据包，申请中心站的发送时隙，并使用申请到的发送时隙将 IP 数据包发送给关口站。关口站的路由器根据 IP 数据包的目的 IP 地址查询路由表，若下一跳为本地路由器，则通过查询地址映射表确定该数据包的目的地球站及所在波束，并通过所在波束发送给目的地球站；若下一跳为其他关口站路由器，则通过地面链路将数据包发送给相应关口站的路由器，再通过查询地址映射表确定该数据包的目的地球站及所在波束，通过所在波束将数据包发送给目的地球站。

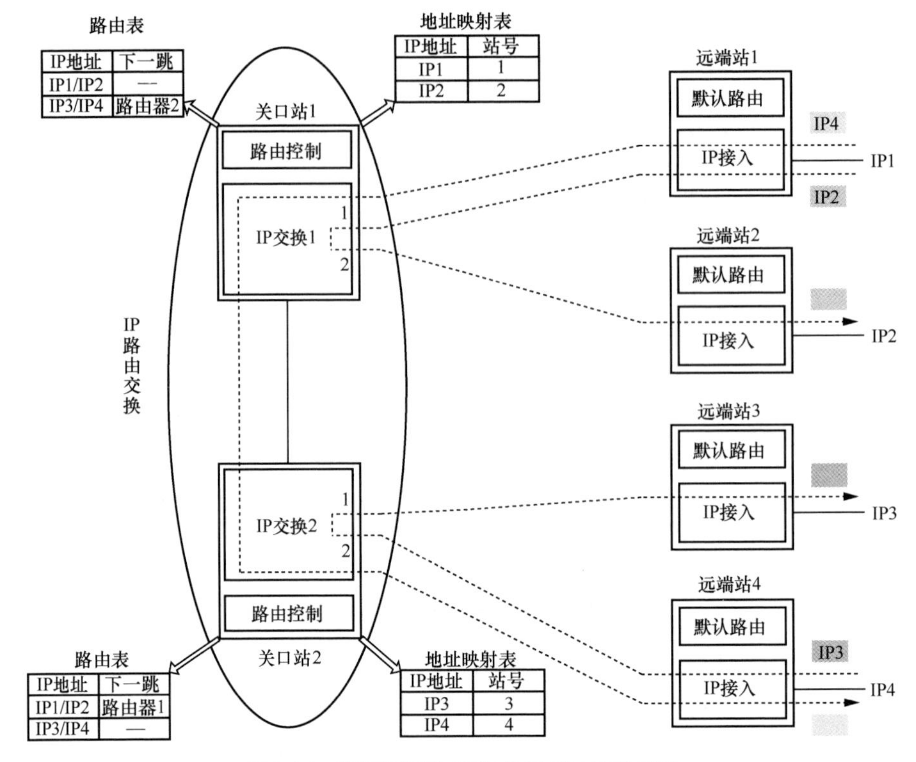

图 6-18　高通量宽带卫星网络 IP 路由交换原理

高通量宽带卫星网络的路由体制由两部分组成：远端站 IP 接入与关口站路由器之间的自定义路由注册协议和关口站路由器之间的 OSPF 路由协议。远端站入网后，IP 接入设备将本地路由信息发送至关口站的路由器进行注册。关口站的路由器收到路由注册消息后，更新地址映射表，同时将远端站路由重分布到 OSPF 路由协议，并利用 OSPF 协议扩散到其他关口站的路由器中，从而建立全网的路由表。高通量宽带卫星网络的路由交互流程如图 6-19 所示。

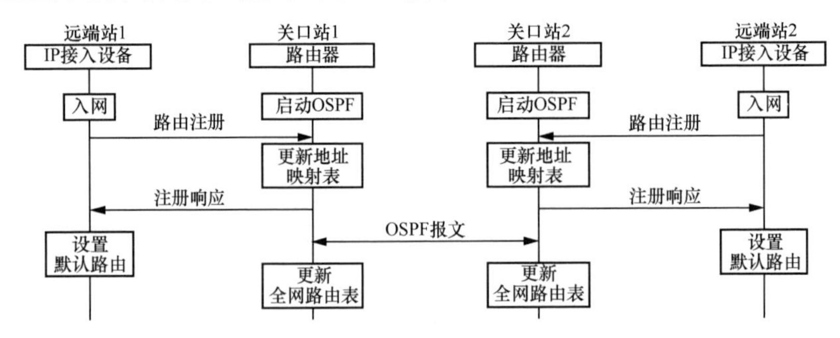

图 6-19　高通量宽带卫星网络的路由交互流程

6.2.4　GEO 移动网络路由交换体制

在 GEO 移动网络中，卫星只是透明转发管道，地面关口站核心网体制代表整个网络的交换体制，其中天通卫星移动通信网络最为典型，如图 6-20 所示。天通卫星移动通信网络的地面关口站核心网参考了 3GPP R8 的核心网架构，由电路交换（Circuit Switch，CS）域和分组交换（Packet Switch，PS）域两部分设备组成，支持 CS 域的语音交换和 PS 域的 IP 交换。CS 域为用户语音业务提供电路交换的连接，连接建立时分配专用网络资源，连接删除时释放专用网络资源，并支持卫星网络和地面公用电话交换网（Public Switched Telephone Network，PSTN）之间的语音业务互通。PS 域为用户 IP 业务提供分组交换的连接，使用分组传输用户的 IP 信息，每个分组都能够独立地寻找传输路径，并支持卫星网络和地面互联网之间的 IP 业务互通。

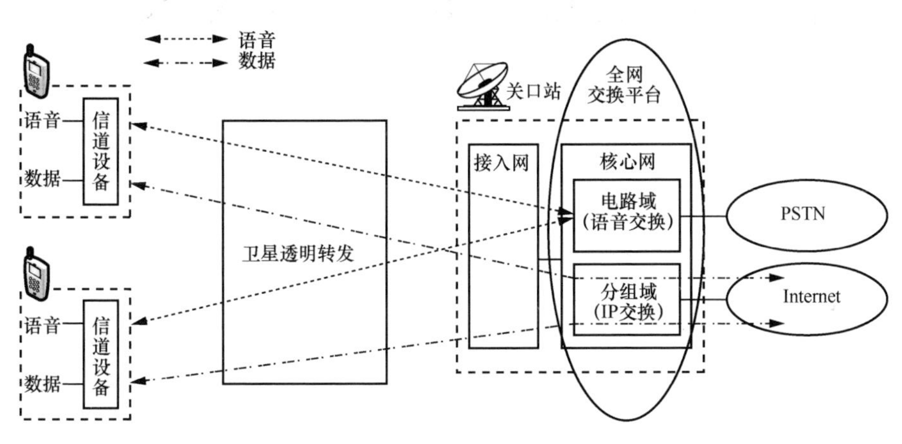

图 6-20　GEO 移动网络路由交换示意图

6.2.5　LEO 宽带网络路由交换体制

LEO 宽带网络采用天星地网的组网方式，即卫星采用透明转发方式，卫星之间没有星间链路，所有的路由交换功能都由地面关口站完成，再通过地面网络将各个关口站互联，从而形成一个面向全球的宽带卫星通信系统，如 OneWeb 系统和 Starlink 系统。LEO 宽带网络以支持用户宽带接入互联网业务为主，通过各个关口站的路由器构成一个全网统一的 IP 路由交换平台，如图 6-21 所示。

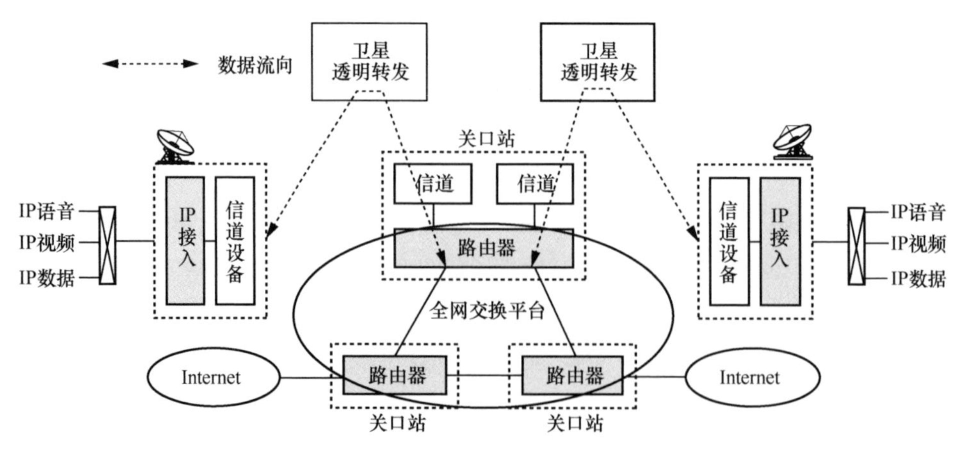

图 6-21　LEO 宽带网络交换示意图

6.3　基于处理转发器系统的路由交换体制

6.3.1　典型网络

在基于处理转发器的天基传输网络中，由于卫星是核心交换节点，卫星节点的路由交换体制基本上代表了网络的交换体制，如星上采用 ATM 交换的网络被称为卫星 ATM 网络。由于星上处理能力有限，基于处理转发器的天基传输网络采用“星简地繁、星地一体”的设计原则。通过合理的星地功能分配，卫星节点和众多地球站节点共同构成星地一体的路由交换网络，地球站负责天基传输网络的边缘交换功能，卫星节点负责天基传输网络的核心交换功能。基于处理转发器的典型天基传输网络如图 6-22 所示。

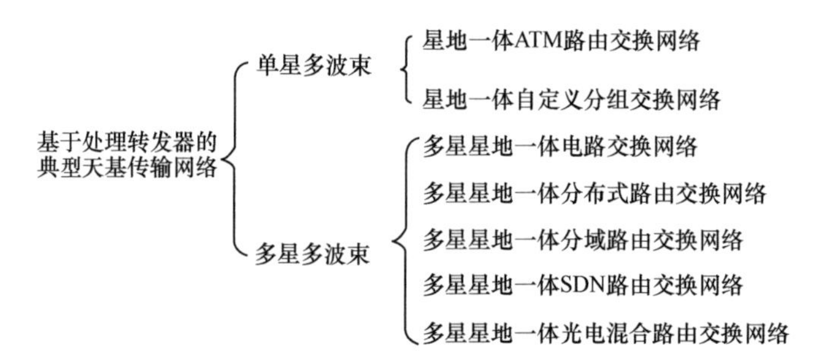

图 6-22　基于处理转发器的典型天基传输网络

6.3.2　星地一体 ATM 路由交换体制

星地一体 ATM 路由交换网络是典型的基于处理转发器的天基传输网络，通常被应用于单星多波束组网场景，如图 6-23 所示。该网络以 ATM 为核心交换体制，卫星有效载荷实现基于 ATM 信元的星上交换功能，在地面网控中心的统一管理下，完成地球站间的信息交互[19]。相对于“透明卫星”，星地一体 ATM 路由交换网络在实现不同波束间用户灵活交换的同时，可提供更高的宽带通信能力，最高速率可达几百 Mbit/s。

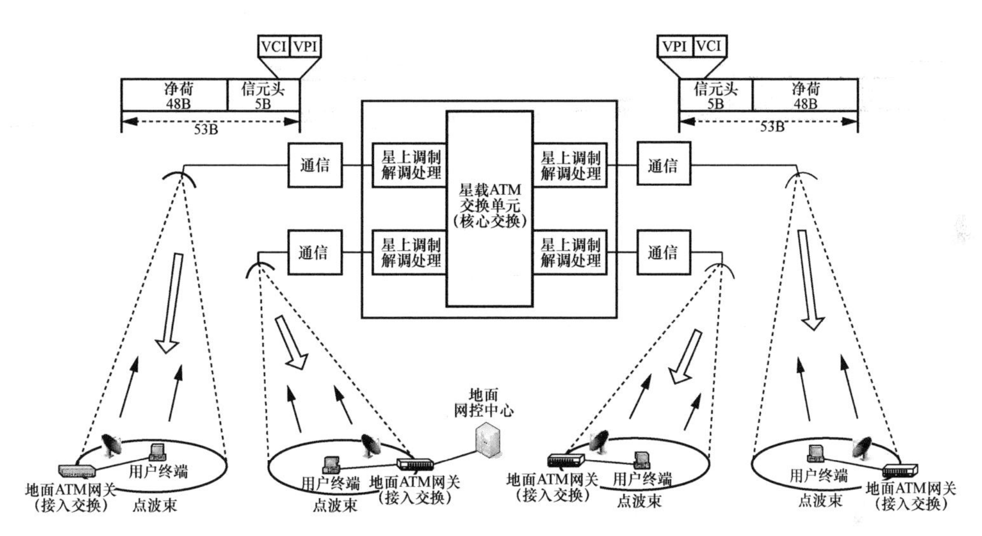

图 6-23　星地一体 ATM 路由交换网络的应用场景

（1）交换架构

目前星载器件的协议处理能力有限，无法实现复杂的 ATM 信令处理功能。因此，星地一体 ATM 交换网络采用星地一体化的信元交换模式，由地面 ATM 网关（复接与接入交换）和星载 ATM 交换单元（核心交换）共同构成一个完整的交换系统，如图 6-24 所示，通过合理的星地功能分配，降低星载设备的复杂度，提高系统运行的稳定性和可靠性。其中，地面 ATM 网关主要负责地面网业务或本地终端业务的接入以及根据 ATM 信元头的虚路径标识符（Virtual Path Identifier，VPI）/虚信道标识符（Virtual Channel Identifier，VCI）进行交换；星载 ATM 交换单元仅根据预置的转发表，通过对 ATM 信元头 VPI 的判别进行 ATM 信元转发。

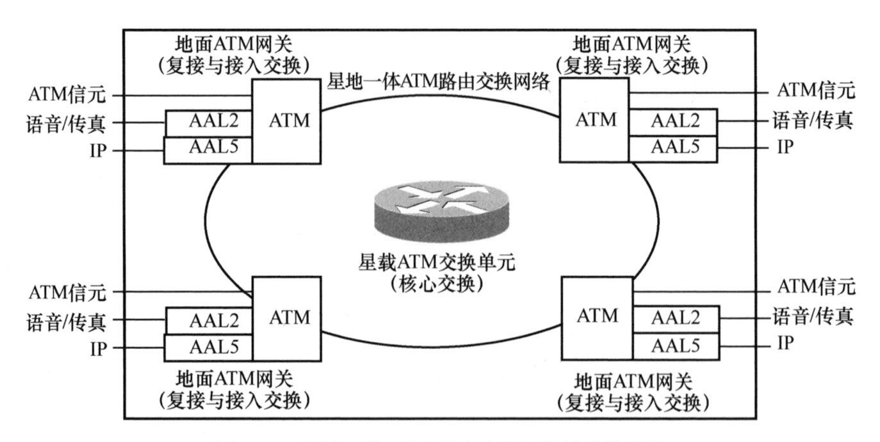

图 6-24　星地一体 ATM 路由交换网络的交换架构

（2）交换流程

地面 ATM 网关将来自地面网络或本地终端的业务信息进行处理，按照不同业务属性、优先级和转发方向等进行信元的 VPI/VCI 转换，形成具有相同 VPI 的信元，并将其发送给星载 ATM 交换单元。星载 ATM 交换单元仅根据信元的 VPI 查询预置的路由表完成信元转发即可，减少了星上设备对 VPI/VCI 的维护，其功能相当于一个虚路径（Virtual Path，VP）级的交换设备。星地一体 ATM 交换流程如图 6-25 所示，地面 ATM 网关 1 将来自地面网络的信元按照其目的 ATM 网关进行 VPI/VCI 转换，星载 ATM 交换单元根据信元的 VPI 将其交换到相应的目的 ATM 网关，再由目的 ATM 网关将接收到的信元进行 VPI/VCI 转换，并送至相应的地面网络或用户。

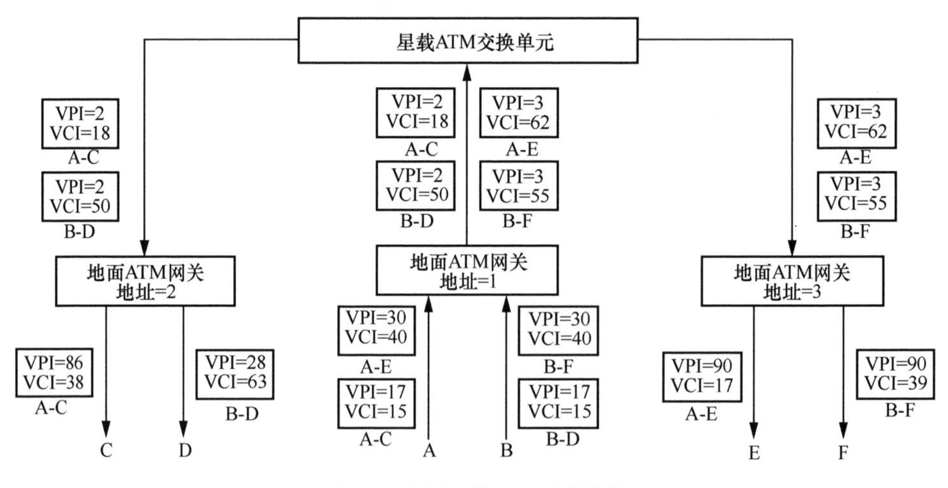

图 6-25　星地一体 ATM 交换流程

（3）路由机制

星地一体 ATM 路由交换网络通常采用静态路由策略，由地面网控中心根据用户通信需求生成路由表，通过网控信道下发给地面 ATM 网关和星载 ATM 交换单元。地面 ATM 网关路由表包括目的网段、掩码、下一跳 ATM 网关 IP 地址、VPI/VCI 等参数，星载 ATM 交换单元的路由表包括 VPI、出端口等参数，如图 6-26 所示。

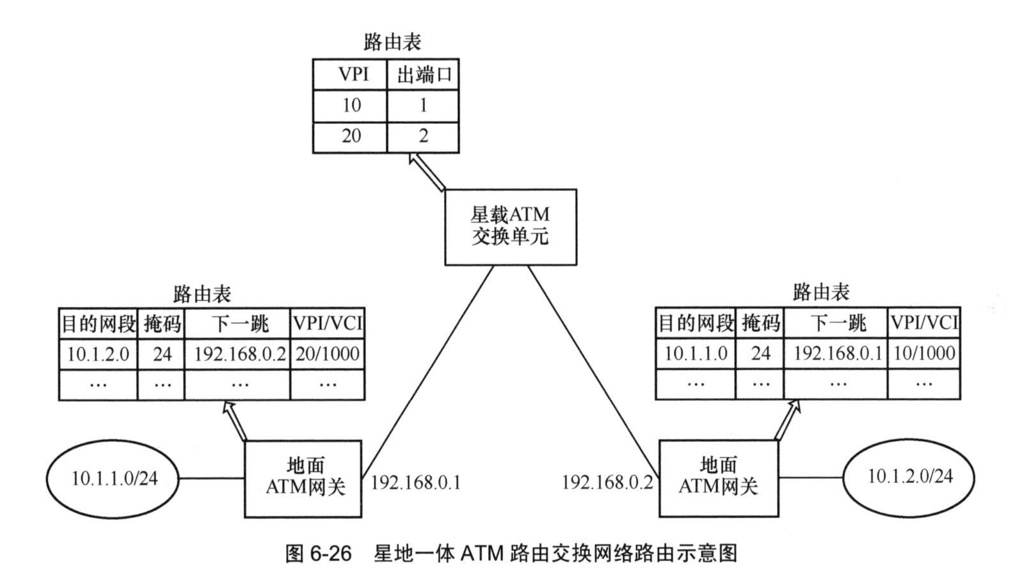

图 6-26　星地一体 ATM 路由交换网络路由示意图

6.3.3　星地一体自定义分组交换体制

星地一体自定义分组交换网络通过星上分组交换提供用户终端之间的网状通信服务，可为用户提供 IP 接口，主要被应用于单星多波束组网场景，如图 6-27 所示。该网络交换方式与 ATM 交换方式相似，为二层（链路层）定长分组交换。卫星载荷配置自定义分组交换设备，根据包头的卫星路由域标识将分组送往指定下行波束[20]。地面网控中心部署路由服务器，负责收集、处理全网的路由信息，并提供路由查询服务。地球站地面路由器可与地面网络直接相连，支持地面的域内路由协议，为用户 IP 数据包选择路由并完成从 IP 地址到二层（链路层）地址的转换。

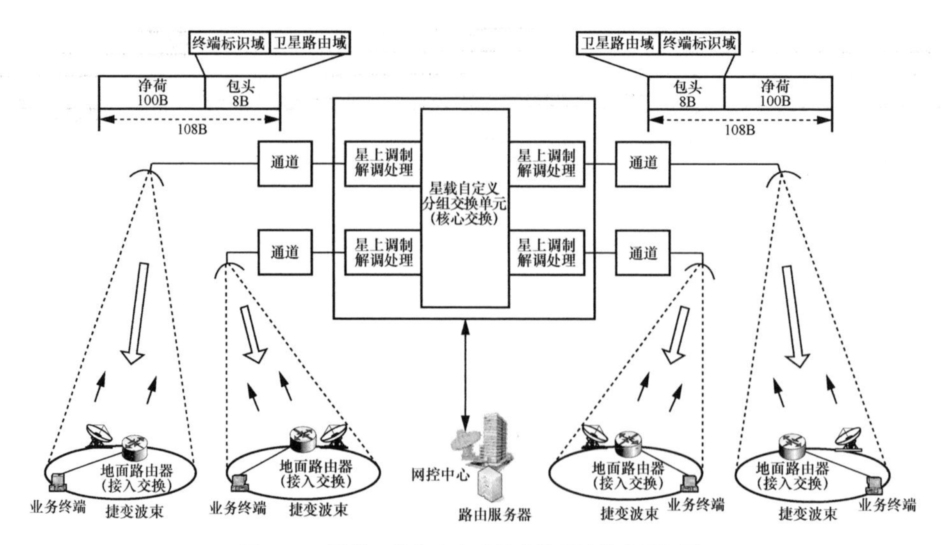

图 6-27　星地一体自定义分组交换网络的应用场景

（1）交换架构

星地一体自定义分组交换网络采用星地一体化的自定义分组交换模式，由地面路由器（接入交换）和星载自定义分组交换单元（核心交换）共同构成一个完整的交换系统，如图 6-28 所示。其中，地面路由器主要负责地面网业务或本地终端业务的接入，以及根据用户 IP 数据的目的 IP 地址查找路由表以获取目的地球站的二层地址，将用户 IP 数据分割成定长的自定义分组，并封装二层地址。星载自定义分组交换单元仅根据自定义分组包头的卫星路由域标识，完成用户 IP 数据在不同波束之间的快速交换。

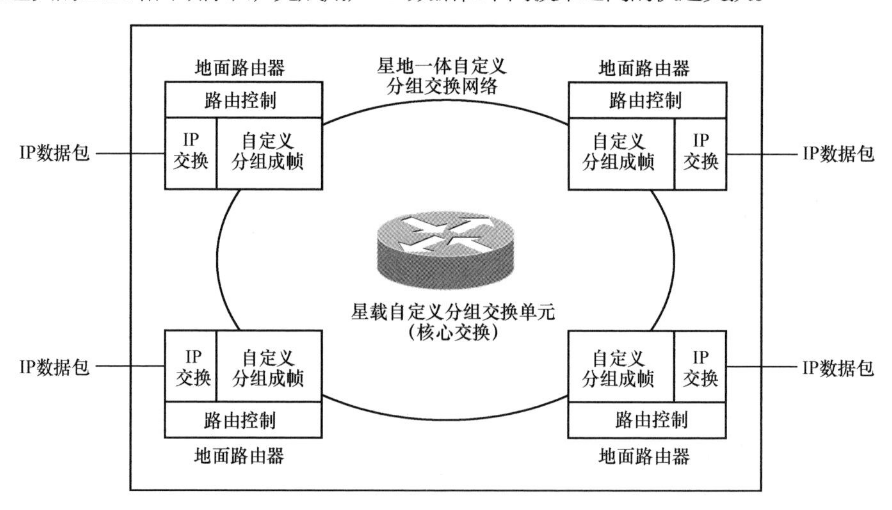

图 6-28　星地一体自定义分组交换架构

（2）交换流程

用户的IP数据包在地球站的地面路由器被转换为一个或多个定长的自定义分组，每个自定义分组包括包头和净荷两部分，其中包头中含有地球站的二层地址，该地址只对应一个地球站。该二层地址由卫星路由域字段和终端标识域字段组成，卫星路由域标明该地球站所在的波束/端口号。星地一体自定义分组交换流程如图 6-29 所示，地球站的地面路由器接收到用户的 IP 数据包，根据目的 IP 地址查找路由表，若存在相应表项，则获取目的地球站的二层地址；否则向网控中心的路由服务器发送路由查询请求，获取目的地球站的二层地址。地球站的地面路由器将 IP 数据分割成若干个自定义分组，在自定义分组的包头字段插入地球站二层地址，并发送给星载自定义分组交换单元。星载自定义分组交换单元根据自定义分组包头的卫星路由域字段，获取该分组的下行波束号，并将其发送给目的地球站。目的地球站的地面路由器接收到自定义分组后，恢复原始的 IP 数据包，并将其转发至相应的地面网络或用户。

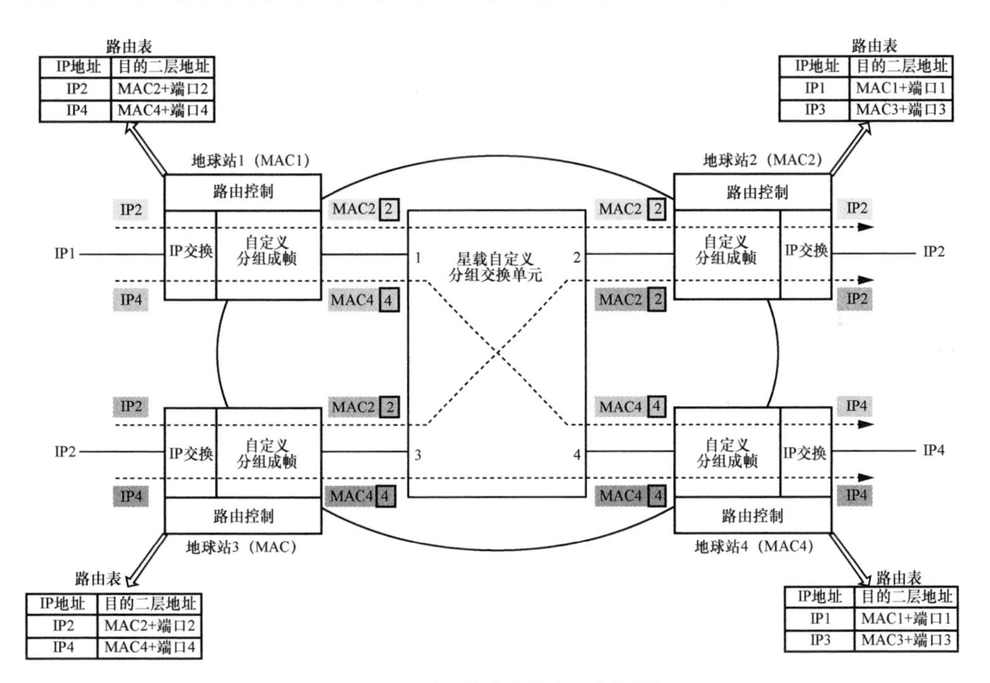

图 6-29　星地一体自定义分组交换流程

（3）路由机制

星地一体自定义分组交换网络采用动态路由策略，地球站的地面路由器和地面

网控中心路由服务器启用路由协议，卫星节点不处理路由信息，如图 6-30 所示。系统对外通过标准路由协议（如 OSPF 协议等）与地面路由节点交互路由信息，获取用户路由信息。系统内部采用集中路由控制策略，在地面网控中心部署路由服务器，负责收集全网路由信息的更新，并进行卫星系统内部的路由计算，在地球站部署路由代理，负责将本地用户路由信息上报给路由服务器，并在本地路由缓存无相应路由表项时，向路由服务器发送路由查询请求以获取对应 IP 数据包的目的地球站的链路层地址。

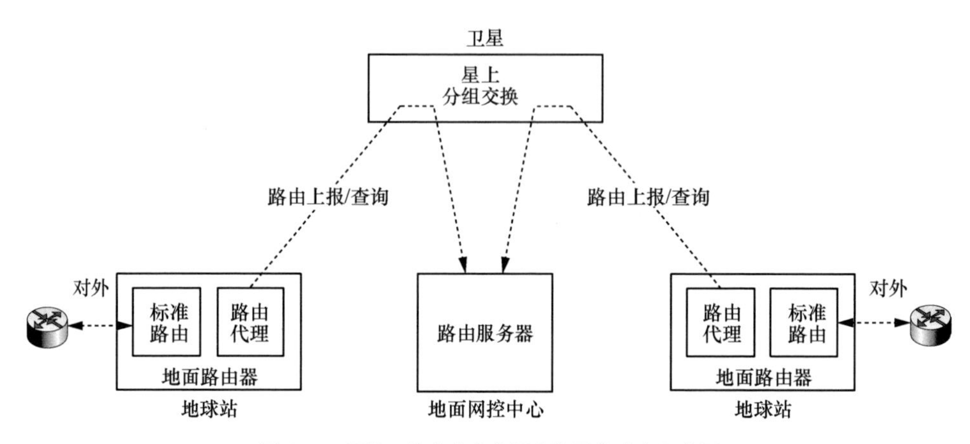

图 6-30　星地一体自定义分组交换网络路由示意图

6.3.4　多星星地一体电路交换体制

多星星地一体电路交换网络是一种基于星上电路交换的天基传输网络，可不依赖地面控制，自主实现不同卫星、不同波束下用户终端的网状通信，如图 6-31 所示。电路交换是一种面向连接的技术，在每次通信前，系统要为双方建立一条专用的通信链路，通信结束后再释放这条链路。星上电路交换是指星上信号解调后数据以时隙为单位，根据时隙交换表进行不同信道之间的时隙搬移，星载网控负责电路信令处理，生成时隙交换表。与星上分组交换相比，星上电路交换没有时延抖动，适合语音等对时延抖动敏感的业务；同时，由于没有分组交换时的额外包头开销，信道利用率高。

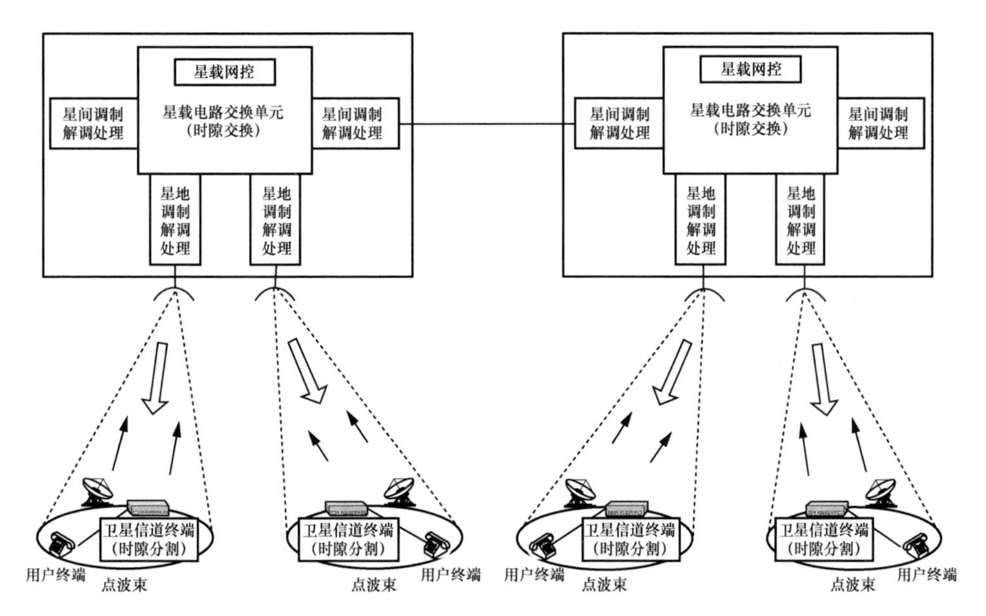

图 6-31　多星星地一体电路交换网络的应用场景

（1）交换架构

多星星地一体电路交换网络采用星地一体化的电路交换模式，由卫星信道终端和星载电路交换单元共同构成一个完整的交换系统，如图 6-32 所示。以模拟电话业务为例，卫星信道终端负责电话信令解析、连接请求以及电话业务时隙分割等；星载网控处理连接请求，分配端到端的时隙资源，并生成时隙交换表，下发给星载电路交换单元；星载电路交换单元根据时隙交换表，完成电路业务时隙在不同端口的交换。

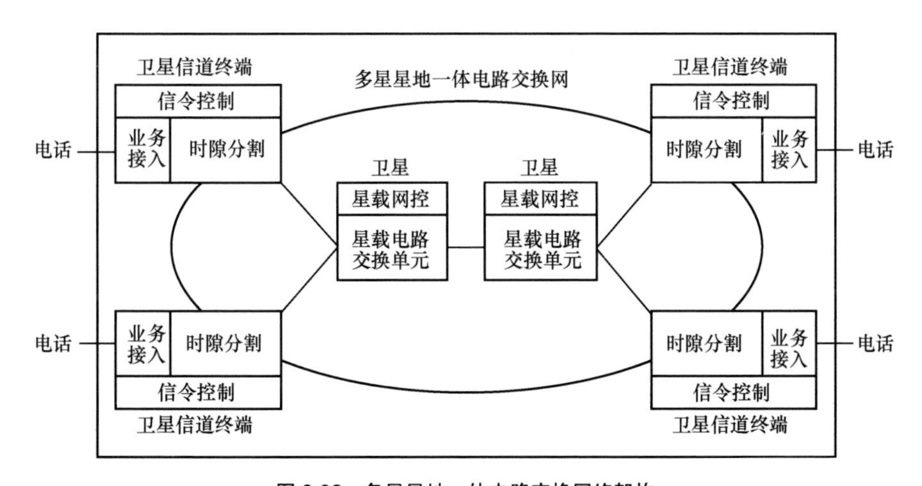

图 6-32　多星星地一体电路交换网络架构

（2）交换流程

卫星信道终端业务接入模块负责电话信令、语音编解码等处理，触发信令控制模块建立端到端的电路连接，并在该连接上传输语音业务。多星星地一体电路交换流程如图 6-33 所示，卫星信道终端监听到电话拨号信令后，解析出被叫电话号码，并根据本地电话号码表获取通信对端所在地球站号。卫星信道终端信令控制模块向星载网控发起电路业务建链请求，包括通信带宽和通信对端地球站号。星载网控接收到建链请求后，分配相应的时隙资源，生成时隙交换表，并向通信对端地球站所在卫星的星载网控发送建链申请。目的卫星的星载网控为通信对端地球站分配相应的时隙资源，端到端连接建立成功。电路连接建立成功后，卫星信道终端将电话业务流按时隙长度进行分割，在相应的时隙内发送给星载电路交换单元。星载电路交换单元根据时隙交换表将分割后的业务流交换至星间或下行波束的时隙中，然后发送给目的卫星信道终端。目的卫星信道终端恢复电话业务流，转发至电话终端。

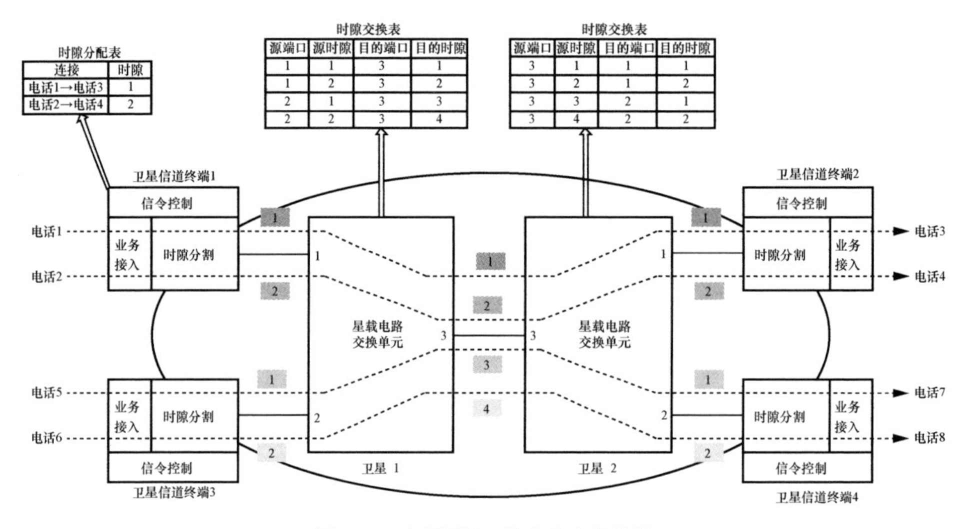

时隙分配表

连接	时隙
电话1→电话3	1
电话2→电话4	2

时隙交换表（卫星 1）

源端口	源时隙	目的端口	目的时隙
1	1	3	1
1	2	3	2
2	1	3	3
2	2	3	4

时隙交换表（卫星 2）

源端口	源时隙	目的端口	目的时隙
3	1	1	1
3	2	1	2
3	3	2	1
3	4	2	2

图 6-33　多星星地一体电路交换流程

（3）路由机制

多星星地一体电路交换网络采用基于业务触发的自适应路由策略，卫星信道终端预置电话号码与地球站号之间的号码映射表，星载网控负责维护地球站号与卫星号的地址映射表。卫星信道终端检测到电路业务后，根据号码映射表向星载网控发起建链请求，并维护时隙分配表。星载网控根据建链请求中的地球站号以及地址映

射表，建立端到端的电路连接，并维护星上时隙交换表。

6.3.5　多星星地一体分布式路由交换体制

基于星上 IP 路由技术实现多星多波束面向终端用户的组网是目前的研究热点，也是天基传输网络的重要发展方向。多星星地一体分布式路由交换网络是一种基于星上 IP 交换的天基传输网络，星上运行 RIP、OSPF 等路由协议，不依赖地面路由控制，自主实现不同卫星、不同波束下用户终端的网状通信，如图 6-34 所示。卫星载荷配置 IP 路由器，与地面路由器位于同一路由自治域内，运行 RIP、OSPF 等域内路由协议，收集网络状态并动态计算路由，更新星上路由表，根据数据包的目的 IP 地址进行查表转发。

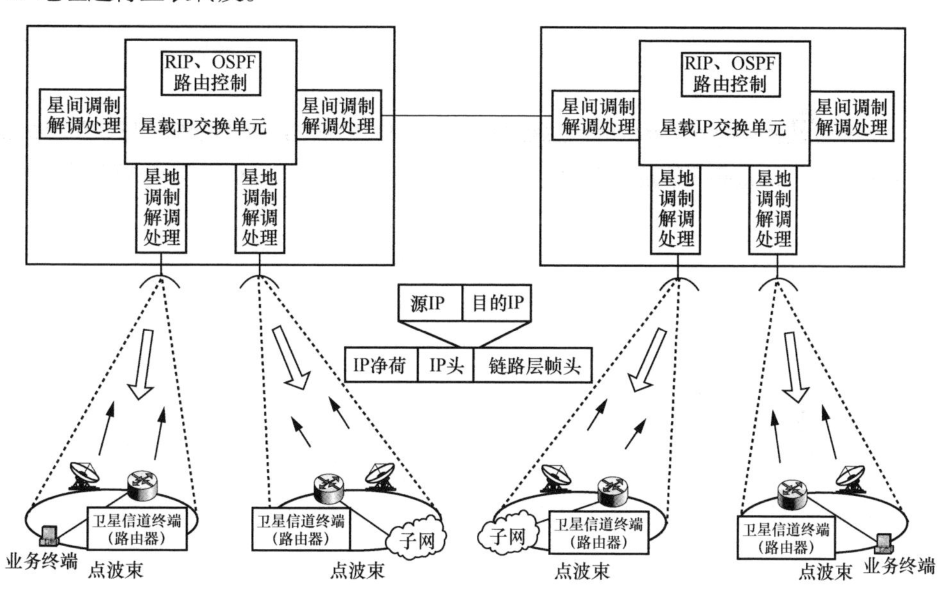

图 6-34　多星星地一体分布式路由交换网络的应用场景

（1）交换架构

多星星地一体分布式路由交换网络采用星地一体化的分布式 IP 交换模式，由卫星信道终端和星载 IP 交换单元共同构成一个分布式的交换系统，如图 6-35 所示。卫星信道终端和卫星节点运行同一路由协议，交互路由信息，生成各网络节点的 IP 路由表，并根据 IP 数据包的目的 IP 地址完成查表转发。

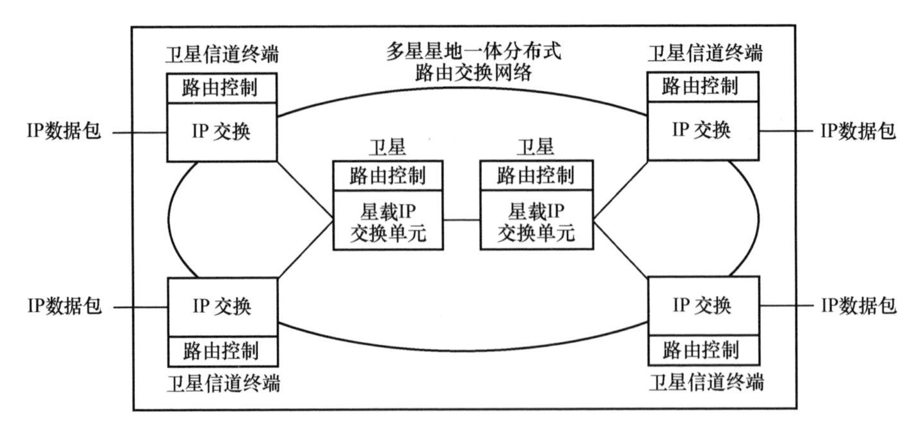

图 6-35　多星星地一体分布式路由交换架构

（2）交换流程

卫星信道终端和卫星节点的路由控制单元运行 RIP、OSPF 等路由协议，生成路由表，IP 交换单元负责根据 IP 数据包的目的 IP 地址查询路由表，完成数据包 IP 路由交换。多星星地一体分布式路由交换流程如图 6-36 所示，卫星信道终端接收到 IP 数据包后，根据目的 IP 地址查找路由表，若不存在相应表项，则丢弃该数据包，否则将卫星链路帧封装进 IP 数据包，并发送给卫星节点。卫星节点接收到 IP 数据包后，根据目的 IP 地址查找路由表，发送给下一跳卫星节点或目的卫星信道终端。目的卫星信道终端接收到 IP 数据包后，根据目的 IP 地址查找路由表，转发给地面网络或业务终端。

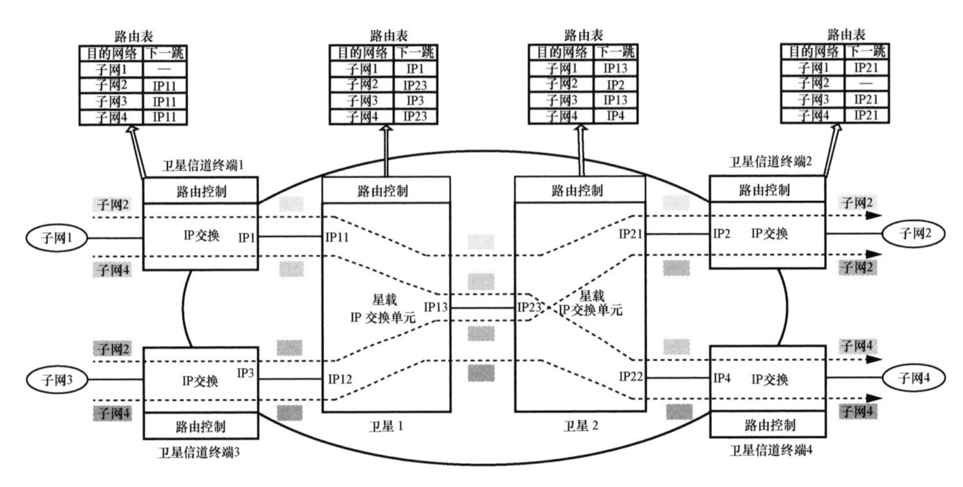

图 6-36　多星星地一体分布式路由交换流程

（3）路由机制

多星星地一体分布式路由交换网络支持 RIP、OSPF 等域内路由协议。RIP 是一种基于距离矢量算法的路由协议，RIP 路由器周期性地向与它直连的网络邻居发送路由表，每一个接收者都增加表中的距离矢量（跳数加 1），并向它的邻居直接转发。这种一步一步的处理使网络中的每个路由器都能了解整个网络的路由信息。多星星地一体分布式路由交换网络中的 RIP 路由扩散流程如图 6-37 所示。

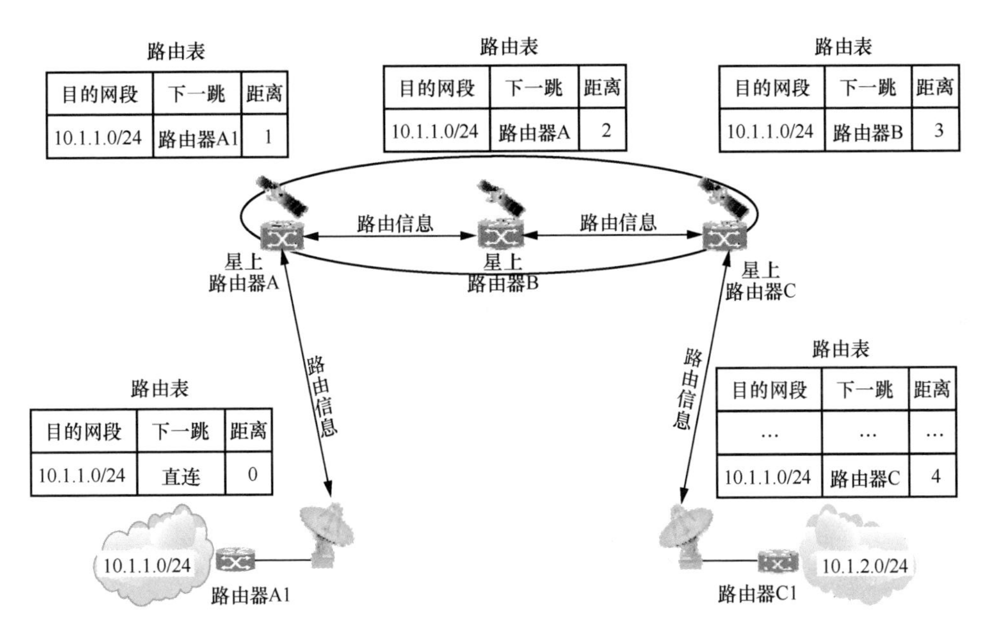

图 6-37　RIP 路由扩散流程

OSPF 协议是一种基于链路状态算法的路由协议，路由工作主要包括 3 个过程：邻居路由器的发现与保持、链路状态数据库的同步和路由选择计算。OSPF 路由器首先通过 Hello 分组来发现和保持邻居，然后进行链路状态数据库的同步，经过链路状态数据库的同步操作之后，网络中的每个路由器都具有一个完全相同的链路状态数据库。最后，应用迪杰斯特拉算法（Dijkstra's Algorithm）计算从某一点出发到其他所有点的最短路径，即可计算出路由表。多星星地一体分布式路由交换网络中的 OSPF 路由扩散流程如图 6-38 所示。

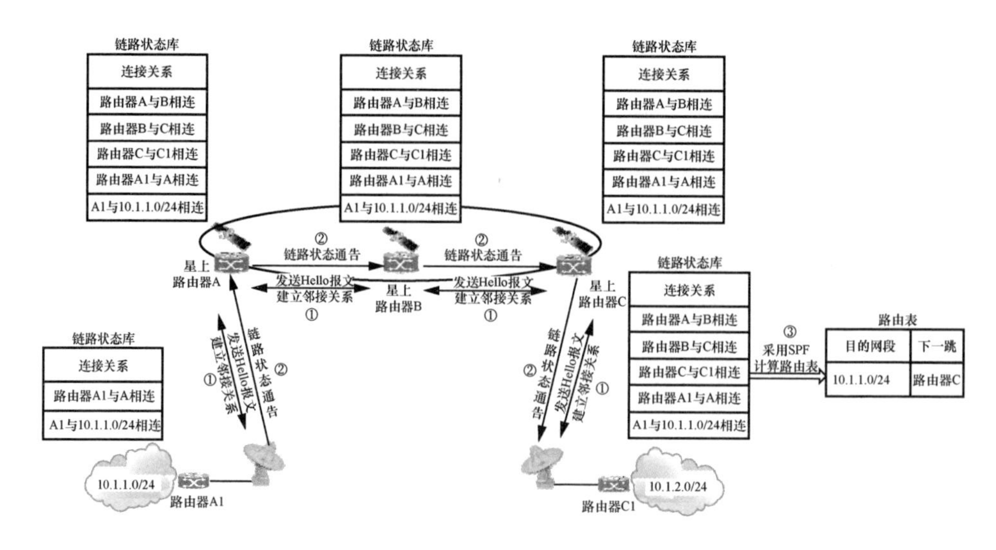

图 6-38　OSPF 路由扩散流程

6.3.6　多星星地一体分域路由交换体制

多星星地一体分域路由交换网络同样是一种基于星上 IP 交换、分布式路由控制的天基传输网络。与多星星地一体分布式路由交换网络中的所有网络节点位于同一路由自治域不同，多星星地一体分域路由交换网络中的卫星节点位于卫星骨干路由域，运行骨干路由协议，卫星信道终端位于卫星接入路由域，运行接入路由协议，卫星骨干路由域与卫星接入路由域之间的路由信息互相隔离，如图 6-39 所示。该网络中的卫星节点运行骨干路由协议，仅需维护星间路由转发表，不参与卫星接入路由域的路由计算，有效降低了星载路由控制处理路由协议的压力，可解决天基传输网络大规模卫星信道终端组网的技术难题[21]。

（1）交换架构

多星星地一体分域路由交换网络采用星地一体化的分域 IP 交换模式，由卫星信道终端（接入 IP 交换）和星载 IP 交换单元（骨干 IP 交换）共同构成一个完整的交换系统，如图 6-40 所示。卫星信道终端根据 IP 数据包的目的 IP 地址，查找卫星接入域路由表，完成卫星骨干 IP 地址封装与数据转发；星载 IP 交换单元根据 IP 数据包的卫星骨干 IP 地址，查找卫星骨干域路由表，并进行数据转发。

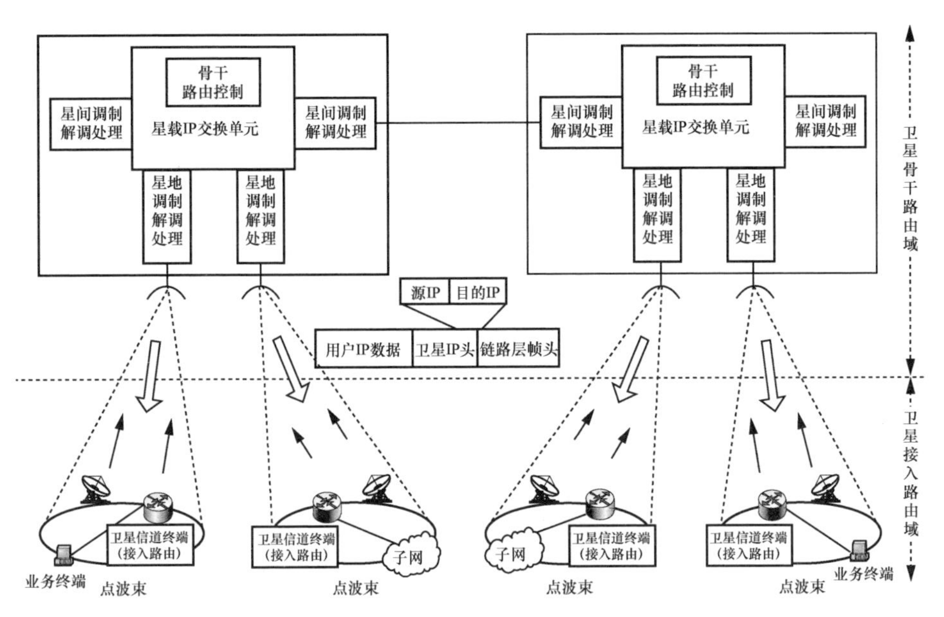

图 6-39　多星星地一体分域路由交换网络的应用场景

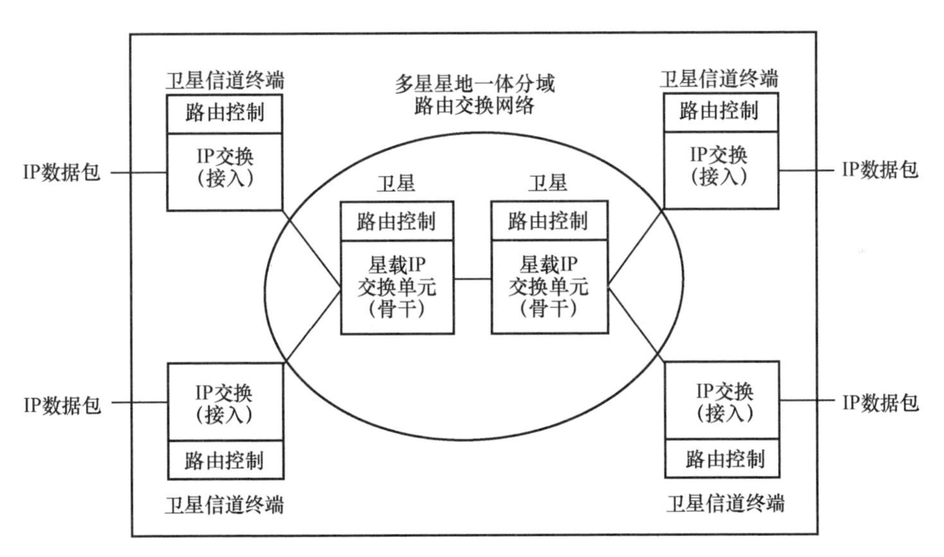

图 6-40　多星星地一体分域路由交换架构

（2）交换流程

卫星节点和卫星信道终端的路由控制单元分别运行骨干路由协议（卫星专用路由或标准路由改进）、接入路由协议（卫星专用路由或标准路由改进），生成路由转发表，IP 交换单元根据 IP 数据包的目的 IP 地址查找路由表，完成 IP 数据包路由交换。多星星地一体分域路由交换流程如图 6-41 所示。卫星信道终端接收到 IP 数据包后，根据目的 IP 地址查找路由表，若不存在相应表项，则丢弃该数据包，否则将卫星骨干 IP 地址封装进 IP 数据包，并发送给卫星节点。卫星节点接收到 IP 数据包后，根据 IP 数据包的卫星骨干 IP 地址查找路由表，发送给下一跳卫星节点或目的卫星信道终端。目的卫星信道终端接收到 IP 数据包后，根据目的 IP 地址查找路由表，然后转发给地面网络或业务终端。

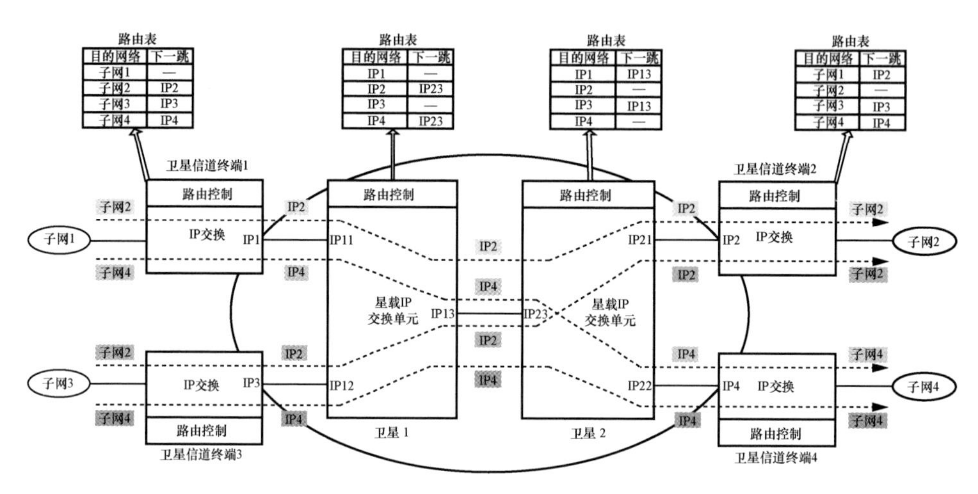

图 6-41　多星星地一体分域路由交换流程

（3）路由机制

多星星地一体分域路由交换网络中的路由协议包括两类：卫星节点之间的骨干路由协议、卫星信道终端之间的接入路由协议。卫星节点之间通过点到点的链路相连，适合采用链路状态路由协议，如中间系统到中间系统（Intermediate System-to-Intermediate System，IS-IS）协议、OSPF 协议或卫星专用路由协议；卫星信道终端之间通过广播型链路相连，适合采用距离矢量路由协议，如 RIP 或卫星专用路由协议。卫星节点之间的骨干路由协议扩散流程可参见多星星地一体分布式路由交换网络中 OSPF 协议的扩散流程。由于卫星节点的路由控制单元不参与卫星信道终端之间的接入路由协议扩散，卫星信道终端的接入路由报文需要通过星载 IP 交换单元直接进行全网扩散。卫星信道终端接入路由报文的扩散流程如图 6-42 所示。

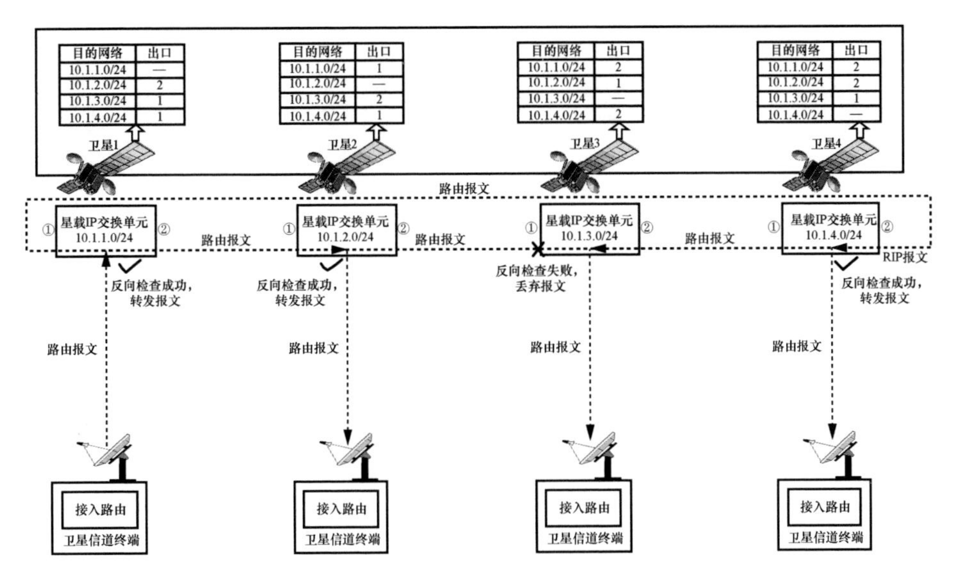

图 6-42　卫星信道终端接入路由报文的扩散流程

卫星信道终端接入路由的星间转发流程为：卫星信道终端将接入路由报文发送给卫星节点的星载 IP 交换单元，星载 IP 交换单元接收到接入路由报文后，若该报文来自星地接口，则向所有的星间接口和星地接口转发；若该报文来自星间接口，则根据接入路由报文的源 IP 地址查找路由表进行反向路径检测，若检测成功（即路由转发表项出口与报文接收接口一致），则向除接收接口外的所有星间接口以及星地接口转发，否则丢弃该接入路由报文。

6.3.7　多星星地一体 SDN 路由交换体制

多星星地一体 SDN 路由交换网络是一种基于星上标签交换、集中式路由控制的天基传输网络，如图 6-43 所示。地面关口站部署 SDN 路由控制器，收集全网路由信息并进行路由计算。卫星节点部署 SDN 路由代理，接收 SDN 路由控制器的标签映射表配置指令，并根据标签转发表完成数据包的快速转发。卫星信道终端部署 SDN 路由代理，负责将本地路由信息上报给 SDN 路由控制器，并接收 SDN 路由控制的标签映射表配置指令，根据标签映射表完成数据包的卫星链路帧封装。多星星地一体 SDN 路由交换网络采用基于 SDN 的集中路由控制策略，可更好地满足不同用户业务对服务质量的需求，优化天基传输网络的业务流量分布，解决用户业务分布不均匀导致的网络拥塞问题。

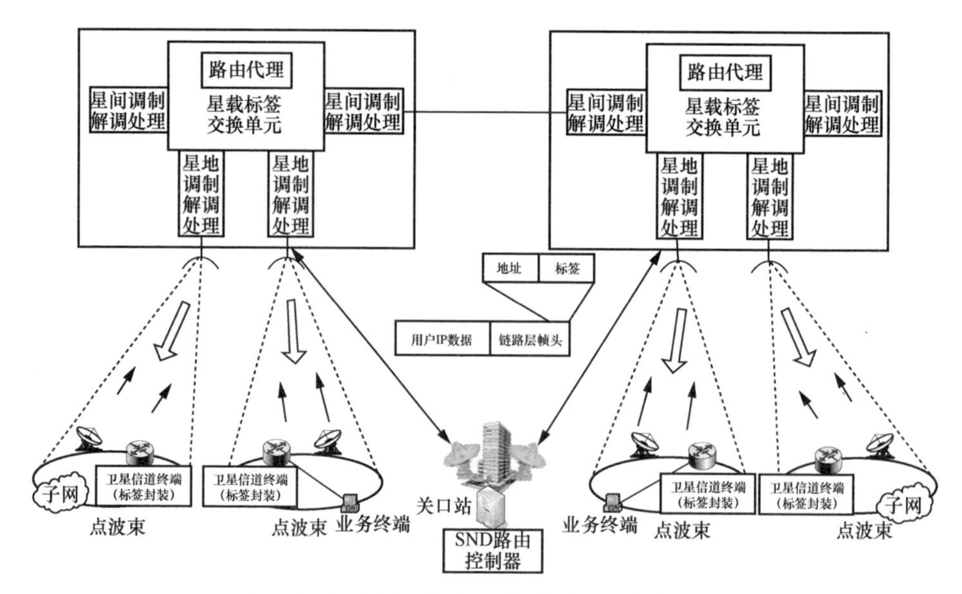

图 6-43　多星星地一体 SDN 路由交换网络的应用场景

（1）交换架构

多星星地一体 SDN 路由交换网络采用星地一体化的标签交换模式，由卫星信道终端（标签封装）和星载标签交换单元共同构成一个完整的标签交换系统，如图 6-44 所示。卫星信道终端根据 IP 数据包的目的 IP 地址，查找标签映射表，封装目的卫星信道终端对应的标签，并发送给星载标签交换单元。星载标签交换单元根据 IP 数据包的标签信息，查找标签转发表并进行数据转发。

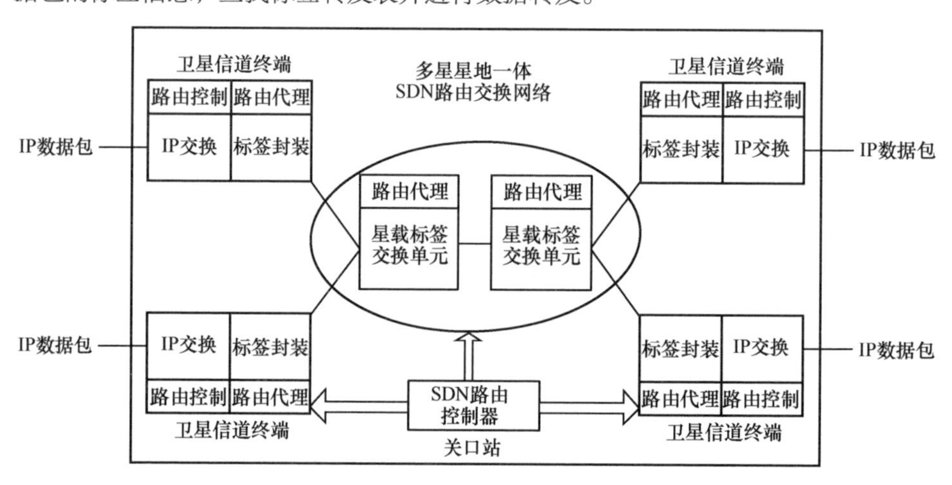

图 6-44　多星星地一体 SDN 路由交换架构

（2）交换流程

关口站的 SDN 路由控制器根据卫星信道终端上报的路由信息以及所在卫星号、波束号等信息，维护全网的路由信息与标签的映射关系，并将标签转发表下发给星载标签交换单元，卫星信道终端的标签映射表根据业务通信需求动态下发。多星星地一体 SDN 路由交换流程如图 6-45 所示。卫星信道终端接收到 IP 数据包后，根据目的 IP 地址查找标签映射表，若存在相应表项，则封装标签并将其发送给星载标签交换单元，否则向 SDN 路由控制器发送路由查询请求，获取相应的标签。星载标签交换单元接收到 IP 数据包后，根据 IP 数据包的标签查找标签转发表，将 IP 数据包发送给下一跳卫星节点或目的卫星信道终端。目的卫星信道终端接收到 IP 数据包后，根据目的 IP 地址查找路由表，将 IP 数据包转发给地面网络或业务终端。

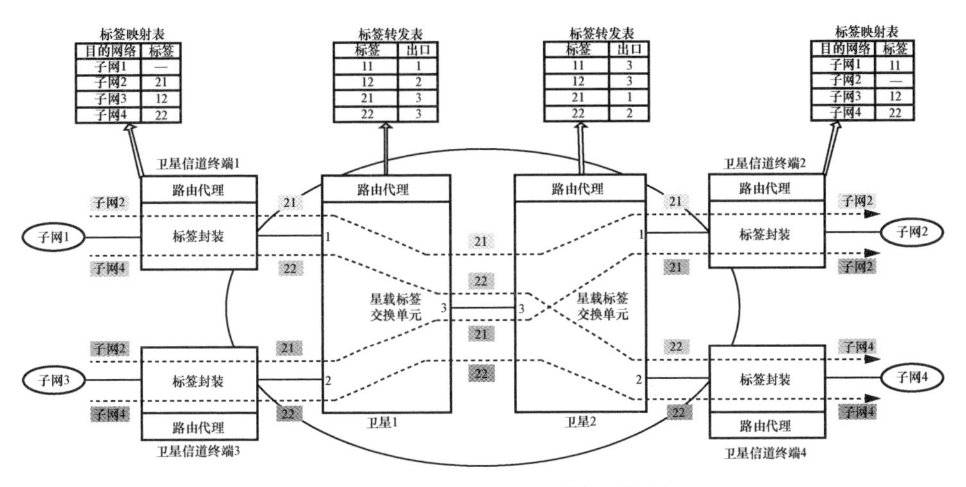

图 6-45　多星星地一体 SDN 路由交换流程

（3）路由机制

多星星地一体 SDN 路由交换网络的路由协议包括 3 类：卫星节点之间以及卫星节点与关口站 SDN 路由控制器之间的骨干路由协议、卫星信道终端之间以及卫星信道终端与关口站 SDN 路由控器之间的标签分发协议、卫星信道终端与关口站 SDN 路由控制器之间的卫星 QoS 路由协议。

骨干路由协议主要用于生成卫星节点的标签转发表，考虑到卫星节点之间以及卫星节点与关口站 SDN 路由控制器之间采用点到点链路，适合采用 OSPF 协议，协议部署及标签转发表下发示意图如图 6-46 所示。SDN 路由控制器运行 OSPF 协议，

与卫星节点交互 OSPF 协议报文，获取卫星网络拓扑状态，计算各个卫星节点的标签转发表，并下发给各个卫星节点，用于普通 IP 数据包的默认转发。为了有效控制标签分发协议报文的扩散范围，降低协议带宽开销，SDN 路由控制器利用卫星网络拓扑信息，生成路由标签转发表，并下发给卫星节点，用于标签分发协议报文的转发。

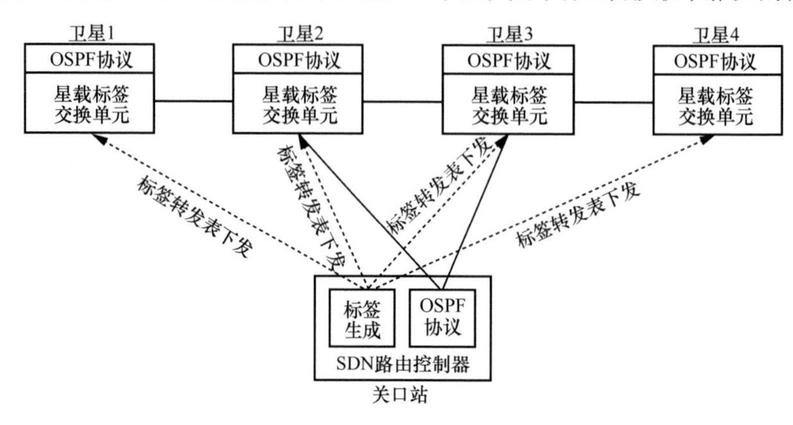

图 6-46　OSPF 协议部署及标签转发表下发示意图

标签分发协议主要用于生成与扩散卫星信道终端的标签映射表。卫星信道终端入网成功后，获取其在卫星网络中的标签信息以及关口站 SDN 路由控制器地址信息，然后向关口站 SDN 路由控制器发送标签映射信息，标签映射信息包括用户侧路由信息和标签的映射关系。关口站 SDN 路由控制器更新全网的标签映射数据库，并周期性地向全网的卫星信道终端进行广播。星载标签交换单元收到标签映射信息广播后，查找路由标签转发表并进行转发。标签分发协议部署及交互流程如图 6-47 所示。

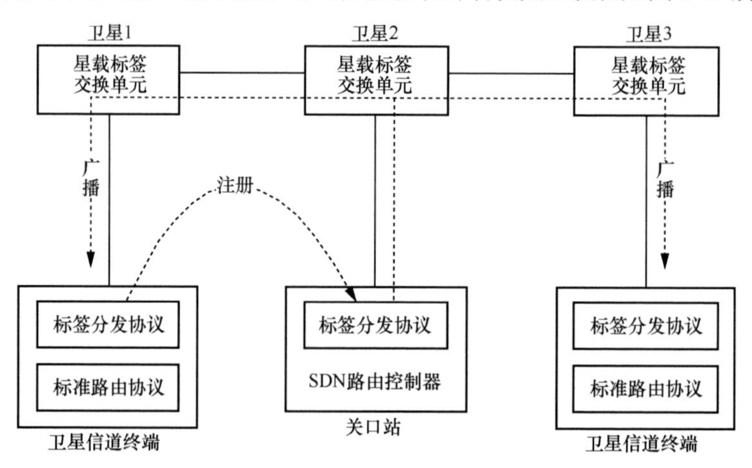

图 6-47　标签分发协议部署及交互流程

卫星 QoS 路由协议用于为带宽保证类业务（如 IP 语音）选择一条能够满足其 QoS 要求的传输路径。卫星信道终端接收到带宽保证类业务数据包后，提取业务服务质量要求，向关口站 SDN 路由控制器发送路径请求。关口站 SDN 路由控制器根据当前网络拓扑状态以及业务 QoS 需求，计算出一条满足其 QoS 要求的传输路径，生成标签转发表，并下发给星载标签交换单元，如图 6-48 所示。

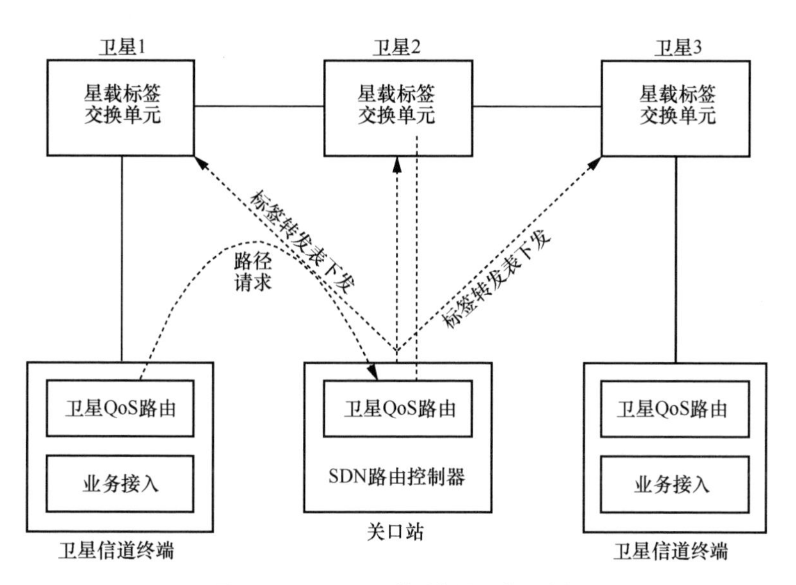

图 6-48　卫星 QoS 协议部署及交互流程

6.3.8　多星星地一体光电混合路由交换体制

为了满足未来天基传输网络多星多波束、微波以及激光链路之间不同粒度的交换需求，卫星节点需要具备支持波束级（或链路级）、信道级、分组级的光电混合交换能力以及灵活的路由控制能力，如图 6-49 所示。链路级交换的粒度为一个波束或一条激光链路，主要适用于航天器数据中继、大型用户的点到点互连等。信道级交换的粒度为卫星转发器中的频带（通常最小粒度为 MHz 级别），主要支持不同波束间的用户互连、用户与关口站互连等。分组级交换的粒度最细，支持以分组包为单位进行交换，信息交换也更加灵活，主要支持面向各类用户的星内信息交换、星间信息交换。

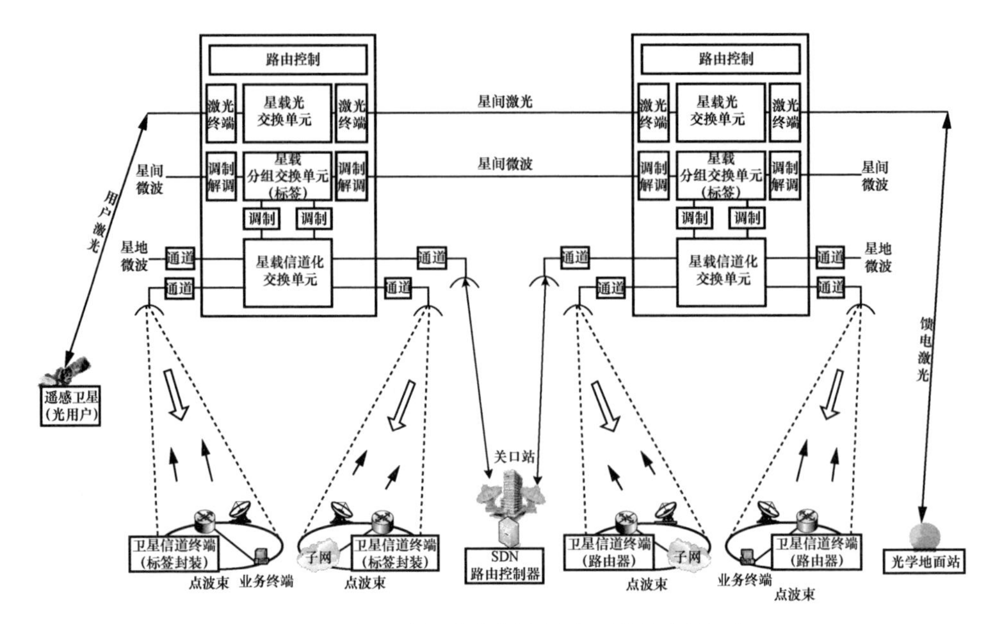

图 6-49　多星星地一体光电混合交换网络的应用场景

（1）光链路交换技术

光链路交换技术用于提供大粒度的信息交换，可以实现不同卫星、不同波束间的大容量、高质量信息交换，增强单星单波束、多星多波束信号转发能力，为侦察、遥感等空间飞行器的大数据回传需求提供传输通道[22]。

（2）分组交换技术

分组交换采用自定义标签交换技术体制，提供细粒度的信息交换，实现不同卫星、不同波束下各类用户的灵活组网，以及与地面网用户的互联互通。

（3）信道化交换技术

信道化交换用于支持单星下不同波束间的用户互连、兼容现有地面应用系统技术体制以及后续发展考虑。通过采用星载数字信道化技术，实现星载信道化交换，可以支持不同波束、不同频段子信道间的星上信道化交换。

（4）路由控制机制

借鉴地面 SDN 的设计思想，地面关口站部署 SDN 路由控制器，基于天基传输网络状态以及业务通信需求，选择合适的业务传输路径，实现对星上光交换、分组交换及信道化交换的一体化联合路由控制。

6.4　小结

本章首先介绍了常见的业务接入体制和路由交换体制，其中业务接入体制包括语音/传真、视频、数据等单路业务接入体制和专用协议复接、E1 接入、IP 综合业务接入、帧中继接入、ATM 接入等多路业务接入体制，路由交换体制包括基于透明转发器系统的天基传输网络路由交换体制和基于处理转发器系统的天基传输网络路由交换体制。针对基于透明转发器系统的天基传输网络，地球站的业务接入体制基本上代表了网络的交换体制，并详细说明了 GEO 宽带网状网络、GEO 宽带星状网络、GEO 移动通信网络和 LEO 宽带通信网络等典型网络的路由交换原理以及路由机制等内容；针对基于处理转发器系统的天基传输网络，详细说明了星地一体 ATM 网络、星地一体自定义分组网络、多星星地一体电路交换网络、多星星地一体分布式路由交换网络、多星星地一体分域路由交换网络、多星星地一体 SDN 路由交换网络和多星星地一体光电混合路由交换网络等典型网络的交换架构、交换原理以及路由机制等内容。

第 7 章

天地一体传输网络协议体系

本章首先说明了网络协议和协议体系的定义，并给出了地面网络和天基网络的协议体系分类；然后针对地面网络协议体系，简要介绍了 TCP/IP 协议体系以及 2G、3G、4G、5G 协议体系的各层协议。针对天基网络协议体系，借鉴国内外空间信息网络协议体系的最新研究成果，详细说明基于空间 TCP/IP 的高轨宽带卫星协议体系设计、基于卫星移动协议的高轨卫星移动协议体系设计、基于 CCSDS 协议的高轨中继卫星协议体系设计以及基于空间 TCP/IP 和移动协议融合的低轨宽带卫星/低轨卫星移动协议体系设计等内容。

7.1 网络协议体系概要

网络协议源自计算机网络的应用，是为了使计算机网络正确传递信息而制定的一系列规则或约定。协议体系则是计算机网络的层次结构、层次之间的相互关系以及各层所包含协议的集合。天地一体传输网络包括天基网络和地面网络两个组成部分，主要涉及地面网络常用的 TCP/IP 协议体系和移动协议体系，以及天基网络常用的空间 TCP/IP 协议体系、卫星移动协议体系和 CCSDS 协议体系[23]，如图 7-1 所示。目前，地面网络经过多年不断地发展和完善，形成了以 TCP/IP、移动协议为主的协议体系，并不断探索各种新型的网络协议体系。天基网络由于链路传输环境、星上处理能力的制约，协议体系的研究与应用远远落后于地面网络，目前仍以 TCP/IP 为主，针对不同应用场景，进行各层相应协议的优化与增强。

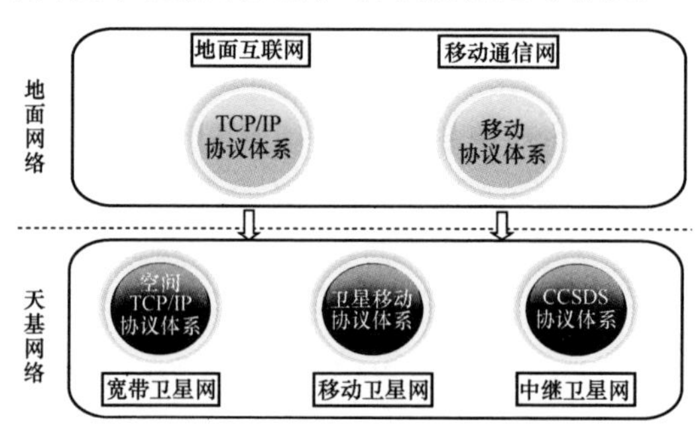

图 7-1　天地一体传输网络协议体系分类

7.2　地面网络协议体系

7.2.1　TCP/IP 协议体系

20 世纪 70 年代中期，美国国防部开始为其研究性网络 ARPANET 开发新的网络体系结构。ARPANET 最初通过租用电话线，将美国几百所大学和研究所连接起来。随着卫星网络、无线网络等异构网络加入 ARPANET，现有的协议已不能解决这些通信网络的互联问题，于是新的网络体系结构被提出，用于将不同的通信网络无缝连接。这个体系结构被称为 TCP/IP 参考模型，后应用于互联网，将各种局域网、广域网和国家骨干网连接在一起。互联网的快速发展和广泛应用使得 TCP/IP 成为迄今为止最成功的网络体系结构和协议规范，形成了事实上的网络互联工业标准[24]。

TCP/IP 协议体系分为 4 层，从下到上分别为网络接口层、网络互联层、传输层和应用层，但实质上只有 3 层，最下面的网络接口层并没有具体内容。因此，在研究计算机网络时往往引入开放系统互连（Open Systems Interconnection，OSI）参考模型（国际标准化组织提出的 7 层互连参考模型，是一个非常理想化的理论模型，很少有实际应用的系统），将 TCP/IP 协议体系的网络接口层扩展为数据链路层和物理层，形成从下到上分别为物理层、数据链路层、网络层、传输层和应用层的 5 层协议参考模型。TCP/IP 协议体系如图 7-2 所示。

应用层协议负责为使用网络的用户提供常用的、特定的应用程序，用于规范一系列计算机网络的使用方式和功能，常用的应用层协议包括域名系统（Domain Name System，DNS）、超文本传输协议（Hyper Text Transfer Protocol，HTTP）、文件传输协议（File Transfer Protocol，FTP）、简单网络管理协议（Simple Network Management Protocol，SNMP）、简单邮件传输协议（Simple Mail Transfer Protocol，SMTP）、邮局协议版本 3（Post-Office Protocol Version 3，POP3）和 IP 多媒体通信协议簇等，其中 IP 多媒体通信协议簇包括会话起始协议（Session Initiation Protocol，SIP）、实时传输协议（Real-Time Transport Protocol，RTP）和实时传输控制协议（Real-Time Transport Control Protocol，RTCP）。

传输层协议负责提供端到端的数据传输服务，针对不同用户或应用的不同通信质量要求，传输层定义了两种端到端协议：TCP 是面向连接的无差错传输字节流的协议，通过引入确认、超时重发、流量控制和拥塞控制等机制，提供端到端的可靠数据传输；用户数据报协议（User Datagram Protocol，UDP）是一个不可靠的、无连接的协议，不确认报文的到达，提供端到端的数据无连接服务。

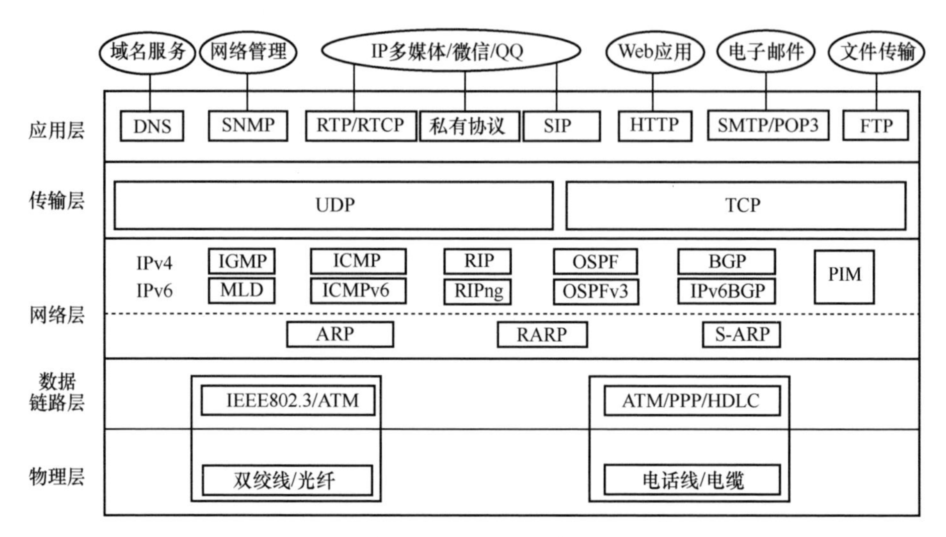

图 7-2　TCP/IP 协议体系

网络层协议负责将数据包从信源传送到信宿，主要解决路由选择、拥塞控制和网络互联等问题。在 TCP/IP 参考模型中，网络层包含 5 个协议：IP、地址解析协议（Address Resolution Protocol，ARP）、逆地址解析协议（Reverse Address Resolution Protocol，RARP）、互联网控制消息协议（Internet Control Message Protocol，ICMP）和互联网组管理协议（Internet Group Management Protocol，IGMP）。IP 是网络层的核心，负责 IP 数据包在计算机网络上的路由转发；ARP 实现 IP 地址到物理地址的映射；RARP 实现物理地址到 IP 地址的映射；ICMP 负责网络层控制信息的产生和接收处理；IGMP 实现本地多播成员的管理。在混合参考模型中，将路由协议划分到网络层协议，为数据包的转发提供转发规则。

数据链路层协议负责 IP 数据包在具体通信系统上的传输。一方面接收网络层的 IP 数据包，而后通过网络向外发送；另一方面接收到来自物理网络的数据帧后，抽

取 IP 数据包向 IP 层传送。混合参考模型的分层协议体系没有规定具体链路层，只要是在其上能进行 IP 数据包传输的物理网络都可被当作数据链路层。这样做的好处是可以实现不同类型物理网络的互联，而不必纠结物理网络的细节。

物理层协议负责为数据链路层提供物理连接，该层定义了数据传输规则以及设备与物理介质的 4 个接口特性：机械接口特性、电气接口特性、功能接口特性和过程接口特性。物理层的传输介质通常分为有线介质和无线介质，有线介质将信号约束在一个物理导体内，如双绞线、电缆和光纤等；无线介质则不能将信号约束在某个空间范围内，如卫星链路。

7.2.2　移动协议体系

地面移动通信系统综合利用了有线和无线的传输方式，解决了人们在移动过程中与固定用户或其他移动用户进行通信的需求。自 20 世纪 80 年代起，全球移动通信的发展已经历了以模拟技术为基础的第一代移动通信系统、以 GSM 和 CDMA 为代表的第二代移动通信系统、以 TD-SCDMA、WCDMA 和 CDMA2000 为代表的第三代移动通信系统、以 LTE 为代表的第四代移动通信系统以及第五代移动通信系统，其中第一代系统到第四代系统已经成功商用[25]。

7.2.2.1　2G 协议体系

2G 是从 20 世纪 90 年代初到目前广泛使用的数字移动通信系统，具有多种不同的系统标准，如 GSM、IS-95、ADC 等。GSM 由欧洲于 20 世纪 80 年代中后期率先提出，是目前使用最普遍的一种标准[26]。通常说的 2G 网络指的就是基于 GSM 的网络，以电路语音、短消息业务为主。GSM 网络主要包括移动台（Mobile Station，MS）、基站子系统（Base Station Subsystem，BSS）和网络子系统（Network Station Subsystem，NSS），其中 BSS 由基站收发信机（Base Station Transceiver，BST）和基站控制器（Base Station Controller，BSC）组成，NSS 主要由移动交换中心（Mobile Switching Center，MSC）、漫游位置寄存器（Visitor Location Register，VLR）、归属位置寄存器（Home Location Register，HLR）、关口移动交换中心（Gateway Mobile Switching Center，GMSC）等组成。GSM 网络将 7 号信令作为互联标准，其协议体系如图 7-3 所示。

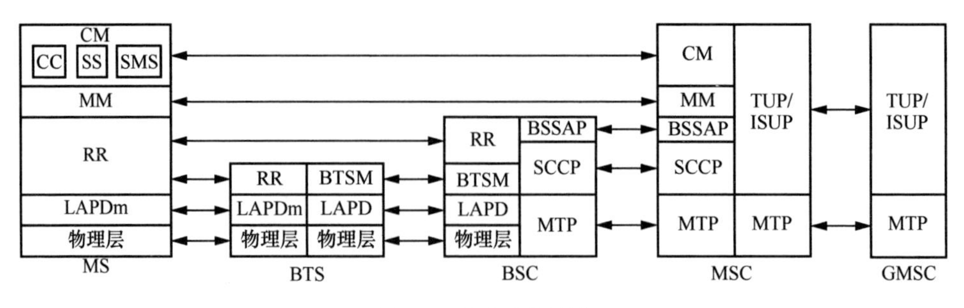

图 7-3 GSM 协议体系

（1）物理层

空中接口物理层建立在无线信道上，采用 GMSK 调制方式和 TDMA 体制，通过各种逻辑信道完成信息的传输；BST 与 BSC 之间的 Abis 接口物理层采用标准的 2.048Mbit/s 脉冲编码调制（Pulse Code Modulation，PCM）数字链路；BSC 与 MSC 之间的 A 接口物理层采用 7 号信令的消息传递协议 MTP-1（信令数据链路部分，对应物理层），速率为 64kbit/s。

（2）链路层

空中接口链路层采用 LAPDm 协议，该协议在综合业务数字网（Intergrated Services Digital Network，ISDN）的 LAPD 协议基础上改进而成（取消帧定界标志和帧校验）；Abis 接口链路层采用 LAPD 协议；A 接口链路层采用 7 号信令的消息传递协议 MTP-2（信令链路功能部分，对应链路层）。

（3）网络层

移动台的网络层包括无线电资源控制（Radio Resource Control，RRC）、移动性管理（Mobile Management，MM）和连接管理（Connection Management，CM），CM 子层包括呼叫控制（Call Control，CC）、补充业务（Supplementary Service，SS）和短消息业务（Short Message Service，SMS）3 种通信协议；Abis 接口的网络层通过基站管理（BTS Management，BTSM）层进行控制，用于支持传输路径分配和测量报告处理；A 接口的网络层采用 7 号信令的消息传递协议 MTP-3（信令网络功能部分，对应网络层）和信令连接控制部分（Signaling Connection Control Part，SCCP）协议。

（4）应用层

A 接口的应用层主要为基站子系统应用部分（Base Station System Application Part，BSSAP），包括基站子系统管理应用部分（Base Station Subsystem Management Application Part，BSSMAP）和直接传输应用部分（Direct Transfer Application Part，

DTAP）。BSSMAP 包含 BSC 和 MSC 之间传输的 RRC 信息和用于控制任务的消息，如寻呼、切换等；DTAP 包括 NSS 与 MS 之间传输的 CM 和 MM 消息。MSC 与 PSTN、ISDN 之间的互联采用 7 号信令的电话用户部分（Telephone User Part，TUP）和 ISDN 用户部分（ISDN User Part，ISUP）信令协议。

7.2.2.2　3G 协议体系

3G 又称 IMT-2000。3G 的 3 种国际标准分别是 WCDMA（欧洲标准）、CDMA2000（美国标准）和 TD-SCDMA（中国标准）。与 2G 网络相比，3G 网络在速率上有了质的提高，网络结构同样发生了巨大变化。以 WCDMA 为例，重点是空中接口发生了较大变化，使用 WCDMA 作为底层标准。接入网网元从原来的 BST 和 BSC 演变为基站（NodeB）和无线网络控制器（Radio Network Controller，RNC），在功能方面，与之前保持一致；在核心网方面，包括 CS 域和 PS 域，CS 域提供电路语音通信业务，PS 域提供网页浏览、FTP、流媒体类业务。3G 协议体系包括控制面协议体系、CS 域用户面协议体系和 PS 域用户面协议体系，分别如图 7-4～图 7-6 所示。

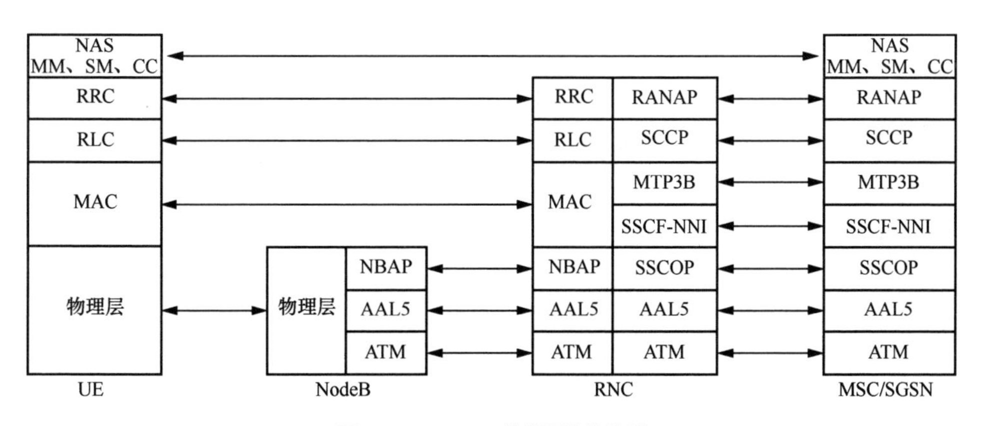

图 7-4　WCDMA 控制面协议体系

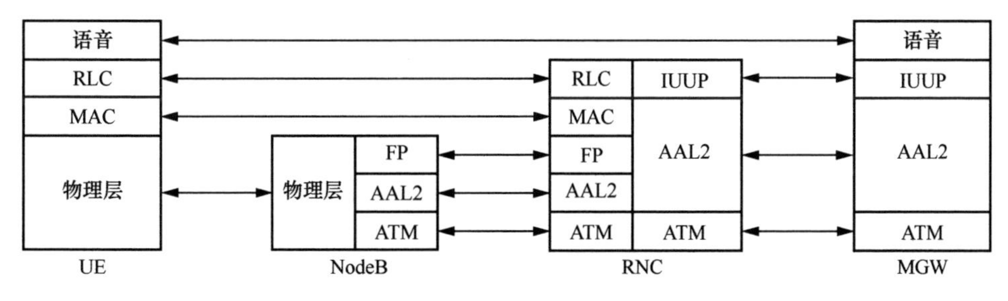

图 7-5　WCDMA CS 域用户面协议体系

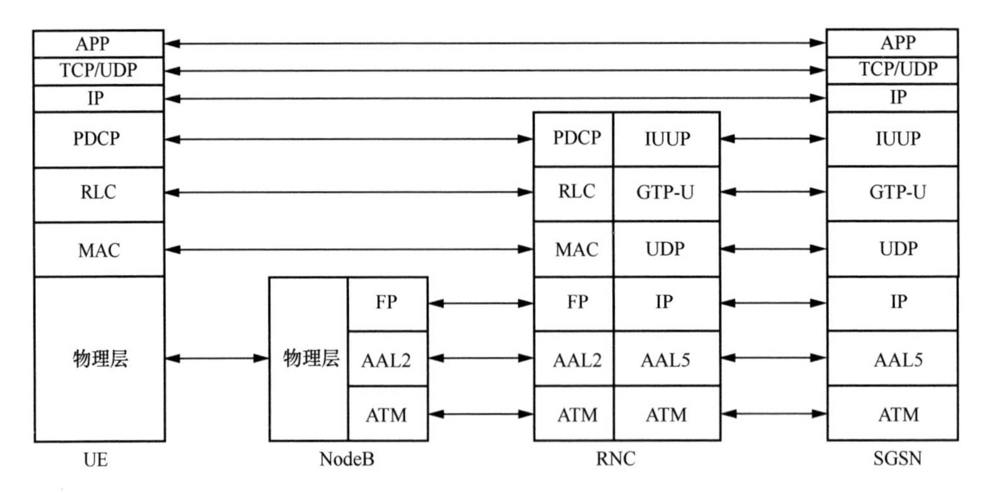

图 7-6 WCDMA PS 域用户面协议体系

无线接口协议可分为物理层、数据链路层和网络层。其中，数据链路层可进一步分为媒体接入控制（Media Access Control，MAC）层、无线链路控制协议（Radio Link Control，RLC）层、分组数据汇聚协议（Packet Data Convergence Protocol，PDCP）层。MAC 层主要实现逻辑信道与传输信道的映射，并为每个信道选择合适的传输格式，RLC 层为用户和分组数据提供分段和重传；网络层在控制面可划分为底层的 RRC 及上层的 MM 和 CC。RRC 层向高层提供非接入承载业务，对无线资源的分配进行控制并发送有关信令。

在 CS 域中，RNC 与 CN 之间的传输层采用 AAL5 链路进行无线接入网络应用部分（Radio Access Network Application Part，RANAP）信令信息的传输，采用 AAL2 链路进行无线网络层 Iu 用户协议信息的传输。

在 PS 域中，RNC 与 CN 之间的传输层采用 AAL5 链路进行 RANAP 信令信息的传输，用户数据通过 AAL5 之上的 IP 协议传送。

7.2.2.3 4G 协议体系

4G 又称 IMT-Advanced，由于其采用了 OFDM 等技术，系统拥有了更高的通信速率，从而进入了高速数据时代。与 3G 相比，4G 网络架构具有扁平化与 IP 化的特点。在接入网部分，4G 网络取消了 RNC 节点，只有一个网元节点，即与用户设备相连的 eNodeB，使得网络的时延进一步降低，连接建立得更快。在核心网部分，4G 网络取消了 CS 域，所有服务（如语音、数据和短信等）都由 IP 承载，主要包括移动性管理实体（MME）、服务网关（S-GW）和公用数据网网关（P-GW）等网元。4G 协议体系包括用户面协议体系和控制面协议体系。

（1）用户面协议体系

4G 用户面协议体系如图 7-7 所示。

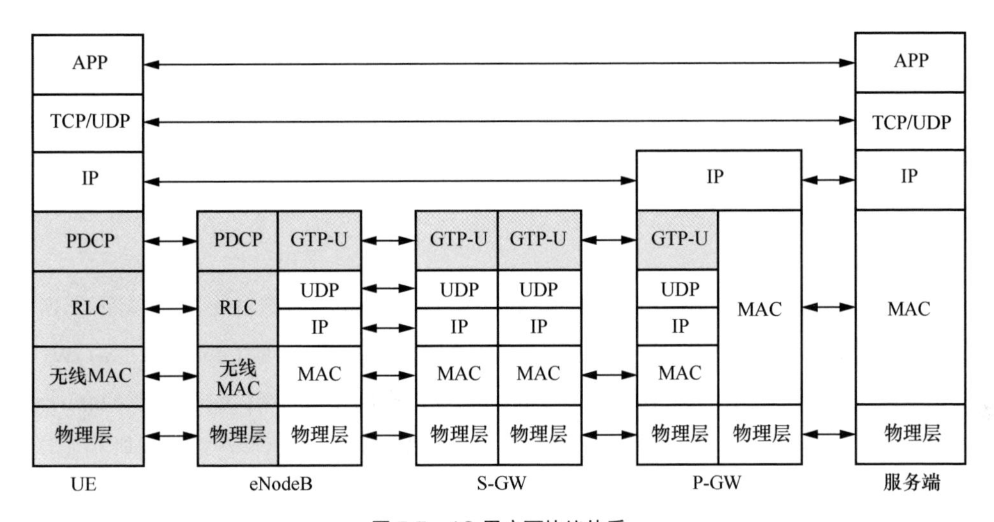

图 7-7 4G 用户面协议体系

1）MAC 层

MAC 层位于 4G 空口协议栈第二层中的最底层，通过传输信道与其下的物理层连接，通过逻辑信道与其上的 RLC 层连接，并根据数据类型提供不同的传输服务。MAC 层只有一个 MAC 实体，主要功能包括：逻辑信道到传输信道的映射、多个逻辑信道 MAC 业务数据单元的复用和解复用、上行调度信息上报、混合自动重传请求（Hybrid Automatic Repeat Request，HARQ）传输、传输方式（调制方式和编码速率）选择、多个终端间优先级处理、终端内多个逻辑信道优化级处理和数据填充等。

2）RLC 层

RLC 层的主要功能是分割与重组上层数据包，使其能够适应 MAC 层指定的大小。RLC 有 3 种工作模式：透明模式（Transparent Mode，TM）、非确认模式（Unacknowledged Mode，UM）、确认模式（Acknowledge Mode，AM），在 RRC 无线承载建立过程中，根据承载数据的 QoS 要求来确定选择哪种模式。透明模式的 RLC 实体不附加任何开销，主要用于传输系统广播消息、寻呼消息等；非确认模式的 RLC 实体提供单向的数据传输业务，主要应用于时延敏感和容忍差错的实时业务，如 VoIP 等；确认模式的 RLC 实体提供双向的数据传输业务，主要应用于交互类业务，如 Web 浏览和文件下载等。

3）PDCP 层

PDCP 层负责处理控制平面上的 RRC 消息以及用户平面上的 IP 数据包，每一无线承载对应一个 PDCP 实体。PDCP 主要功能包括：对用户平面的 IP 数据包基于 ROHC 算法进行头压缩，并对接收数据解压缩；传输控制平面和用户平面数据，支持 RLC 确认模式下的数据重传、重复检测以及向高层进行按序递交；对控制平面数据和用户平面数据进行加密与解密；对控制平面数据进行完整性保护和验证等。

4）GTP-U 协议

GTP-U 协议是 GPRS 隧道协议（GPRS Tunnel Protocol，GTP）的用户面部分，是一个基于 IP/UDP 的隧道协议，用于在 4G 网中的用户面网元（eNodeB、S-GW、P-GW）之间传输 UE 的业务数据。互联网编号管理局（Internet Assigned Numbers Authority，IANA）规定 GTP-U 协议使用 UDP 端口号 2152，而源端口号则由发送方协议实体动态分配。GTP-U 协议可通过动态分配源端口号来支持负载均衡。GTP-U 协议允许在各个用户面网元之间建立多个隧道，每个隧道由一个 GTP 头部的隧道端点标识（Tunnel Endpoint Identifier，TEID）来标识，TEID 本质上是一个动态分配的随机数。

（2）控制面协议体系

4G 控制面协议体系如图 7-8 所示。

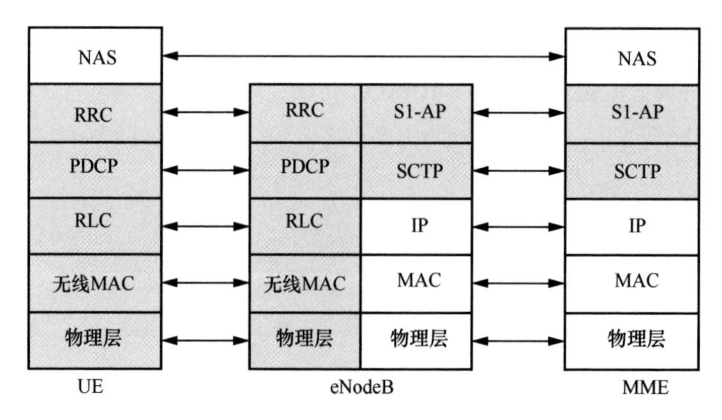

图 7-8　4G 控制面协议体系

1）RRC 层

RRC 层通过业务接入点向高层提供业务，所有信令被封装成 RRC 消息在空中接口传输，主要服务和功能包括：系统信息广播（与非接入层（Non-Access Stratum，NAS）和接入层（Access Stratum，AS）相关）、接入层控制、RRC 连接建立/维护/释放、无线承载管理、移动性管理、寻呼和通知、高层信息路由功能、安全功能密钥管理、测量控制和报告等。

2）S1-AP

S1-AP 即 S1 接口应用协议。S1 接口是 4G 接入网与核心网的接口，其中接入网侧的接入点为 eNodeB，核心网侧的接入点为 MME。S1-AP 的主要功能包括 S1 接口管理（包括 S1 接口建立、重置、负载均衡、错误通告等功能）、无线接入承载管理（包括建立、释放以及修改等操作）、上下文信息管理（包括初始化、释放以及修改等操作）、寻呼功能（用于向核心网提供寻呼 UE 的能力）、NAS 消息传输、UE 能力指示等。

3）流控制传输协议

流控制传输协议（Stream Control Transmission Protocol，SCTP）是互联网工程任务组（Internet Engineering Task Force，IETF）定义的一种传输层协议，克服了 TCP 和 UDP 在 IP 承载上传输信令时的不足，在两个端点之间提供稳定、有序的数据传输服务（类似 TCP），并且可以保护消息边界（类似 UDP）。在 4G 网络中，SCTP 主要应用于 eNodeB 和 MME 之间，为 S1-AP 消息提供可靠传输。

7.2.2.4 5G 协议体系

5G 网络具有高速率、低时延和大连接特点，支持增强移动宽带、超高可靠低时延通信和海量机器类通信三大应用场景。目前，5G 网络已渗透到经济社会的各行业各领域，成为支撑经济社会数字化、网络化、智能化转型的关键新型基础设施。5G 接入网沿用 4G 网络协议栈，并遵循控制面和用户面分离的原则。5G 用户面在 4G 的基础上增加了服务数据适配协议（Service Data Adaptation Protocol，SDAP）层，另外 PDCP 层和 RLC 层的功能也有所变化。5G 核心网采用服务式架构（Service Based Architecture，SBA），主要由接入和移动性管理功能（Access and Mobility Management Function，AMF）、会话管理功能（Session Management Function，SMF）和用户面功能（User Plane Function，UPF）等功能单元组成，每个功能单元并非一对一（点对点）

连接，而是所有功能单元共享一个通信通道，功能单元之间的通信采用 HTTP/TCP。接入网和核心网之间的连接仍采用传统模式，将应用协议承载在 SCTP 上进行传输。

（1）用户面协议体系

5G 用户面协议体系如图 7-9 所示。在 5G 核心网中，用户面由 UPF 节点组成，代替了原来 4G 核心网的 S-GW 和 P-GW。gNodeB 与 UPF 之间使用 GTP-U 协议传输 UE 的业务数据，接入网协议由 MAC、RLC、PDCP 和 SDAP 4 个子层组成。

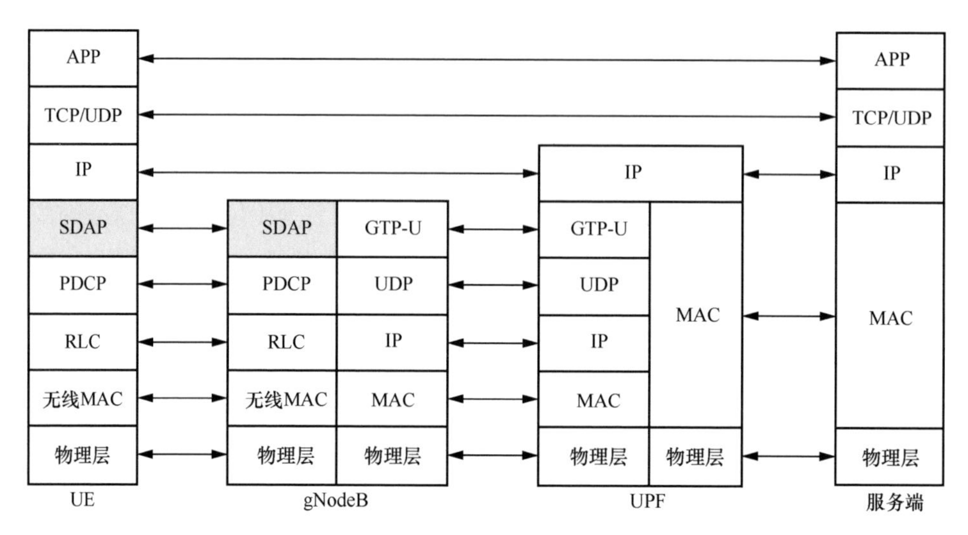

图 7-9　5G 用户面协议体系

1）SDAP 层

5G 用户面协议增加了 SDAP 层，用于实现 QoS 流到无线承载的映射。SDAP 层由高层（RRC 层）配置，主要功能包括传输用户面数据；为上下行数据进行 QoS 流到无线承载的映射；在上下行数据包中标记 QoS 流 ID；监测下行的 QoS 流到无线承载的映射规则，然后将其应用到上行方向。

2）PDCP 层

PDCP 层功能包括传输用户面数据、加密和完整性保护、用户面包头压缩、维护 PDCP 的序号、双连接时执行数据分流、重排序、重复丢弃。与 4G 相比，5G 协议栈 PDCP 层新增了重排序、复制以及用户面数据完整性保护功能。

3）RLC 层

RLC 层功能包括发送数据时，对上层数据进行编号、分段与重传；接收数据时，

对接收数据处理校验重传并进行重组。除此之外，在 4G 协议栈中，为了提高空中接口资源的利用率，在发送端还会对上层数据进行合并处理，以确保每个传输块的资源都能得到充分利用，但在 5G 协议栈中，由于带宽的增加以及对低时延的更高要求，RLC 不再对上层数据进行合并发送。

（2）控制面协议体系

5G 控制面协议体系如图 7-10 所示。AMF 和 SMF 是 5G 核心网控制面的两个主要节点，分别负责用户接入管理和会话管理（Session Management，SM）。UE 和 5G 核心网之间的 NAS 消息通过透明模式传输给 AMF，再经由 AMF 发送给对应的模块处理。

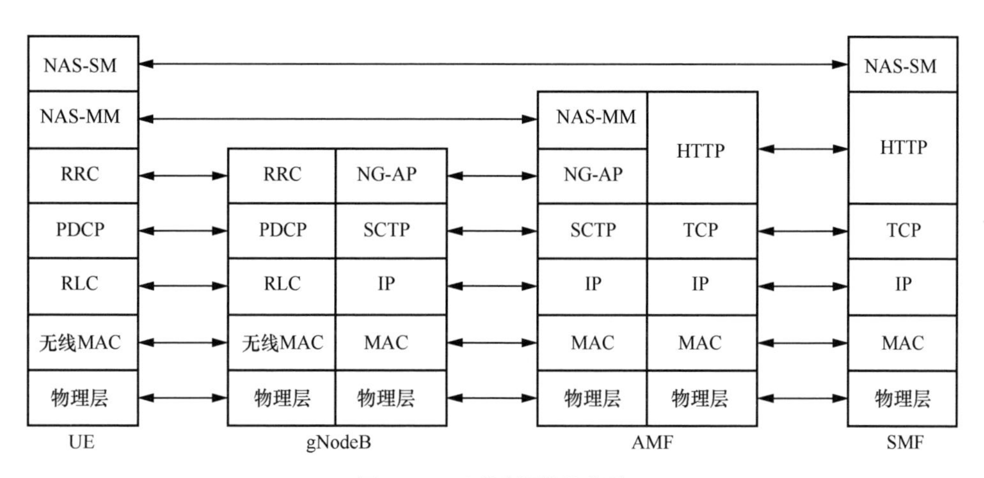

图 7-10　5G 控制面协议体系

1）NG-AP

NG-AP 提供了 gNodeB 和 AMF 之间的信令服务。NP-AP 功能包括会话管理功能（包括建立、释放、修改会话资源）、上下文管理功能（包括建立、修改、释放 UE 的上下文）、寻呼功能（使 AMF 寻呼特定 gNodeB 节点中的 UE）、UE 移动性管理功能以及位置查询功能等。

2）NAS-MM 协议

AMF 负责 NAS 消息管理（NAS Message Management，NAS-MM）消息处理。NAS-MM 协议负责注册管理、连接管理、用户面连接的激活和去激活操作，以及 NAS 消息的加密和完整性保护。

3）NAS-SM 协议

UE 和 SMF 之间的会话管理消息经由 AMF 透明传输给 SMF，由 SMF 执行会话管理。NAS 会话管理（NAS Session Management，NAS-SM）消息支持用户面会话的建立、修改和释放。

7.3 天基网络协议体系

7.3.1 高轨卫星网络

7.3.1.1 高轨宽带卫星协议体系

高轨宽带卫星通信网络采用的网络架构有 3 种。一是基于透明转发的天星地网，如 WGS、Intelsat、ViaSat 等现役卫星通信系统，其特点是卫星之间不组网，通过地面站实现整个卫星系统的通信服务能力。在该网络架构中，卫星仅作为透明转发通道，协议处理在地面完成。二是基于星上处理的单星单网，如 Spaceway、WINDS、IRIS 等卫星通信系统，其特点是卫星之间不组网，通过星上分组交换实现系统内用户终端的全网状组网。在该网络架构中，卫星根据路由策略实现分组快速转发，大部分协议处理在地面完成。三是基于星间组网的天网地网，如美国规划的 TSat、我国的天地一体化信息网络等卫星通信系统，其特点是卫星之间通过星间链路实现互联，可直接面向用户提供通信服务保障。在该网络架构中，卫星需要处理部分网络管理控制和路由交换等协议。

（1）基于透明转发的卫星网络协议体系

基于透明转发的卫星网络采用空间 TCP/IP 协议体系实现卫星宽带组网应用。空间 TCP/IP 协议体系在地面 TCP/IP 协议体系的基础上，结合卫星网络的特点对各层协议进行增强和优化设计，主要包括应用层 HTTP 增强、传输层 TCP 增强、网络层卫星路由优化、链路层卫星链路协议设计以及服务质量保证和数据压缩。基于透明转发的卫星网络协议体系如图 7-11 所示。

应用层 HTTP 增强：HTTP 增强主要用于解决卫星网络长时延造成的 HTTP 传输效率低下和协议交互冗余造成的卫星链路资源浪费的问题，达到“带宽资源最省、访问效率最高”的目的。主要技术途径包括：一是缓存与预取相结合，提高 Web 页面本地存储命中率，节约卫星链路带宽资源；二是流程优化，缩短访问时间，提升用户体验。

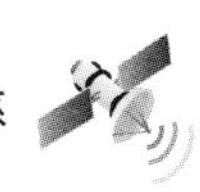

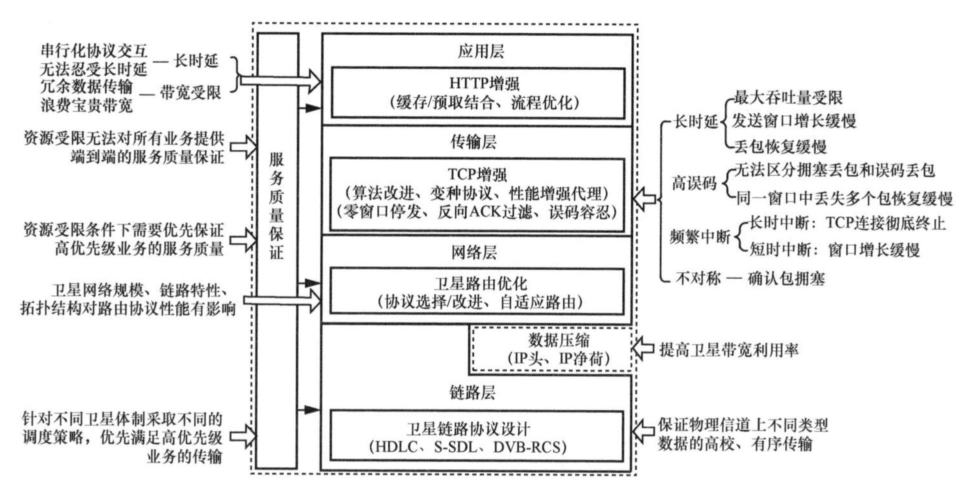

图 7-11　基于透明转发的卫星网络协议体系

传输层 TCP 增强：TCP 增强主要用于解决卫星网络长时延、高误码、信道不对称和链路频繁中断造成的 TCP 传输性能下降问题，有效提高卫星链路带宽的利用率。主要技术途径包括：一是针对卫星链路特性，对 TCP 流程和传输控制机制进行改进，如算法改进、变种协议、性能增强代理等；二是针对典型卫星应用场景进行优化设计，如“零窗口”停发、反向 ACK 过滤、误码容忍的拥塞控制等。

网络层卫星路由优化：卫星路由优化主要用于消除卫星网络特有的拓扑结构和链路频繁中断路由协议收敛性能与协议开销造成的影响，提高卫星网络路由的稳定性和选路效率。主要技术途径包括：一是针对卫星网络拓扑结构的特点，综合考虑收敛性能和协议开销，选择合适的地面路由协议应用于卫星网络，并进行相应的优化设计；二是针对卫星链路频繁中断的特点，开发设计卫星网络自适应路由协议。

链路层卫星链路协议设计：卫星链路层协议需要结合卫星网络的特点，优化帧结构功能，降低链路层帧头开销，提高信息传输效率，同时解决计算机网络与卫星网络在链路层的适配问题，保证卫星信道上不同类型数据的高效、有序传输。主要技术途径包括：一是直接使用计算机网络数据链路层协议，如高级数据链路控制（High Level Data Link Control，HDLC）协议；二是采用自定义卫星链路帧承载计算机网络协议，如 S-SDL 协议；三是采用国际标准的卫星数据链路层协议，如 DVB-RCS 协议。

服务质量保证和数据压缩：卫星网络的服务质量保证技术需要结合链路和网络拓扑的特点，对计算机网络的服务质量保证技术进行优化设计，在资源受限的卫星网络中，为不同类型的用户和业务提供不同的服务质量保证。卫星网络的 IP 数据压缩技术可在沿用地面网络压缩技术和相关标准的基础上，仅针对卫星网络高误码率特点进行适当改进，从而提高卫星信道带宽的利用率，缩短业务端到端的传输时延。

1）基于透明转发的点到点卫星通信系统协议部署

把卫星链路作为两个信息节点或用户群之间的干线传输通道是卫星通信的一种经典应用方式，采用 FDMA/MCPC 体制，网络组织简单，链路稳定可靠。用户节点使用标准的 TCP/IP，地球站节点主要部署 HTTP 增强和 TCP 增强，实现标准的 HTTP 和 TCP 在卫星链路传输时的性能增强，提升卫星链路利用率以及用户使用体验。基于透明转发的点到点卫星通信系统协议部署如图 7-12 所示。

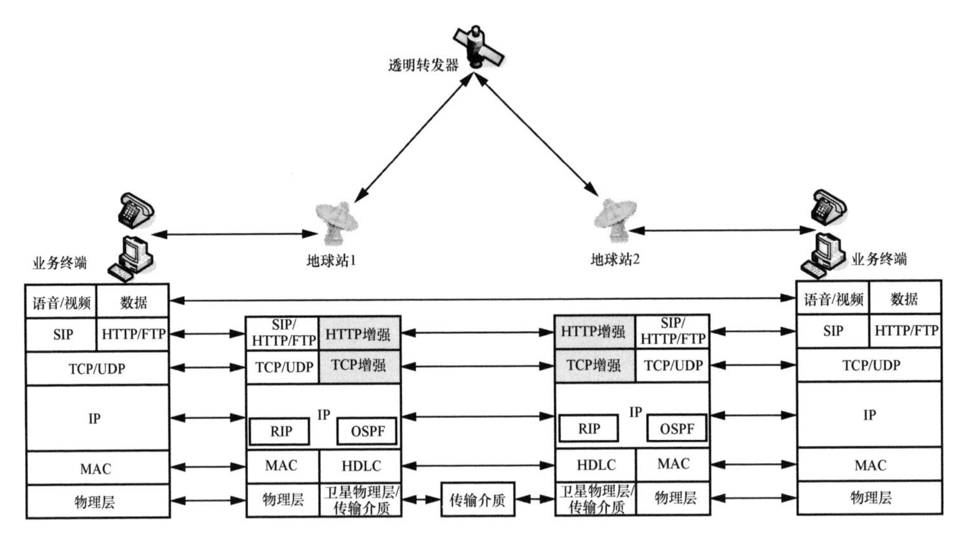

图 7-12　基于透明转发的点到点卫星通信系统协议部署

2）基于透明转发的网状/星状卫星通信系统协议部署

基于透明卫星的网状/星状卫星通信系统采用 FDMA、MF-TDMA 等技术体制，也称 FDMA/VSAT 系统、TDMA/VSAT 系统。该类系统一般用卫星通信链路与计算机网络集成融合的设计思想，在卫星信道终端内嵌路由交换、协议增强等功能，与计算机网络无缝连接。用户节点使用标准的 TCP/IP，地球站节点除部署 HTTP 增强和 TCP 增强外，还部署卫星优化路由协议（如 S-RIP）和卫星自适应路由协议，从而实现地面用户间的灵活组网以及面向语音、视频、数据等综合业务的点到多点通信。基于透明转发的网状/星状卫星通信系统协议部署如图 7-13 所示。

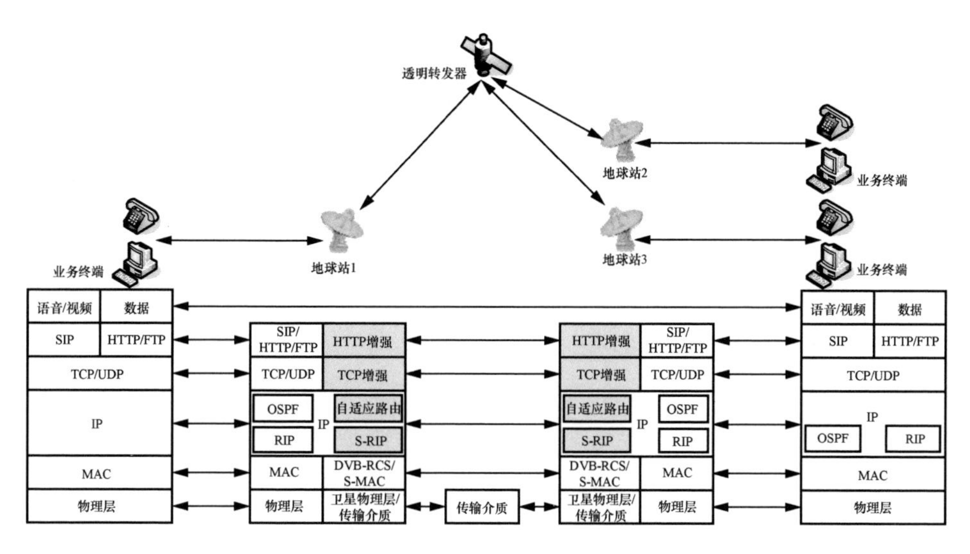

图 7-13　基于透明转发的网状/星状卫星通信系统协议部署

（2）基于星上处理的卫星网络协议体系

基于星上处理的卫星网络同样采用空间 TCP/IP 协议体系实现卫星宽带组网应用。与基于透明转发的卫星网络协议体系相比，应用层 HTTP 增强和传输层 TCP 增强设计相同，主要区别体现在网络层卫星路由优化、地址解析协议优化和链路层卫星链路协议设计上。基于星上处理的卫星网络协议体系如图 7-14 所示。

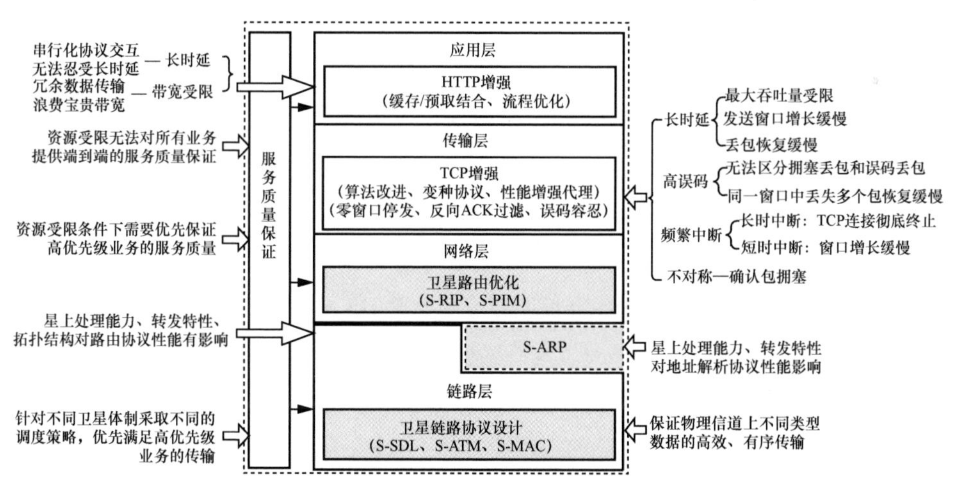

图 7-14　基于星上处理的卫星网络协议体系

网络层卫星路由优化：在基于星上处理的卫星网络中，网络的拓扑结构与地面计算机网络相比有明显的差别，地面计算机网络中的路由器之间通过点到点链路组成网状连接，而卫星网络中的星上路由器和地面路由器（位于同一波束内）之间通过点到多点链路组成星状连接。卫星路由优化主要解决地面标准 RIP 单播路由协议、PIM-DM/SM/SSM 多播路由协议不支持点到多点网络和同端口转发等问题。主要技术途径包括：一是针对 RIP 单播路由协议进行相应的优化设计，星上路由器接收到 RIP 报文后，除更新本地路由表项外，还向接收端口转发该 RIP 报文；二是针对 PIM-DM/SM/SSM 多播路由协议进行相应的优化设计，星上路由器接收到 PIM 报文后，除更新各端口多播组状态外，还向接收端口转发该 PIM 报文。同时，星上路由器收到业务多播数据后，根据各端口多播组状态，生成多播转发表，实现多播业务的同端口转发功能。

地址解析协议优化：地址解析协议优化主要解决星上路由器计算性能和存储能力受限，以及卫星网络长时延特性使得标准 ARP 交互过程过长，进而造成的星上路由器存储溢出、数据丢包等问题。主要技术途径包括：一是结合路由交互流程，获取 IP 地址和 MAC 地址信息，生成 ARP 转发表，完成星上 ARP 转发表自学习；二是星上支持 ARP 报文跨波束查表转发，并根据 ARP 报文中的 IP 地址和 MAC 地址信息，生成 ARP 转发表，完成星上 ARP 转发表自学习。

链路层卫星链路协议设计：卫星链路层协议需要结合星上交换方式，开展卫星链路帧结构设计。主要技术途径包括：一是优化计算机网络数据链路层协议，如 S-ATM 协议，对 VPI、VCI 等标识重新定义，实现基于 ATM 的星上快速转发；二是采用国际标准的卫星数据链路层协议，如 ETSI 的宽带卫星通信 RSM-A 标准的卫星链路层协议 S-MAC，实现基于自定义分组的星上快速转发；三是采用自定义卫星链路帧承载计算机网络协议，如 S-SDL 协议，实现基于 IP 路由的星上查表转发。

1）基于星上 ATM 交换的卫星通信网络协议部署

基于星上 ATM 交换的卫星通信网络（如 WINDS 系统）采用统一的 ATM 分组对现有各种不同速率的业务在卫星网络中进行传输和交换，相对于“透明卫星”而言，星上 ATM 交换卫星网可提供更高的宽带通信和组网能力，重点解决干线节点之间的通信问题，直接面向用户的组网能力相对较弱。业务终端使用标准的 TCP/IP，地球站节点除部署 HTTP 增强和 TCP 增强外，还部署卫星 ATM 协议，完成数据分组的卫星 ATM 帧封装与解封装，从而实现用户各类业务数据的卫星 ATM 统一承载与交换。基于星上 ATM 交换的卫星通信网络协议部署如图 7-15 所示。

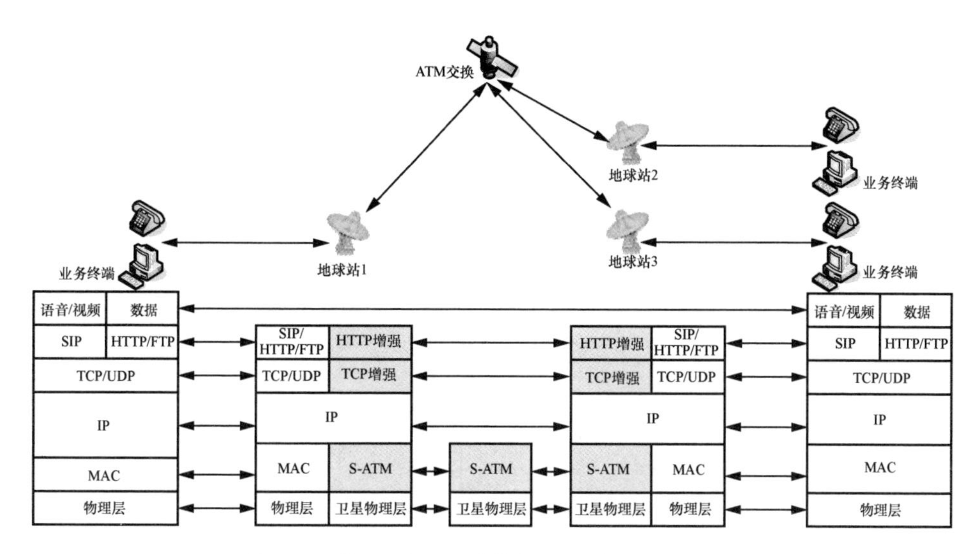

图 7-15　基于星上 ATM 交换的卫星通信网络协议部署

2）基于星上自定义分组交换的卫星通信网络协议部署

基于星上自定义分组交换的卫星通信网络（如 Spaceway 系统）采用星上处理、包交换、点波束等先进技术，通过星上交换提供用户终端之间的网状通信，可直接为用户提供 IP 业务接入。该网络交换方式与 ATM 交换方式相似，为二层（链路层）定长分组交换。星上自定义分组交换载荷根据卫星链路帧的卫星路由域标识将分组送往指定下行波束。业务终端使用标准的 TCP/IP，地球站节点除部署 HTTP 增强和 TCP 增强外，还部署卫星 MAC 协议，完成数据分组的卫星 MAC 帧封装与解封装，从而实现用户各类业务数据的卫星 MAC 统一承载与交换。基于星上自定义分组交换的卫星通信网络协议部署如图 7-16 所示。

3）基于星上 IP 路由交换的卫星通信网络协议部署

基于星上 IP 路由交换的卫星通信网络（如 IRIS 系统）是目前天基传输网络的研究热点之一，星上运行 RIP、OSPF 等路由协议，不依赖地面路由控制，自主实现不同波束下用户终端的网状通信。业务终端使用标准的 TCP/IP，地球站节点除部署 HTTP 增强和 TCP 增强外，还部署 S-RIP、S-PIM 等卫星优化路由协议、S-ARP 卫星地址解析协议等网络层协议，以及 S-SDL 协议等链路层协议。卫星节点部署 S-RIP、S-PIM 等卫星优化路由协议、S-ARP 卫星地址解析协议等网络层协议，以及 S-SDL 等链路层协议。基于星上 IP 路由交换的卫星通信网络协议部署如图 7-17 所示。

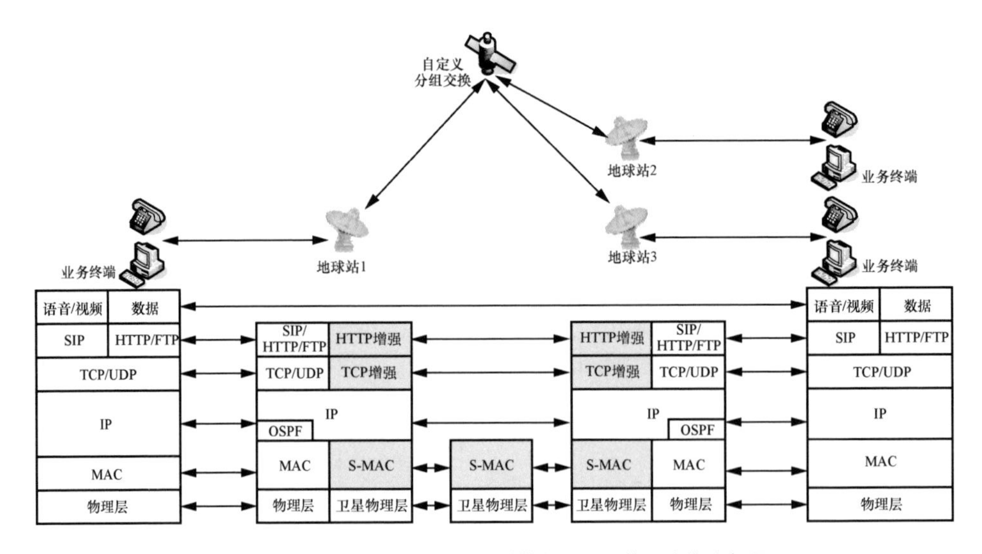

图 7-16　基于星上自定义分组交换的卫星通信网络协议部署

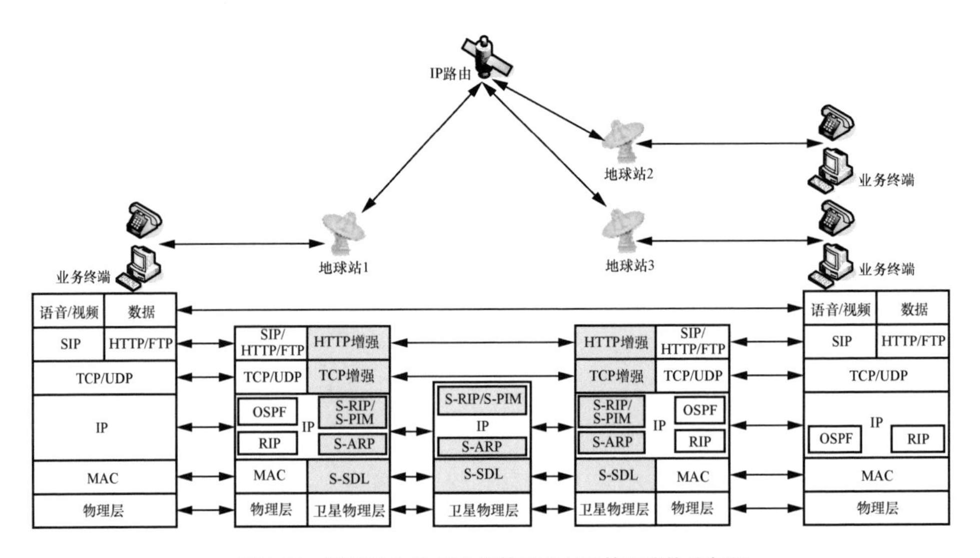

图 7-17　基于星上 IP 路由交换的卫星通信网络协议部署

（3）基于星间组网的卫星网络协议体系

基于星间组网的卫星网络采用天网地网的网络架构，其特点是卫星节点之间开始组网，卫星需要部分网络管理控制和路由交换等协议，星间组网协议成为整个卫星协议设计的关键。基于星间组网的卫星网络协议体系一方面需要在空间 TCP/IP（应用层协议和传输层协议）增强的基础上，重点针对网络层进行优化设计（空间增

强网络协议）；另一方面需要增加接入与资源控制、组网控制、网络管理控制等控制面协议，如图 7-18 所示。

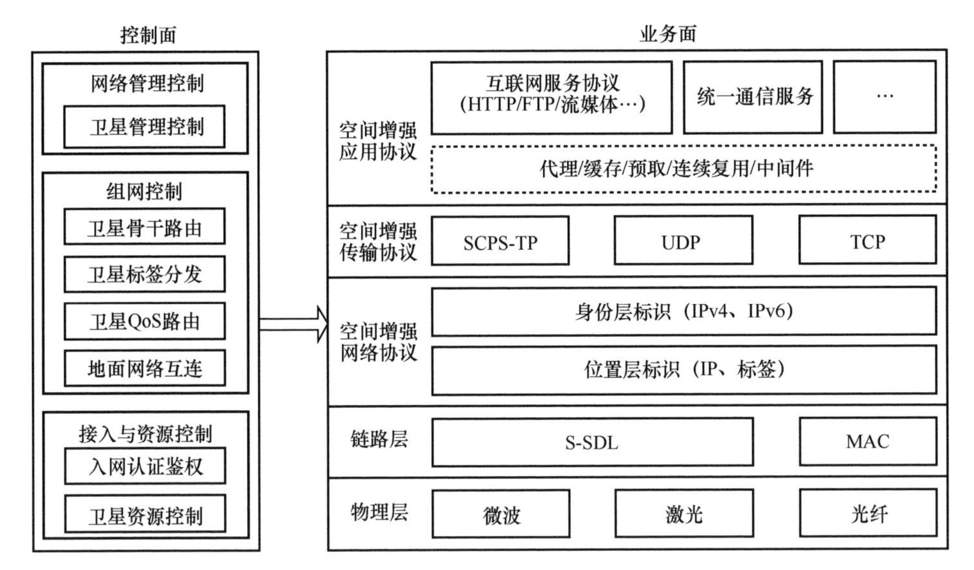

图 7-18　基于星间组网的卫星网络协议体系

空间增强网络协议：目前，地面网络和现役卫星通信系统网络层协议一般采用 IP 及其路由协议，实现业务数据的路由寻址与转发。基于星间组网的卫星网络直接采用 IP 作为网络层协议，存在星载 IP 交换容量受限、移动性支持能力弱、路由稳定性差等问题。为此，空间增强网络协议借鉴地面标识交换网络的设计思想，将网络层分为身份标识子层和位置标识子层。身份标识子层兼容 TCP/IP 网络层，可采用 IPv4 或 IPv6 地址代表用户的身份标识；位置标识子层可引入标签封装，代表用户在卫星网络中的位置标识。卫星信道终端根据用户的身份标识，为其封装用于卫星节点交换的位置标识。卫星节点仅根据数据包的标签进行转发，查表算法简单，有利于星载大容量交换的实现。同时，通过身份标识和位置标识的分离，屏蔽用户路由信息，提高了卫星网络路由的稳定性，并支持用户的跨星/跨波束移动切换。

控制面协议：控制面协议包括卫星接入与资源控制子层、卫星组网控制子层和卫星网络管理控制子层 3 个层面。卫星接入与资源控制子层主要包括入网认证鉴权协议和卫星资源控制协议。入网认证鉴权协议完成用户节点随遇接入卫星网络、用户节点与卫星网络相互认证等功能；卫星资源控制协议主要用于实现对卫星网络无线资源的分配和调度。卫星组网控制子层主要包括卫星骨干路由协议、卫星标签分发协议、卫星 QoS 路由协议和地面网络互联路由协议等，实现数据包端到端的路由选择。卫星网络管理控制子层主要通过网络管理控制协议实现对全网运行状况的实时监控，用于保障整个卫星网络的正常运行。

1）业务面协议部署

基于星间组网的卫星网络业务面协议部署如图 7-19 所示。业务终端和地面路由器使用 TCP/IP，通过卫星信道终端实现标准 TCP/IP 到卫星网络业务面协议的转换，包括空间增强应用协议、空间增强传输协议（SCPS-TP）、空间增强网络协议、空间链路协议（S-SDL），卫星节点实现基于位置标识（标签）的快速转发。

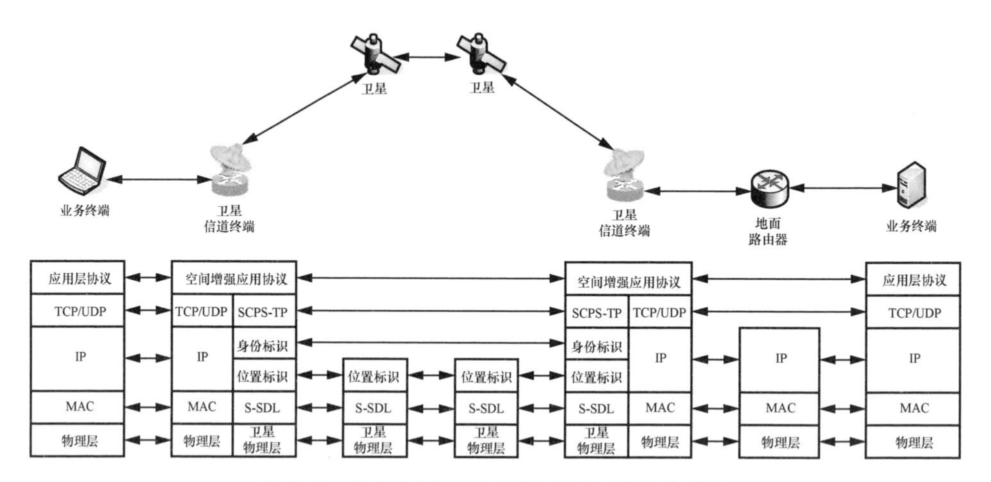

图 7-19　基于星间组网的卫星网络业务面协议部署

2）控制面协议部署

考虑到卫星节点载荷处理能力，以及卫星网络抗毁重构等要求，基于星间组网的卫星网络一般需要支持多种网络控制策略，如地面集中控制、各星分布控制以及地面集中与卫星分布控制相结合的控制模式，针对不同的控制模式，控制面协议的部署也有所不同。以各星分布控制部署和地面集中控制部署为例，其控制面协议部署分别如图 7-20、图 7-21 所示。控制面协议可分为卫星接入与资源控制、卫星组网控制、卫星网络管理控制 3 个层次。其中，卫星接入与资源控制子层包括入网认证鉴权协议和卫星资源控制协议；卫星组网控制子层包括卫星骨干路由协议、卫星标

签分发协议、卫星 QoS 路由协议和地面网络互联路由协议；卫星网络管理控制子层包括 SNMP 等。

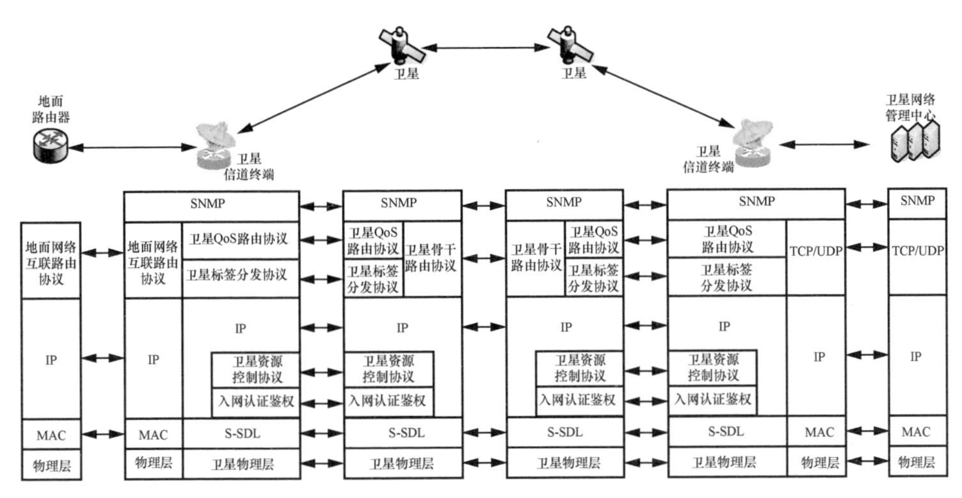

图 7-20　基于星间组网的卫星网络控制面协议部署（分布式）

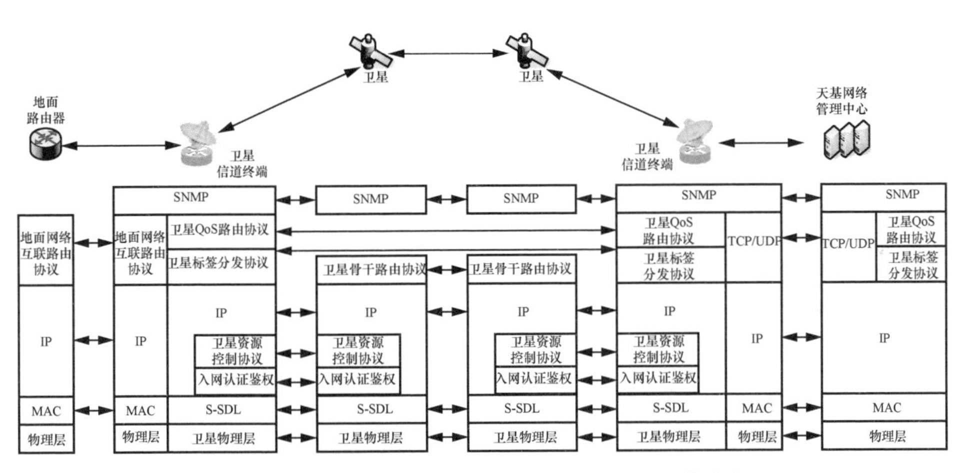

图 7-21　基于星间组网的卫星网络控制面协议部署（集中式）

7.3.1.2　高轨卫星移动协议体系

目前，在轨运行的高轨卫星移动协议体系主要参考地面移动协议体系和 GMR 标准。GMR 全称为 GEO 卫星移动通信系统空口技术规范，由 ETSI 发布，分为 GMR-1 和 GMR-2 两个系列。随着地面移动通信系统由 2G 向 2.5G 再向 3G 发展，GMR-1

发布了对应的标准：基于地面 GSM 架构的 GMR-1 R1、基于地面 GPRS 架构的 GMR-1 R2，以及基于地面 3G 架构的 GMR-1 3G。采用 GMR-1 R1 标准的典型系统是 Thuraya 系统，GMR-1 3G 被应用于 TerreStar、SkyTerra 等系统。此外，3GPP 从 R14 版本开始关注卫星与 5G 的融合，并在 R16 技术报告 TR 38.821 中提出了基于透明转发和基于星上处理的卫星 5G 网络架构和协议体系。

（1）GMR-1 R1 协议体系

GMR-1 R1 协议体系以 GSM 系统为基础，使用了大部分 GSM 协议，重点定义了两个接口协议，即移动地球站与关口站之间的 Um 接口协议、关口站与交换中心的 A 接口协议。移动地球站协议结构由物理层、链路层和网络层组成，网络层又可分为无线电资源控制子层（S-RRC）、移动性管理子层（S-MM）和连接管理子层。关口站无线一侧协议由物理层、数据链路层和无线资源控制层构成，有线一侧协议由消息传输部分、信令连接控制部分和基站子系统应用部分组成。交换中心 A 接口协议结构由消息传输部分、信令连接控制部分、基站子系统应用部分、移动性管理层和连接管理层构成，如图 7-22 所示。

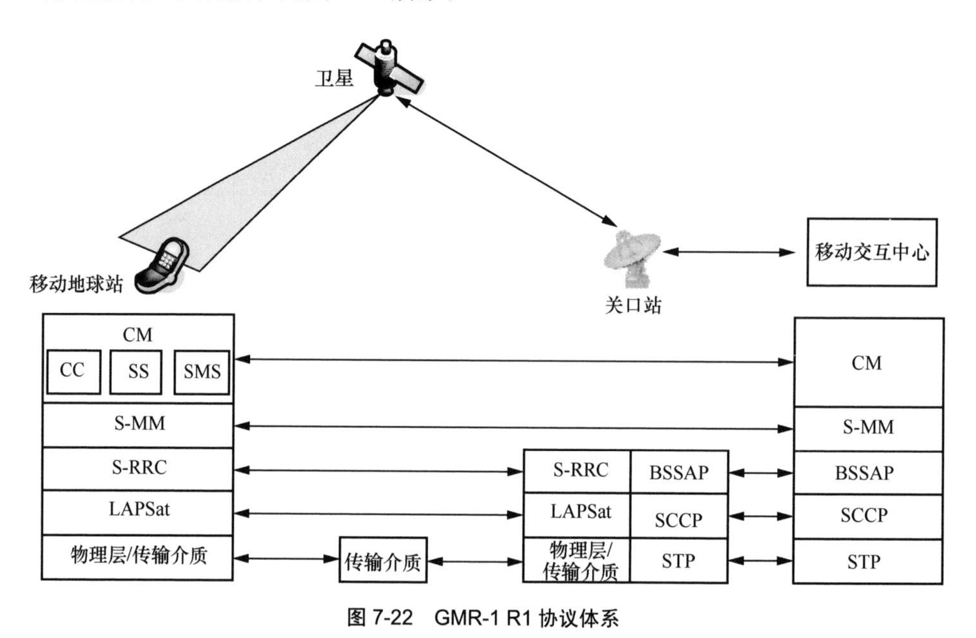

图 7-22　GMR-1 R1 协议体系

1）物理层

GMR-1 R1 物理层与 GSM 物理层相比，在信道组成、信道编解码方式、信

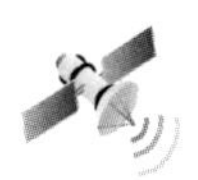

号调制策略等方面有较大的差异。GMR-1 R1 物理信道上行链路使用 L 频段 1.525～1.559GHz 的频率，下行链路使用 1.6265～1.6605GHz 的频率，有效带宽为 34MHz，新增了用于高穿透警报业务的 BACH、用于传输单跳端到端业务相关信令的 TACCH 和用于广播 GPS 位置信息的 GBCH。GMR-1 R1 信道编码分为内码和外码，外码用于发现错误，内码用于纠错。GMR-1 R1 针对不同的突发使用不同的调制方式，如频率校正信道（Frequency Correction Channel，FCCH）突发采用 π/4-CQPSK 调制，BACH 突发采用 6PSK，双激活保持突发（Dual Keep Alive Burst，DKAB）突发采用 π/4-DBIT/SK 调制，其他突发采用 π/4-CBIT/SK 调制。

2）链路层

GMR-1 R1 链路层使用 LAPSat 协议。LAPSat 协议由 GSM 系统的 LAPDm 协议修改而来，主要改动包括：在 GSM 系统 5 种帧格式的基础上，重新定义了两种数据帧格式，对帧字段进行了修改；新增了组拒绝命令/响应，用于指示重传一组数据帧；修改了链路层数据发送窗口的大小和定时器的超时门限，提高了链路的利用率。

3）网络层

GMR-1 R1 网络层包括无线资源控制子层、移动性管理子层和呼叫控制子层，在 GSM 系统的基础上，重点对无线资源控制子层和移动性管理子层进行了修改。GMR-1 R1 无线资源控制子层负责在移动地球站（Mobile Earth Station，MES）和 GS 之间建立、维护和释放 RR 连接，提供 MES 和 GS 之间的点到点可靠通信。由于无线环境的差异，GMR-1 R1 无线资源控制子层连接建立流程与 GSM 系统有很大的不同，除此之外，删除了附加信道指配规程和频率再定义规则；GMR-1 R1 移动性管理子层负责 MES 位置注册更新、鉴权等，在 GSM 系统的基础上，新定义了高穿透警报服务状态。

（2）GMR-1 3G 协议体系

GMR-1 3G 标准是面向地面 3G 网络，为实现 GEO 卫星移动通信系统与地面 3G 核心网互联而制定的。GMR-1 3G 的空中接口并没有采用与地面 3G 系统相同的 WCDMA 体制，而是保留了卫星系统中成熟的 TDMA 体制。为了实现与地面 3G 核心网的互联，GMR-1 3G 在无线接入网与核心网之间采用了 3GPP R6 的 Iu-PS 接口，支持 IP 多媒体子系统（IMS）和全 IP 核心网。GMR-1 3G 协议体系可分为控制面和用户面两部分。控制面负责无线资源控制、移动终端与网络之间的信令连接等；用户面负责用户业务数据的承载，如语音业务、数据业务。GMR-1 3G 的控制面和用户面协议体系分别如图 7-23、图 7-24 所示。

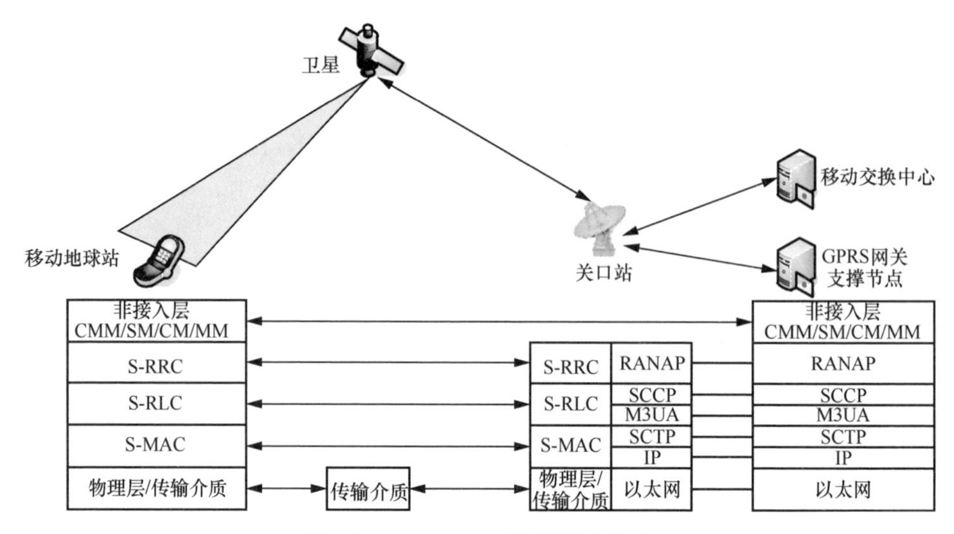

图 7-23　GMR-1 3G 控制面协议体系

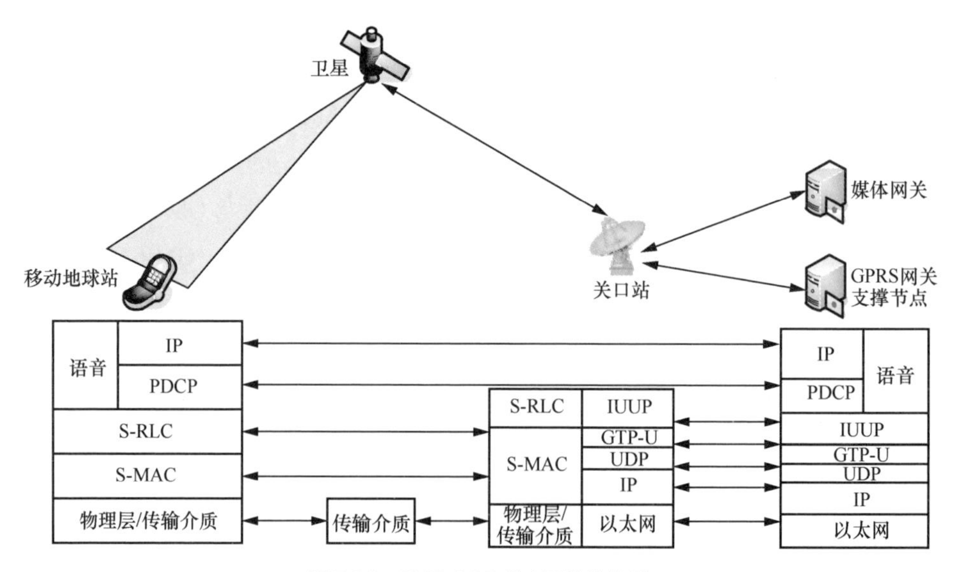

图 7-24　GMR-1 3G 用户面协议体系

1）控制面协议体系

控制面协议体系的空中接口部分可分为接入层和非接入层。接入层由四部分组成：物理层、媒体接入控制（S-MAC）协议、无线链路控制（S-RLC）协议和无线电资源控制（S-RRC）协议，它们都是在地面 3G 协议的基础上进行适应性改进的。非接入层由两部分组成：CS 域的移动性管理（MM）协议和连接管理（CM）协议、PS 域的 GPRS 移动性管理（GPRS Mobility Management，GMM）协议和 SM 协议。

- 接入层。物理层采用 TDMA 体制，与 GMR-1 R1 相比，其增加了对多个载波合并接收、Turbo 码和 LDPC 码等信道编码，以及 16APSK 和 32APSK 等调制方式的支持，进一步提高了传输效率和系统容量；S-MAC 协议主要完成逻辑信道和传输信道的映射，以及多个逻辑信道与同一传输信道的复用和解复用等功能；S-RLC 提供不同模式（AM、UM、TM）的数据传输及数据的分段、重组等功能；S-RRC 协议完成广播、寻呼、连接管理、无线承载控制和信令完整性保护等功能。
- 非接入层。MM 协议负责用户的移动性管理和安全保密处理；CM 协议包括呼叫控制、补充业务和短消息业务，具体功能可参见 3G 协议体系的相关说明；GMM 协议负责在 PS 域进行用户移动性管理信息的交互；SM 协议负责分组数据业务的 MES 连接到外部数据网络的处理过程。

2）用户面协议体系

用户面协议体系分为空中接口协议体系和地面承载接口协议体系。空中接口协议体系包括物理层、S-MAC、S-RLC 和 PDCP，其中 PDCP 也属于接入层协议，用于对数据进行分组，完成分组数据的头压缩和完整性保护等功能；地面承载接口协议体系用于传输关口站到核心网的用户业务，采用 3GPP R6 的 Iu-PS 接口，协议自下而上包括以太网物理层/链路层、IP、UDP、GTP-U 协议和 IuUP。

（3）卫星 5G 协议体系

3GPP 制定的 5G 网络是一个开放的系统，十分重视卫星等非地面网络在 5G 中扮演的角色，将卫星接入列为 5G 的多种接入技术之一，并对卫星网络的部署方案和应用场景进行了具体研究和分析。在 2019 年年底发布的技术报告 TR38.821 中，3GPP 分析了卫星 5G 的应用场景，结合 5G 地面通信网络的无线接入网架构，提出了基于透明转发、基于星上处理的卫星 5G 接入网架构，并针对每种架构，给出了用户面和控制面协议体系，分别如图 7-25、图 7-26、图 7-27、图 7-28 所示。

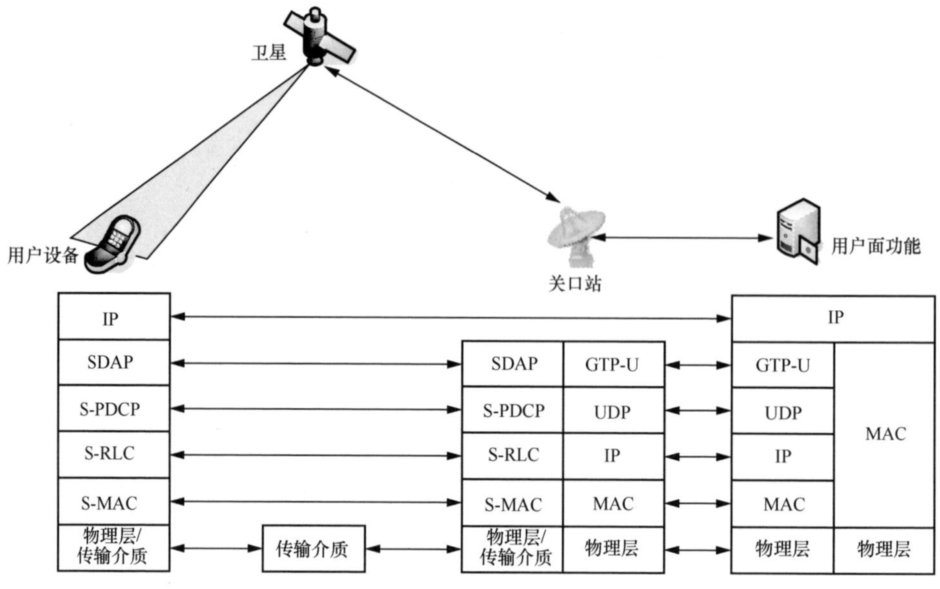

图 7-25　基于透明转发的卫星 5G 用户面协议体系

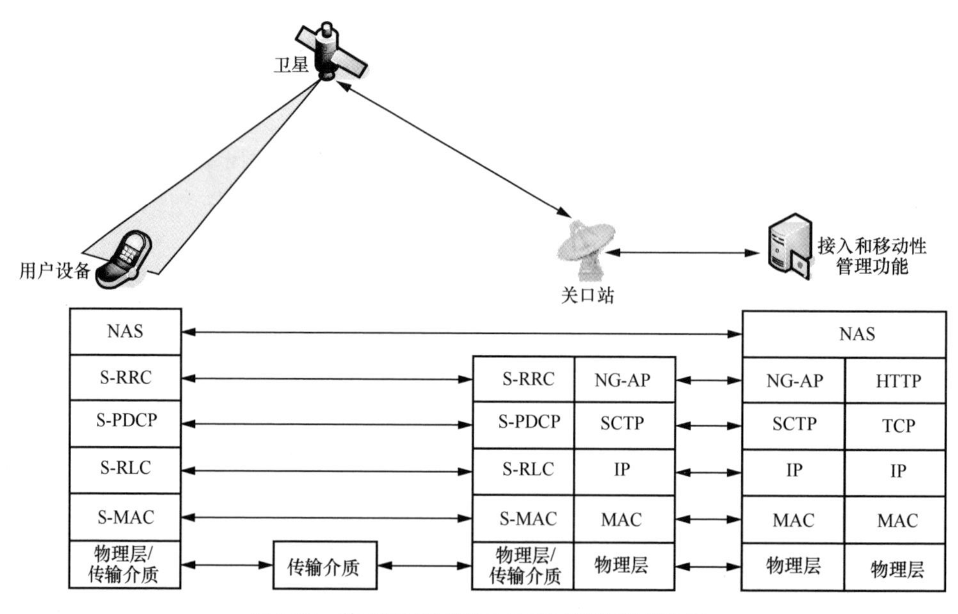

图 7-26　基于透明转发的卫星 5G 控制面协议体系

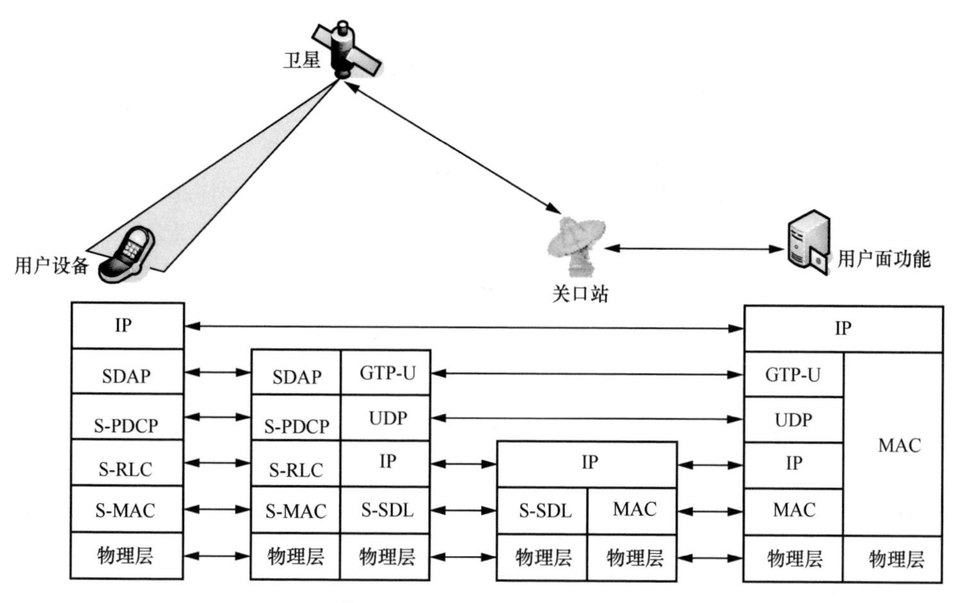

图 7-27　基于星上处理的卫星 5G 用户面协议体系

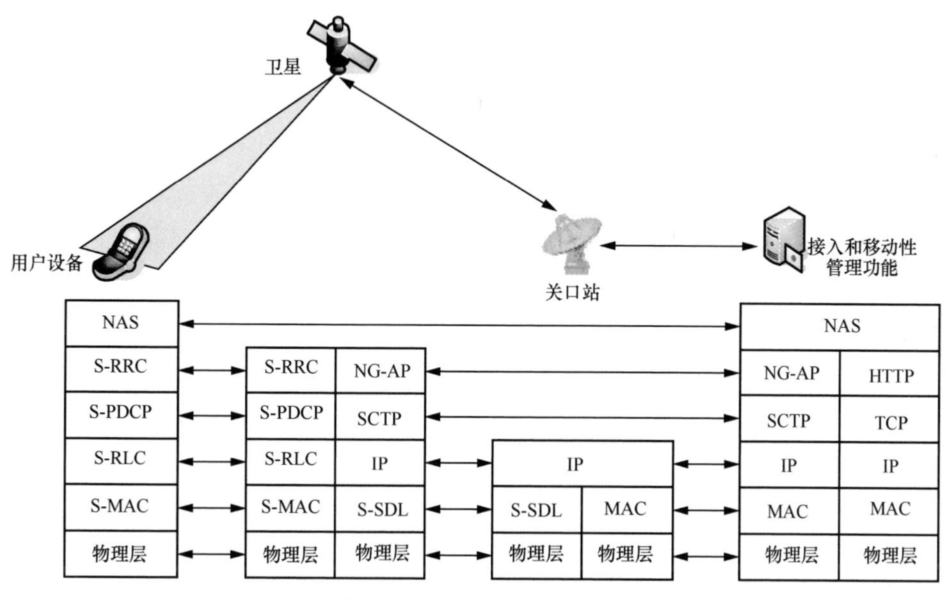

图 7-28　基于星上处理的卫星 5G 控制面协议体系

1）物理层

GEO 星地链路长时延导致控制回路反应慢，对物理层自适应调制编码和功率控制等闭环控制流程性能造成严重影响。自适应调制编码通过调整无线传输的调制方式与编码速率来确保链路的传输质量。为了解决信道状态上报过时的问题，TR38.821 讨论多种优化方案但未形成最终结论，建议继续沿用 3GPP R15 定义的信道状态信息（CSI）反馈机制。针对上行功率控制，TR38.821 对比功率控制参数波束专用配置、基于预测的功率控制调整、基于组的功率控制参数配置等多种优化方案，但未形成最终结论，建议沿用 3GPP R15 的闭环功率控制方式。

2）MAC 层

GEO 星地链路长时延对 MAC 层的随机接入过程、HARQ 机制以及调度信息报告等造成一定影响。5G 标准采用 4 步随机接入过程，UE 发出接入请求后，需等待一段时间才能接收到响应信息。如果等待时间超时，则重新发起随机接入过程。在卫星 5G 场景中，需要设置更大的等待时间阈值，否则 UE 会误认为信息丢失而频繁发起随机接入。HARQ 机制可以使发送端同时发送多组数据而不必等待接收端确认信息，并由接收端进行合并检测。在卫星 5G 场景中，为了避免发送端由于长时延而长时间等待，需要增加 HARQ 进程数，并增加相应的存储空间。调度信息报告是指上行数据到达 UE 的发送缓冲后，UE 需要先向基站发送调度请求信息，等待基站分配一定的上行资源后，再向基站发送数据缓冲区的状态报告，而后等待基站分配上行调度资源来发送缓冲区数据。在卫星 5G 场景中，数据发送前的两次请求过程将耗费大量等待时间，可考虑采用以下方式解决这个问题：终端发送调度请求后，基站盲分配尽量多的上下资源，或者发送的调度请求包含缓冲区状态报告。

3）RLC 层/PDCP 层

GEO 星地链路长时延主要对 RLC 层/PDCP 层的序号管理和重传定时器等造成一定影响。在卫星 5G 场景中，需要对 RLC/PDCP 序列号的长度以及重传定时器的阈值进行扩展，并增加相应的存储空间。

4）SDAP 层

SDAP 层负责 QoS 流与无线承载的映射，不会受到卫星 5G 场景中星地链路长时延的影响。SDAP 层可以支持卫星 5G 场景，不需要修改。

7.3.1.3 高轨中继卫星协议体系

中继卫星系统主要采用 CCSDS 协议体系中的遥测（Telemetry，TM）、遥控（Telecommand，TC）、高级在轨系统（AOS）等数据链路层协议，实现航天器与地

面站之间的遥测信息、遥控信息和数传信息的点到点传输。CCSDS 协议体系最初只规定了物理层和数据链路层协议，后来逐渐将 TCP/IP 引入协议体系，针对空间环境的特点，制定了一套空间通信协议标准（Space Communication Protocol Standards，SCPS），包括网络层协议 SCPS-NP、安全协议 SCPS-SP、传输协议 SCPS-TP、文件协议 SCPS-FP 等。CCSDS 协议是专门为空间网络设计的，协议效率高，已被全球大多数航天机构采纳与应用[27]。CCSDS 协议体系如图 7-29 所示。

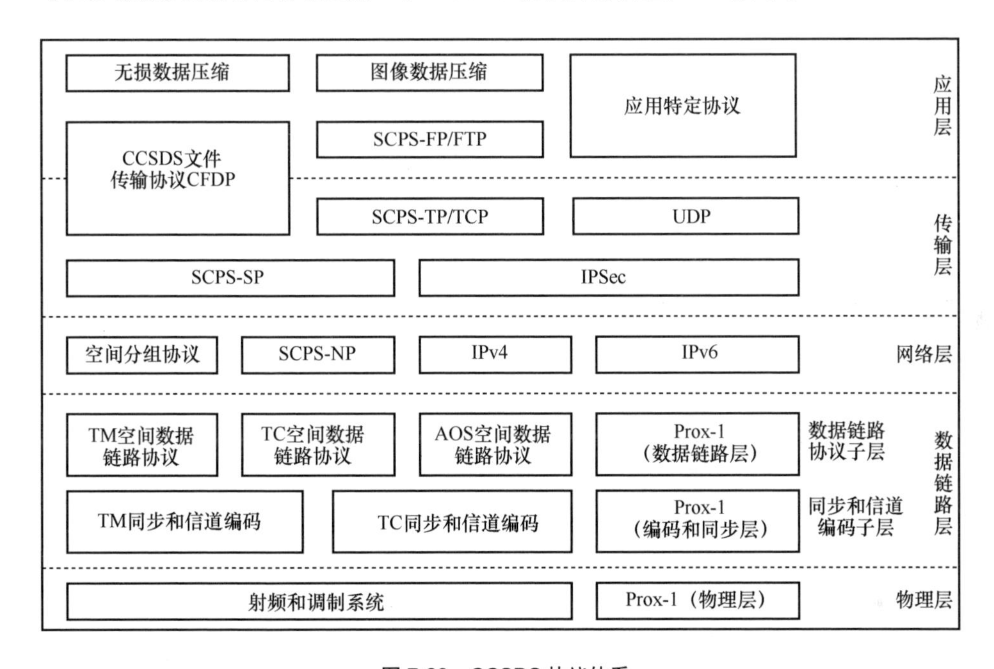

图 7-29　CCSDS 协议体系

（1）物理层

CCSDS 定义了射频和调制系统，规定了航天器与地面站之间的物理层协议。该协议中的 Prox-1 链路协议定义了邻近空间链路的物理层特性。

（2）数据链路层

CCSDS 的数据链路层可分为数据链路协议子层、同步和信道编码子层。数据链路协议子层规定了空间链路上数据帧的格式。同步和信道编码子层规定了在空间链路传输数据帧的同步方法和信道编码方法。

CCSDS 的数据链路协议子层包含 4 个协议：TM 空间数据链路协议、TC 空间数据链路协议、AOS 空间数据链路协议、Prox-1 空间数据链路协议。与之对应，

CCSDS 规定了数据链路层的同步和信道编码子层的 3 个规范：TM 同步和信道编码、TC 同步和信道编码、Prox-1 同步和编码协议。其中，TM 和 AOS 空间数据链路协议使用 TM 同步和信道编码方式，TC 空间数据链路协议使用 TC 同步和信道编码方式，Prox-1 空间数据链路协议使用 Prox-1 同步和编码方式。CCSDS 的各类空间数据链路协议均有适用的应用场景，如 TM 空间数据链路协议通常用于从航天器发送遥测信息到地面站，TC 空间数据链路协议通常用于从地面站发送指令到航天器，AOS 空间数据链路协议用于在高速的上下行通信链路中同时双向传输 IP 数据、语音、视频、实验数据等信息，Prox-1 空间数据链路协议主要用于近距离航天器之间以信息传输为主的通信。CCSDS 规定的 4 个空间数据链路协议均为点到点协议，采用虚拟信道对多个数据流的信道进行动态管理，即每个信源以时分复用的方式虚拟独占通信链路，从而可以在同一通信链路上传输多个数据流，提高了信道的利用率。CCSDS 空间数据链路协议包含航天器标识符（Spacecraft Identifier，SCID）和 VCI，这些标识符组成地址空间，用于区分不同的传输数据。CCSDS 空间数据链路协议地址空间见表 7-1，可以区分 256～1024 个航天器，为每个航天器提供 2～64 个地址空间，用来实现网络层以上的信道划分和路由选择。

表 7-1　CCSDS 空间数据链路协议地址空间

地址空间	TM 协议	TC 协议	AOS 协议	Prox-1 协议
航天器标识符	0～1023	0～1023	0～255	0～1023
虚拟信道标识符	0～7	0～63	0～63	0～1

（3）网络层

CCSDS 规定了两个网络层协议：空间分组协议（SPP）、SCPS-NP，实现了空间网络的路由功能。SPP 基于无连接，不保证数据的顺序发送和完整性，只适合静态路由的单向通信场景。与标准的 IP 相比，SCPS-NP 有 3 个方面的改进：SCPS-NP 提供 4 种包头供用户在效率和功能之间选择；既支持面向连接的路由，也支持面向无连接的路由；提供链路中断消息。

TCP/IP 协议体系的 IPv4 分组和 IPv6 分组也可以通过 IP over CCSDS 规范，将 IP 数据包放入 CCSDS 封装分组中进行传输。IP 数据包首先添加一个互联网协议扩展（IP Extend，IPE）头，用于标识 IP 子集；其次添加 CCSDS 封装包头，用于标识封装的网络协议类型和包长度等信息；最后利用 CCSDS 数据链路协议（AOS 空间数据链路协议）进行传输。当 IP 数据包长度大于链路帧时，需要对 IP 数据包进行拆分并放到 2 个及以上链路帧中，如图 7-30（a）所示。为了充分利用有限的信道资源，当 AOS 链路帧中已有 IP 数据包#2 且还有足够空间时，可以再放入 IP 数据包#3，如图 7-30（b）所示。

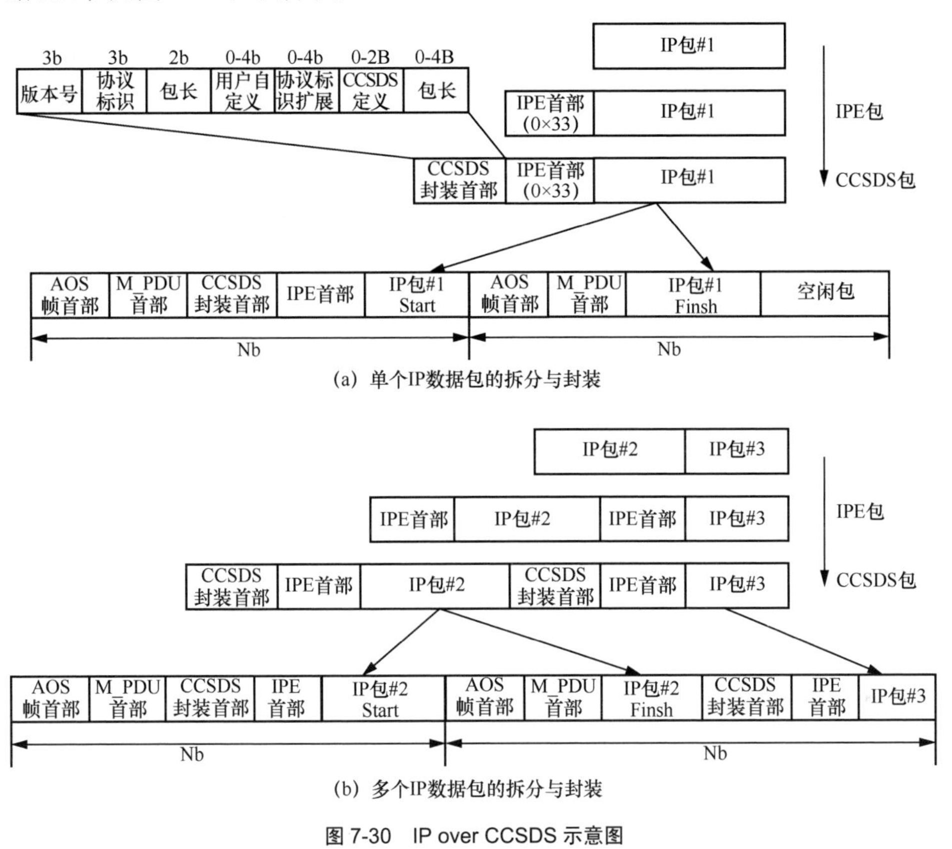

(a) 单个IP数据包的拆分与封装

(b) 多个IP数据包的拆分与封装

图 7-30　IP over CCSDS 示意图

（4）传输层

SCPS-TP 是 CCSDS 专门为空间链路设计提出的传输层协议，对空间链路上的数据传输进行优化，并可与标准的 TCP 互通。针对空间网络长时延、高误码率等特点，SCPS-TP 在标准 TCP 的基础上，采用包头压缩、选择性否定确认、窗口增大、精确的往返时延估计，以及其特有的拥塞控制机制等技术来保证空间链路下可靠高效的数据传输。SCPS-TP 采用的拥塞控制机制对于空间链路下的数据可靠传输有很大的作用。该协议将空间链路上的数据包丢失原因进行分类：若处于预测误码率较高的空间链路环境中，则默认数据包丢失是由链路误码造成的，通过发送端保持稳定的速率输出来保证在丢包的情况下不改变传输速度；若处于预测误码率较低的空间链路环境中，则默认数据包丢失是由链路拥塞造成的，使用 TCP Vegas 拥塞控制算法，根据测量的往返时延与可能的往返时延之差来判断是否将要发生拥塞，如果预测到链路将要发生拥塞，则减少发送窗口，使拥塞尽可能不要发生。

（5）应用层

CCSDS 开发了 3 个应用层协议：图像数据压缩、无损数据压缩、SCPS-FP。空间任务也可以选用非 CCSDS 建议的应用协议来满足空间任务的特定需求。应用层数据一般由传输层协议负责传输，一些情况下，应用层数据也可以由网络层协议进行传输。CCSDS 文件传输协议（CCSDS File Delivery Protocol，CFDP）集成了传输层和应用层的功能，支持端到端的文件传输。用户只需确定传输时间和文件目的地，CFDP 负责随着端到端连接的变化进行动态路由。从内核结构来看，CFDP 包括两个协议：核心文件传输协议和扩展文件传输协议。核心文件传输协议保证点到点的文件传输，扩展文件传输协议保证端到端的文件传输。

目前，高轨中继卫星系统（如天链一号）采用基于任务计划的工作模式。中继卫星系统管理控制中心接收来自各个用户中心的使用申请，在此基础上对中继卫星系统资源进行优化分配，并将测运控计划下达给各个中继卫星地面站。航天器与中继卫星地面站之间的协议体系由下而上可分为物理层、链路层和应用层，链路层协议采用了 CCSDS 协议体系的 AOS 协议、TC 协议和 TM 协议，应用服务数据直接承载在链路层协议进行传输。中继卫星系统地面网络互联协议体系采用标准的 TCP/IP，基于业务类型选择 TCP、UDP 等传输层协议，并通过静态路由、OSPF 动态路由等，实现用户中心与中继卫星地面站之间数据包的路由寻址。基于任务计划的中继卫星系统协议部署如图 7-31 所示。

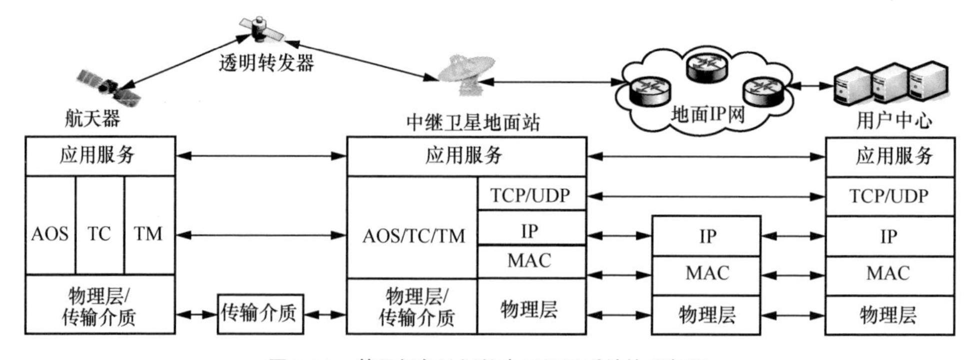

图 7-31　基于任务计划的中继卫星系统协议部署

基于任务计划的使用方式难以满足未来大规模航天器用户的测运控需求，为了应对未来天基测控资源不足以及规划调度复杂度高等问题，中继卫星系统在全景多波束多目标技术的基础上，借鉴地面移动通信系统随机接入机制，设计实现航天器用户随遇接入工作模式。为了支持航天器用户随遇接入中继卫星系统，实现遥测、遥控、数传等数据的端到端传输，未来中继卫星系统协议体系需在现有协议优化改进的基础上，增加各类接入控制与管理协议。具体地，在用户面协议方面，地面网络互联采用标准TCP/IP，航天器用户支持 CCSDS 协议，中继卫星地面站支持 TCP/IP 到 CCSDS 协议的转换，从而使中继卫星系统在网络层通过标准的 IP 实现端到端通信。此外，针对航天器用户移动性带来的路由变化对地面网络的影响，业务数据采用 IP 隧道方式在地面网络中传输。基于随遇接入的中继卫星系统用户面协议部署如图 7-32 所示。

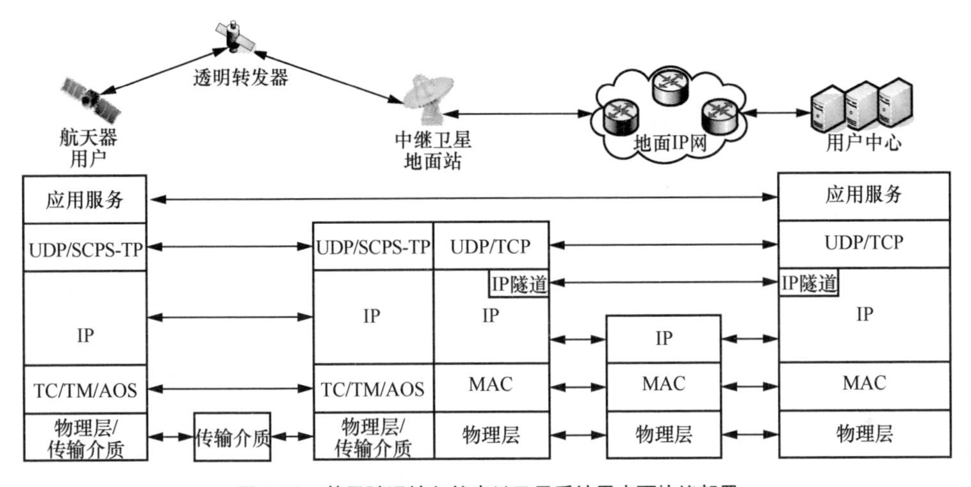

图 7-32　基于随遇接入的中继卫星系统用户面协议部署

在控制面协议方面，在航天器用户与中继卫星地面站之间增加了链路接入控制协议、入网认证鉴权协议和网络接入控制协议。链路接入控制协议为航天器用户动态选择合适的中继卫星地面站、中继卫星波束以及波束中分配信道，保证航天器用户与中继卫星地面站之间的链路层连接；入网认证鉴权协议为航天器用户和中继卫星系统之间提供双向认证鉴权功能，实现航天器用户的安全接入；网络接入控制协议为航天器动态分配 IP 地址，解决航天器用户移动管理问题。航天器用户与中继卫星系统管理控制中心之间增加了航天器应用管理协议，提供航天器用户身份标识与IP 地址之间的映射，以及航天器状态管理等功能。基于随遇接入的中继卫星系统控制面协议部署如图 7-33 所示。

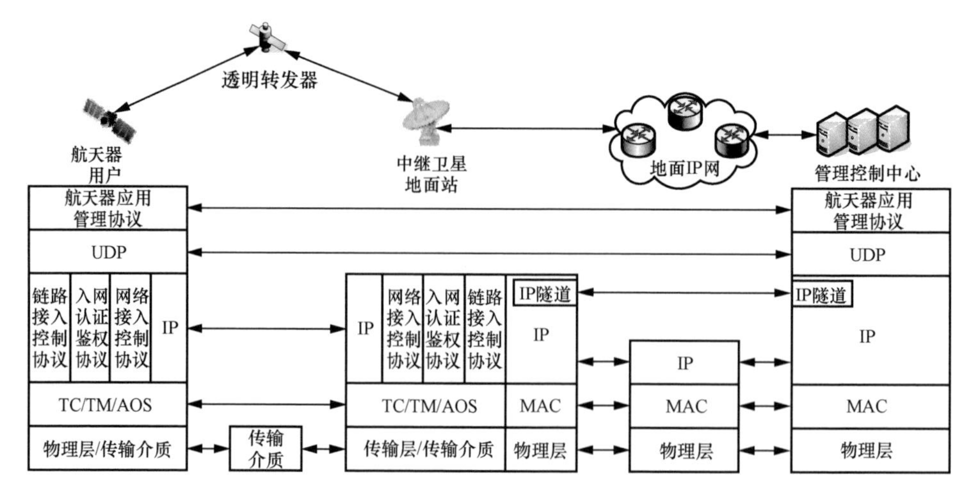

图 7-33　基于随遇接入的中继卫星系统控制面协议部署

7.3.2　低轨卫星网络

7.3.2.1　低轨宽带卫星协议体系

低轨宽带卫星网络架构由卫星接入网、卫星承载网和地面核心网组成，采用空间 TCP/IP 与移动协议融合的协议体系。卫星接入网、卫星承载网协议体系主要在空间 TCP/IP 的基础上，针对低轨卫星网络拓扑高动态特点进行优化改进；地面核心网协议体系主要参考地面 5G 核心网协议，并实现与卫星接入网的协议适配。低轨宽带卫星协议体系可分为控制面协议和用户面协议。控制面协议主要包括星间路由协议、用户路由协议以及移动管理协议等，星间路由协议可参考低轨星座时间片路由策略，由关口站根据低轨卫星星历信息，计算星间路由转发表，并提前上注到低轨卫星，用于实现用户数据的星间路由与转发；用户路由协议可参考高轨宽带卫星标签分发协议，由关口站集中维护用户站之间的路由信息，实现用户路由到星间路由的转换；移动管理协议用于维护用户站的位置信息，向地面核心网提供用户寻呼功能。用户面协议主要参考 TCP/IP，并进行空间协议增强，实现用户数据的承载。

（1）端到端的控制面协议配置

低轨宽带卫星控制面协议栈如图 7-34 所示，控制面协议流主要通过关口站完成卫星接入网协议到 5G 核心网标准协议的转换，并通过卫星承载网路由交换完成卫星间的传输承载。

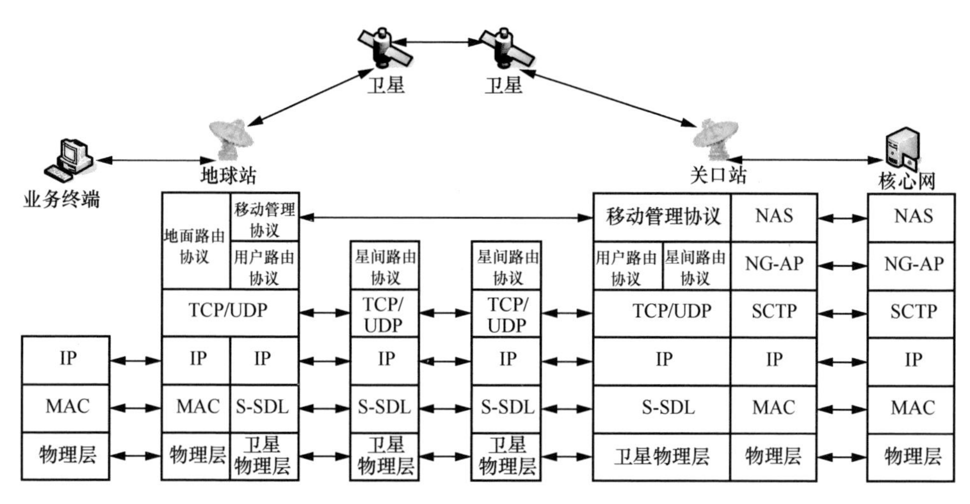

图 7-34　低轨宽带卫星控制面协议栈

（2）端到端的用户面协议配置

地面用户需要通过卫星信道终端实现用户与地面公网间的数据互通，该场景下的用户面协议栈如图 7-35 所示，地面用户业务终端采用 TCP/IP，用户站和关口站的卫星信道终端基于用户身份标识（如 IP 地址）与位置标识（如标签或其他自定义标识）的映射关系完成位置标识封装及解封装，卫星上的星载交换基于位置标识完成星间数据转发。

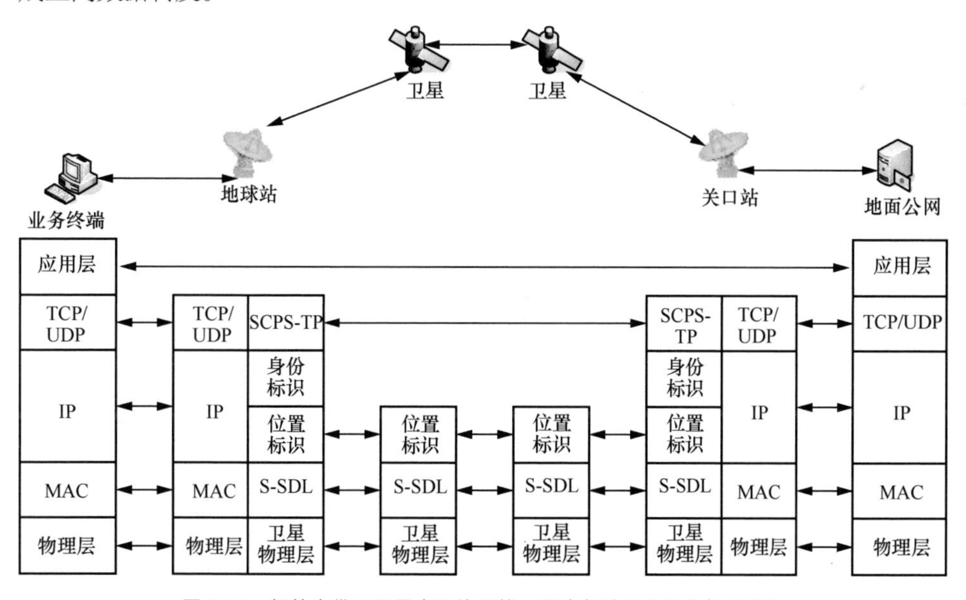

图 7-35　低轨宽带卫星用户面协议栈（用户与地面公网之间互通）

地面用户业务终端需要互通数据，该场景下的用户面协议栈如图 7-36 所示，地面用户业务终端采用 TCP/IP，地球站的卫星信道终端基于用户身份标识（如 IP 地址）与位置标识（如标签或其他自定义标识）的映射关系完成位置标识封装及解封装，卫星上的星载交换基于位置标识完成星间数据转发。

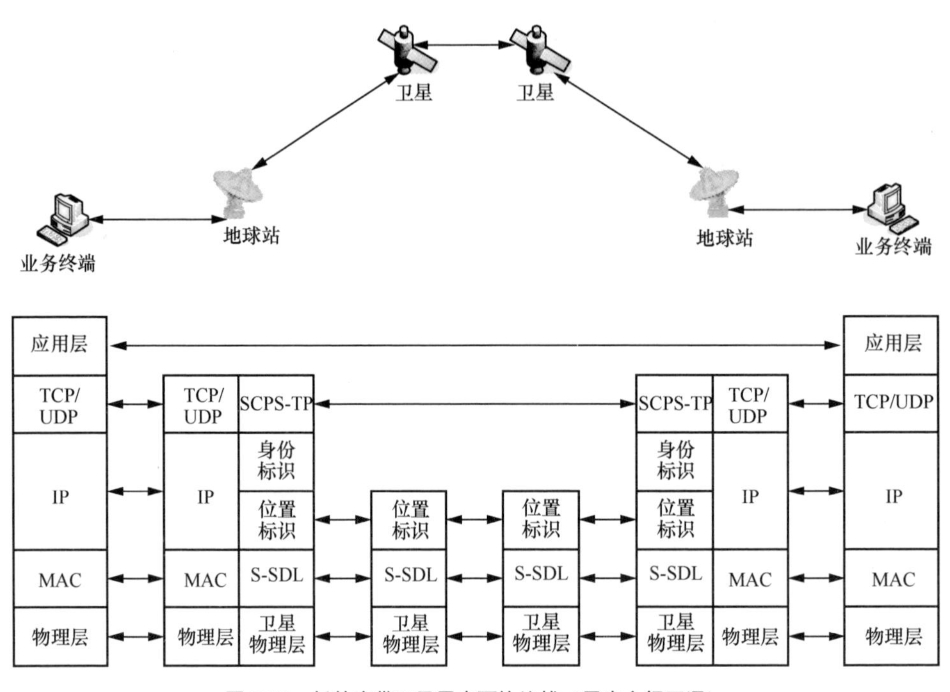

图 7-36　低轨宽带卫星用户面协议栈（用户之间互通）

7.3.2.2　低轨卫星移动协议体系

低轨卫星移动网络架构由卫星接入网、卫星承载网和地面核心网组成，采用空间 TCP/IP 与移动协议融合的协议体系。卫星接入网主要在 4G 接入网协议的基础上，针对低轨卫星网络特点（长时延、高动态等）进行优化改进；卫星承载网主要采用空间 TCP/IP，并针对低轨卫星网络拓扑高动态特点进行优化改进，采用身份与位置分离和地面集中路由控制策略；地面核心网主要参考地面 5G 核心网协议，并实现与卫星接入网的协议适配。低轨卫星移动协议体系可分为控制面协议和用户面协议，根据业务类型的不同，又分为数据业务和语音业务两种情况。

（1）数据业务控制面协议栈

低轨卫星移动数据业务控制面协议栈如图 7-37 所示。在数据业务控制面，NAS 采用标准 NAS 信令，UE 向核心网发送 NAS 信令，NAS 信令被封装在 S-RRC 上行直传消息中，通过星地空中接口链路传递到星载基站。星载基站解析 RRC 消息，提取控制信令参数信息，并将其转化成卫星专用 SCTP，将需要转发给关口站的 SCTP 信令数据进行 IP 封装，并打上卫星位置标识（如标签或其他自定义标识），由星间交换设备通过路由寻址发送到关口站。关口站将位置标识和 IP 删除，从卫星专用 SCTP 中提取出信令参数信息，将信令参数信息转换成标准 NG-AP 消息并承载到标准 SCTP 上，最后发送到地面核心网。

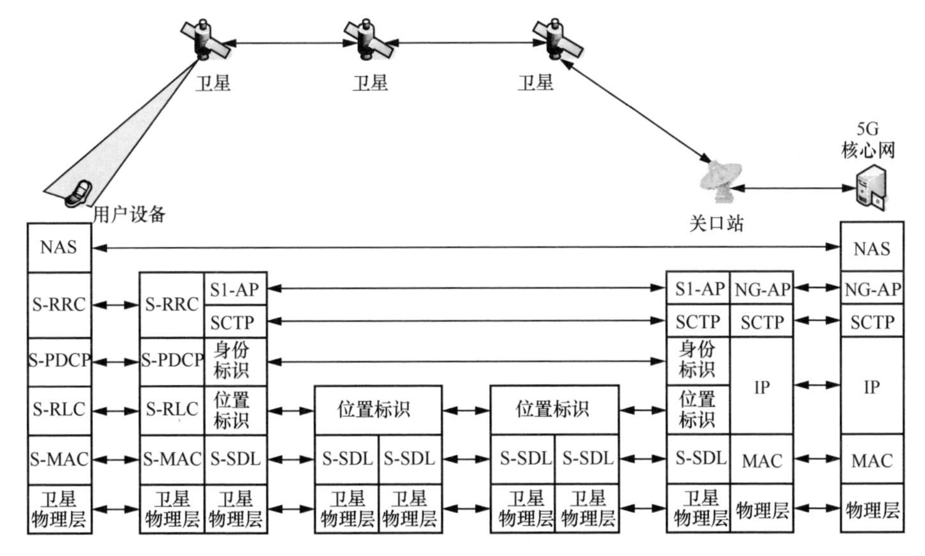

图 7-37 低轨卫星移动数据业务控制面协议栈

（2）数据业务用户面协议栈

低轨卫星移动数据业务用户面协议栈如图 7-38 所示。在数据业务用户面，UE 将数据业务封装成 IP 包，并将 IP 包转化成 S-PDCP 信息后通过星地空中接口链路发送到星载基站。星载基站建有 GTP 隧道，星载基站将数据包进行 GTP 隧道封装，形成 UDP 消息并承载到卫星位置标识（如标签或其他自定义标识），然后通过路由寻址发送到关口站。关口站删除卫星位置标识，对 UDP 消息进行 GTP 隧道解封装处理，恢复出 S-PDCP 信息，建立与核心网之间的 GTP 隧道，将 S-PDCP 数据包按映射关系封装到 GTP 隧道中，并发送给核心网用户面进行路由、转发处理。

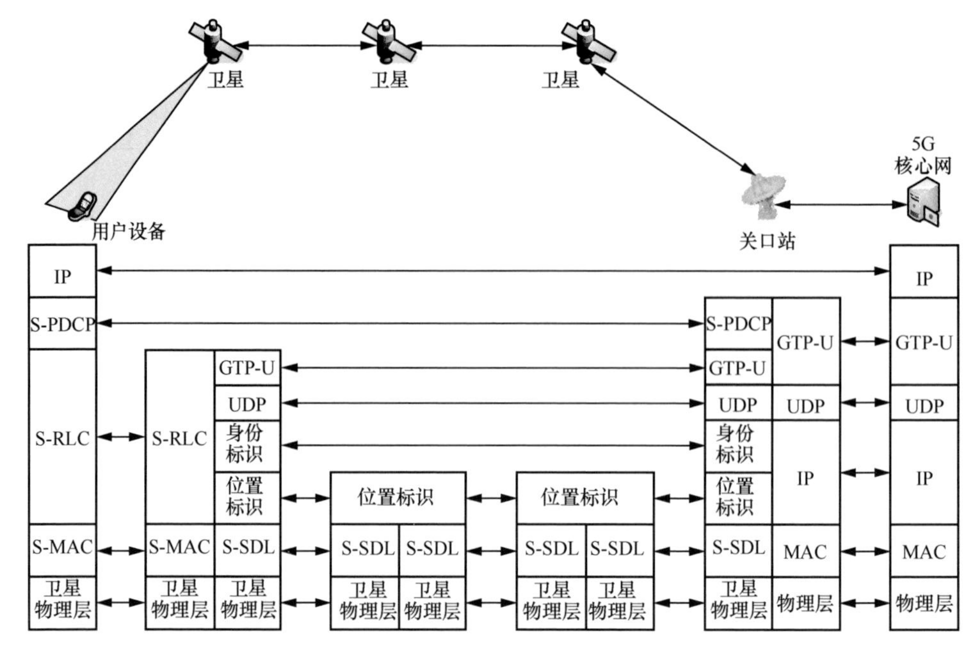

图 7-38 低轨卫星移动数据业务用户面协议栈

（3）语音业务控制面协议栈

低轨卫星移动语音业务控制面协议栈如图 7-39 所示。在语音业务控制面，由于窄带空中接口信道速率较低，语音业务采用 CS 域方式实现，在关口站进行语音信令协议适配和转换。UE 将 CC 语音信令转换成 S-PDCP 信息，并通过星地空中接口链路发送到星载基站。星载基站建有星上 GTP 隧道，星载基站将语音信令包进行 GTP 隧道封装，形成 UDP 消息并承载到卫星位置标识（如标签或其他自定义标识），然后通过路由寻址发送到关口站。关口站删除卫星位置标识，对 UDP 消息进行 GTP 隧道解封装处理，从恢复出的 S-PDCP 数据包中提取出 CC 语音信令，将 CC 语音信令转化为基于 IP 的 SIP 信令，封装到 GTP 隧道中，发送给核心网业务系统的 IMS 设备，并由 IMS 设备完成 SIP 信令处理。

（4）语音业务用户面协议栈

低轨卫星移动语音业务用户面协议栈如图 7-40 所示。在语音业务用户面，UE 将语音数据转换成 S-PDCP 信息，并通过星地空中接口链路发送到星载基站。星载基站将语音数据包封装成 GTP-U 消息，并承载到卫星位置标识（如标签或其他自定义标识），然后通过路由寻址发送到关口站。关口站删除卫星位置标识，对 GTP-U 消息进行处理，从恢复出的 S-PDCP 数据包中提取出语音数据，将语音数据封装为

IP 包，并将 IP 包发送给核心网业务系统的 IMS 进行处理。

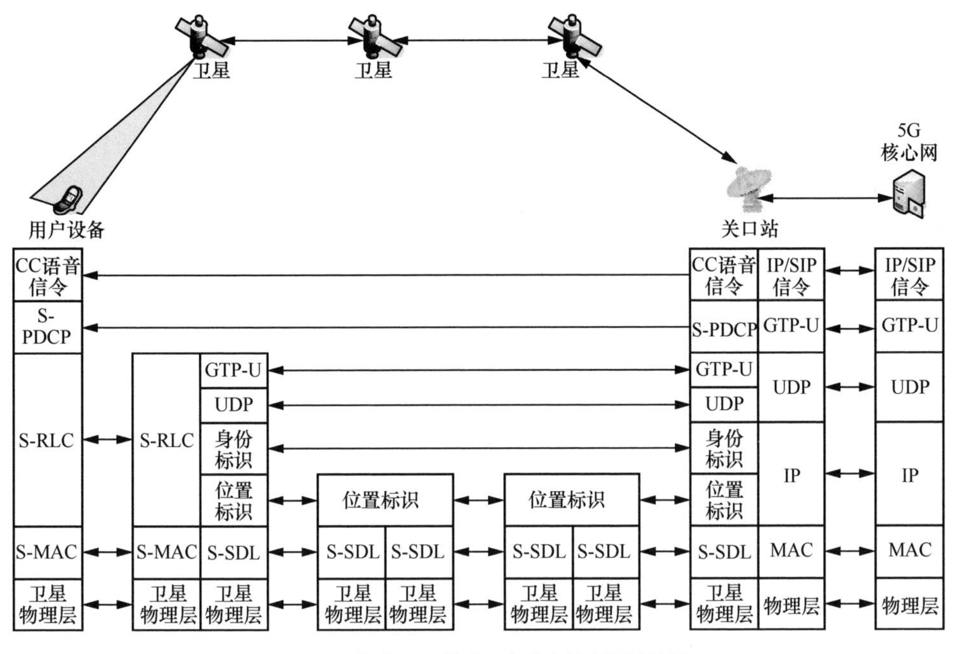

图 7-39 低轨卫星移动语音业务控制面协议栈

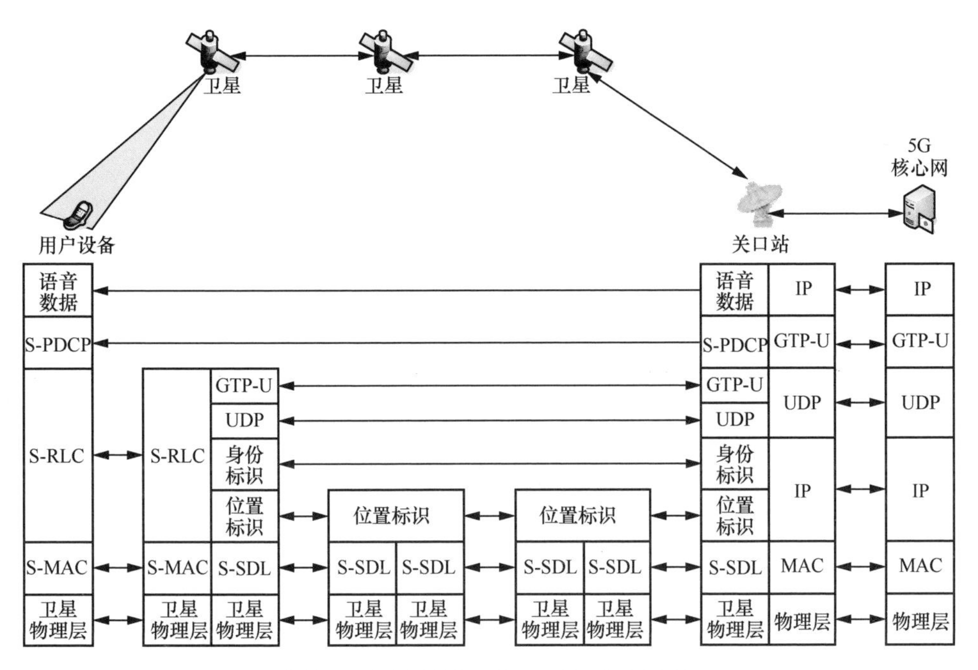

图 7-40 低轨卫星移动语音业务用户面协议栈

7.4 小结

协议作为网络高效运行的关键，需要与具体网络环境、应用服务相适应。天基网络的运行环境与地面网络存在较大差异，天地一体传输网络协议在设计时需要充分考虑到天基网络与地面网络的差异性。本章首先说明了网络协议和协议体系的定义，并给出了地面网络和天基网络的协议体系分类；然后针对地面网络协议体系，简要介绍了 TCP/IP 协议体系以及 2G、3G、4G、5G 协议体系的各层协议。针对天基网络协议体系，借鉴国内外空间信息网络协议体系的最新研究成果，详细说明基于空间 TCP/IP 的高轨宽带卫星协议体系设计、基于卫星移动协议的高轨卫星移动协议体系设计、基于 CCSDS 协议的高轨中继卫星协议体系设计以及基于空间 TCP/IP 和移动协议融合的低轨宽带卫星/低轨卫星移动协议体系设计等内容。

第8章

站型（终端）及网络应用

本章比较系统地阐述了终端、网络类型和典型应用，重点成体系地梳理了站型、基础网络类型，以及基于基础网络和站型的典型行业应用系统构建方法。

8.1 站型（终端）

8.1.1 站型（终端）分类

可按照业务体系、装载编配平台、工作频段、网络角色、卫星轨道、军民用途等对天基传输网络的站型（终端）进行分类，如图 8-1 所示。

- 站型（终端）分类
  - 按业务体系分类
    - 卫星通信类
      - 移动业务终端（通常对应UHF、L或S频段）
      - 固定业务站型（终端）（通常对应C、X、Ku、Ka等频段）
      - 抗干扰业务站型（终端）（一般对应Ka或EHF频段）
    - 卫星中继类
      - 数传测控一体站型（对应S或者Ka等频段）
      - 控制类站型（对应S等频段）
  - 按装载编配平台分类
    - 手持、便携、固定站型（终端）
    - 车载、船载、机载站型（终端）
    - 弹载、星载站型（终端）
  - 按工作频段分类
    - UHF、L、S频段终端
    - C、X、Ku、Ka、Q/V频段站型（终端）
    - L/S双频段、Ku/Ka双频段、多频段等站型（终端）
  - 按网络角色分类
    - 中央站、中心站、区域站、远端站
    - 电信港站、关口站
    - 管理型站、业务型站（或者用户站）
  - 按使用的卫星轨道分类
    - 使用高轨GEO卫星、IGSO卫星的站型（终端）
    - 使用低轨卫星的站型（终端）
    - 使用中轨卫星的站型（终端）
  - 按军民用途分类
    - 军用站型（终端）
    - 民用站型（终端）

图 8-1　天基传输网络的站型（终端）分类

8.1.2　移动业务与固定业务的站型（终端）区别

（1）站型技术特点

移动业务站型（终端）通常工作于 UHF、L、S 等频段（馈电链路站型除外），发射接收能力弱、天线波束宽、跟踪简单，适合手持、车载、船载等平台，通常将这类站型称为窄带业务站型；固定业务站型（终端）通常工作于 C、X、Ku、Ka 等高频段，发射接收能力较强、天线波束窄、跟踪复杂，适合固定、车载、船载等平台，通常将这类站型称为宽带业务站型。移动业务站型（终端）和固定业务站型（终端）在相同天线口径下的收发增益、波束宽度和雨衰等参数对比见表 8-1。

表 8-1　移动业务站型（终端）和固定业务站型（终端）主要技术特点对比

地球站类型	移动业务站型(终端)	固定业务站型（终端）	
工作频段	UHF/L/S	C/X/Ku	Ka/Q/V/W
发频段	389～396MHz 1610～1675MHz 1980～2010MHz	5925～6425MHz 7.9～8.4GHz 14.0～14.5GHz	29.4～31GHz 42.5～51.4GHz 81～86GHz
收频段	344～351MHz 1518～1559MHz 2170～2200MHz	3700～4200MHz 7.25～7.75GHz 12.25～12.75GHz	19.6～21.2GHz 37.5～42.5GHz 71～76GHz
发增益	8.4dB/20.1/22.5dB	32.2dB/35dB/39.5dB	46.1dB/48.6～50.3dB/54.2～54.7dB
收增益	7.3dB/19.7/23dB	28.4dB/34dB/38.4dB	42.7dB/47.6～48.6dB/53.1～53.7dB
发波束宽度	60°/23.3°/11.5°	3.9°/2.9°/1.7°	0.8°/0.45°～0.549°/0.27°～0.28°
收波束宽度	67°/15.6°/10.5°	6.1°/3.1°/1.9°	1.0°/0.549°～0.62°/0.31°～0.32°
发雨衰	0	0.35dB/4.5dB	19.4dB/33dB/52.8dB
收雨衰	0	0.05dB/3.5dB	9.3dB/30dB/51dB

（2）应用特点

固定业务站型（终端）是网络中的一个节点，通常具有路由功能，每个地球站连接一个本地 IP 网络，通过卫星网络实现各地球站连接的本地网络广域互通，因此通常将其地球站称为“站”而不称为“端”；而对于卫星移动通信系统而言，地球站除了少量关口站，更多的是各类手持终端，手持终端是通信和信息一体的“端”，因此移动业务的地球站通常被称为“端”。“端”也可以作为热点实现本地网末端用户接入卫星通信系统，但不具备宽带地球站路由特征，它以网络地址转换（Network Address Translation，NAT）方式实现与关口站相连的本地网络的互通。两种站型（终端）的应用场景对比如图 8-2 所示。

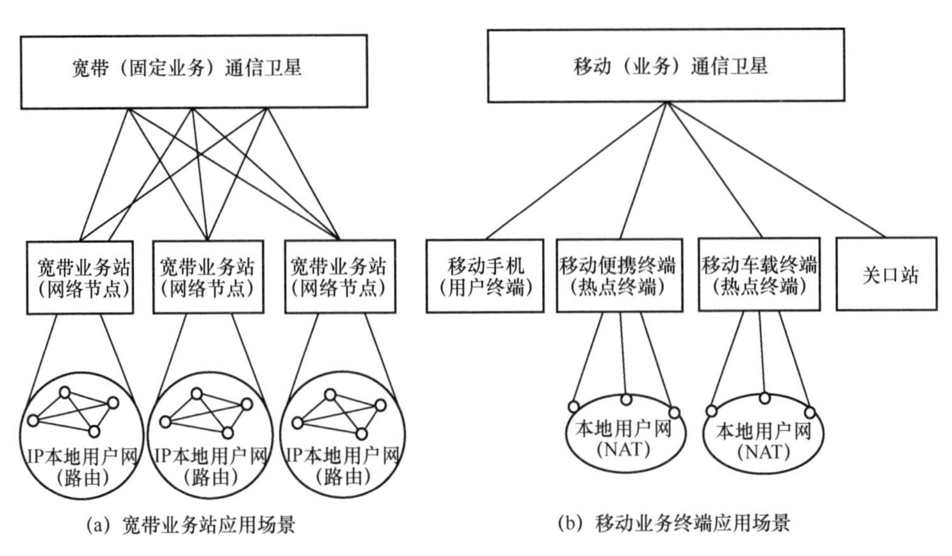

(a) 宽带业务站应用场景　　(b) 移动业务终端应用场景

图 8-2　宽带业务站和移动业务终端应用场景对比

8.1.3　不同平台站型（终端）及特点

不同平台站型（终端）的特点见表 8-2。由表 8-2 可以看出，不同装载平台的站型（终端）集成方式不同，使用特点和设计特点也不同。

表 8-2　不同平台站型（终端）主要特点对比

站型/终端	配属及装载平台	使用特点	设计特点	业务特点
手持式	配属到个人	轻、小，集成了通信和服务功能，在个人移动过程中可以通信	高度集成；天线终端一体	移动业务
便携式	配属到班组	个人可携带，随时驻停通信，一般手动对准卫星	天线终端组合式集成	移动业务、固定业务
箱式	配属到分队，可装车运输	可快速架设，支持手动和自动对星	天线终端相对分离；机固两用	固定业务

（续表）

站型/终端	配属及装载平台	使用特点	设计特点	业务特点
车载动中通式	配属到前出执行任务单位	伴随保障，适应不同路况	分为移动业务类和固定业务类；天线实时对准卫星	移动业务、固定业务
车载机动式	配属机动任务力量	车辆驻停时使用	可以比动中通车载站的天线口径大；可作为通信节点	移动业务、固定业务
舰载站	水面舰艇	动中通，适应船体摇摆、转弯等	分为移动业务类和固定业务类站型	移动业务、固定业务
无人机站	无人机平台	地面控制中心对飞机进行遥控	与飞机其他信息系统集成	对机控制指令，对地高速数传
直升机站	直升机平台	适应低空飞行和装载环境	特别体制适应抗旋翼遮挡通信	移动业务、固定业务
星载站	感知类卫星	太空环境	高动态，分时段	数传业务、测控业务
弹载站	导弹	太空环境	高动态，特殊体制	

8.1.4　不同频段及多频段站型（终端）及特点

频段与业务相关，从宏观层面可分为移动业务站型和固定业务站型，如第 8.1.2 节所述。本节重点描述固定业务中的多频段站型和移动业务中与其他通信手段集成的站型。双频段或者多频段站型具有集成度高、选星灵活、可用资源更丰富、天地融合应用和模式切换更方便等特点，且使用者获得感更强。常见的多频段多模式集成站型（终端）见表 8-3。

表 8-3　常见的多频段多模式集成站型（终端）

集成模式	常见站型（终端）类型	使用特点	设计特点	业务特点
Ka/Ku 双频段集成	车载机动、车载动中通、船载站、机载站、便携站、箱式站等	可使用在轨 Ku 和 Ka 频段资源	需要双频段天线技术支撑	宽带业务
C、X、Ku、EHF 多频段集成	舰艇站、机载站	军用为主，可使用军民各类资源；保障全球范围内有可用卫星	需要多频段天线技术支撑	固定业务

（续表）

集成模式	常见站型（终端）类型	使用特点	设计特点	业务特点
通信和中继 Ka 频段集成	无人机和舰船	可以使用通信卫星和中继卫星资源，发挥两类卫星覆盖特点	天线和射频一体化	固定业务
卫星移动和地面移动集成	手持终端	在地面移动覆盖范围内，使用地面移动模式；在地面移动覆盖范围外，使用卫星移动模式	业务服务系统统一，其他通信模块独立	移动业务
卫星移动和电台集成	便携站	可工作于卫星通信模式或者其他无线通信模式	基于软件无线电技术	移动业务

8.1.5　按网络角色分类的站型（终端）及特点

卫星通信和卫星中继虽然都属于天基传输网络，但是服务对象、应用场景、站型（终端）类型具有较大差别，因此相关站型和终端需分开描述。卫星通信方面，分为地面段站型和用户段站型。按网络角色分类的站型（终端）示意图如图 8-3 所示。

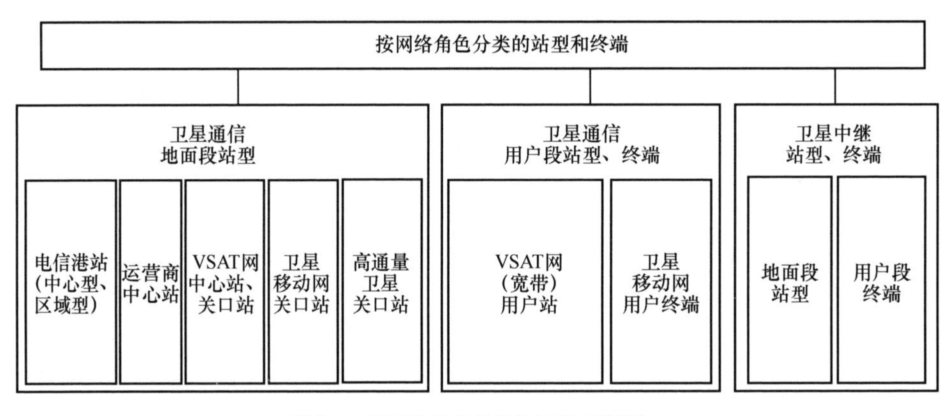

图 8-3　按网络角色分类的站型（终端）

卫星通信地面段站型主要包括电信港站、运营商中心站、VSAT 网中心站和关口站、卫星移动网关口站。电信港站包括中心型和区域型，这类站型通常具有支持不同频段、支持不同业务的能力，具有与其他信息系统和网络的接入能力和互联互通能力，具有网络全要素的管控能力。中心型电信港站是一级站，区域型电信港站

按照方向或者区域任务需求配置，一般可以基于中心型电信港站进行裁剪。运营商中心站的功能与运营商拥有的卫星类型有关，可以是固定业务通信卫星或个人移动通信卫星，比如 Intelsat 是著名的固定业务通信卫星运营商，Inmarsat 是著名的卫星移动业务运营商。运营商中心站通常包括卫星测控站和业务中心站，业务中心站具有与地面网互联互通的能力，以及网络管控能力。宽带业务网络中心站通常指宽带 VSAT 网中心站，与用户站最大的不同是具有网控中心功能。卫星移动网关口站是移动终端信息交换中心和网络管控中心，也是卫星网与其他网互联互通的枢纽。高通量卫星关口站与卫星移动网关口站类似，只是多了多关口站业务分担和互联功能，此外，高通量卫星关口站的业务处理能力要求较高。不同站型（终端）的功能特点见表 8-4。

表 8-4　不同站型（终端）的功能特点

所属分类	具体站型	功能特点
卫星通信地面段站型	电信港站（中心型、区域型）	• 具有多频段、多星支持功能； • 具有各类信息接入功能； • 具有与异构网互联互通的网关功能； • 具有综合管控功能； • 具有可选配对卫星的测控功能
	运营商中心站（一般包括卫星测控站和业务中心站）	• 具有卫星业务支持功能； • 具有卫星测控功能； • 具有网络中心站业务功能； • 具有网络管控功能； • 具有与地面网互通的网关功能
	VSAT 网中心站	• 具有网络管控功能； • 具有全网时间基准和频率基准功能； • 具有与地面网互联互通的功能； • 具有用户站的业务支持功能
	卫星移动网关口站	• 具有网络中心站业务功能； • 具有网络管控功能； • 具有与地面网互通的网关功能； • 具有用户站之间的业务交换功能
	高通量卫星关口站	• 具有网络中心站业务功能； • 具有网络管控功能； • 具有与地面网互通网关的功能； • 具有多关口站业务分担和互联功能； • 具有用户站之间的业务交换功能
卫星通信用户段站型（终端）	VSAT 网（宽带）用户站	• 具有数据语音等业务功能； • 具有网控代理和网管代理功能； • 具有可选配与地面网互通的网关功能； • 具有体制约束的星状、网状业务组网功能

（续表）

所属分类	具体站型	功能特点
卫星通信用户段站型（终端）	卫星移动网用户终端	• 具有数据语音等业务功能； • 具有网控代理和网管代理功能
卫星中继站型（终端）	地面段站型	• 核心是地面终端站； • 具有对所有用户终端的测控和数传功能
	用户段终端	以航天器（遥感卫星）终端为主，只有少量其他终端

卫星通信用户段站型（终端）大致分为两类，一类是 VSAT 网（宽带）用户站，另一类是卫星移动网用户终端。

在中继卫星系统中，地面管控中心站通常被称为地面终端站，用户终端是指安装在用户航天器上的终端。

8.1.6 按卫星轨道分类的站型（终端）及特点

卫星轨道类型分为 GEO、IGSO、MEO 和 LEO 站型，不同轨道对应的站型或终端各有特点，以高频段宽带固定业务站型为例，主要特点见表 8-5。

表 8-5 高频段宽带固定业务站型主要特点

站型	地球站特点
GEO 卫星宽带业务站	相对静止，跟踪简单，固定站和车载站无须全天候跟踪
IGSO 卫星宽带业务站	相对于 GEO 卫星，地面站与卫星相对运动，需要一定的跟踪能力和切换卫星能力
MEO 卫星宽带业务站	具有一定的跟踪能力
LEO 卫星宽带业务站	具有全天候跟踪卫星的能力，地球站需要配置双天线或者相控阵天线

8.1.7 按照军民用途分类的站型及特点

（1）不同频段的站型和终端

UHF、X 和 EHF 是军用频段，因此对应的是军事用途的终端和站型。

（2）集成模式不同的站型和终端

军用站型（终端）更强调与其他通信手段或系统的集成，比如 UHF 频段与 UHF 电台集成的美国联合战术无线电系统（JTRS）终端；多模式集成的军用站型通常支

持多频段，C、X、Ka、EHF 是多模式军用站型的常用频段。

（3）环境适应性不同的站型和终端

即使军民用途站型或终端的频段相同、体制相同，但环境条件要求往往不同。军用站型更加考虑对恶劣环境的适应性，要求耐高低温，满足电磁兼容要求以及比较苛刻的震动要求。

8.2　典型系统站型（终端）型谱

8.2.1　典型高轨卫星移动业务站型终端型谱

（1）Inmarsat 系统站型（终端）

Inmarsat 系统是发展非常好的高轨卫星移动通信系统，其站型（终端）如图 8-4 所示，其中地面段站型包括地面岸站、网络协调站、网络控制中心；用户段终端按照服务对象的差别，分为陆用移动终端、海用移动终端和空用移动终端。

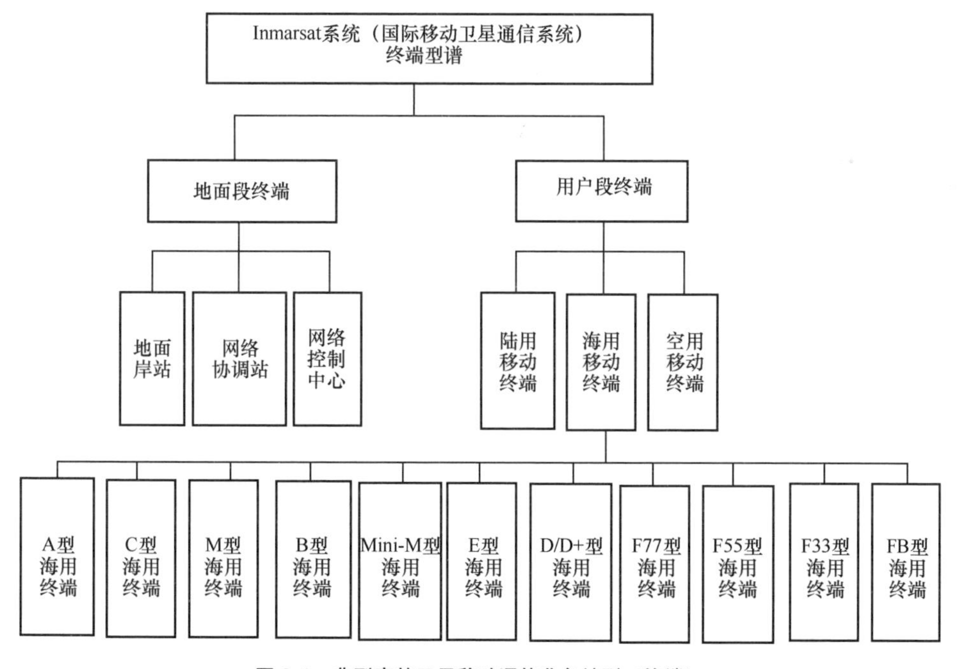

图 8-4　典型高轨卫星移动通信业务站型（终端）

陆用移动终端主要指陆地车载卫星移动通信终端，主要为偏远地区的军事、民用单位提供车载卫星移动通信服务，典型终端包括为军事移动指挥所提供通信服务的卫星移动车载站，以及为广大偏远地区内的民用客货运车辆提供卫星移动通信保障的车载站。陆用移动通信终端可提供实时位置和状态报送能力。

海用移动终端服务于海上舰船平台，为航海和远洋用户提供海上卫星通信服务和舰船定位保障，一般具备电话、传真、电子邮件和数据等多种业务通信能力。海事终端又分为 A 型、C 型、M 型、B 型、Mini-M 型、E 型、D/D+型、F77 型、F55 型、F33 型、FB 型等多种型号。

空用移动终端服务于飞机平台，为空乘人员和乘客在飞行期间提供与地面之间的卫星通信服务，一般可为空乘人员提供语音、数据、位置和状态报告服务，为乘客提供电话和上网服务。

（2）天通卫星移动通信系统站型（终端）

天通卫星移动通信系统是我国第一代自主可控的卫星移动通信系统，它由通信卫星、关口站、运控系统和应用系统四部分组成，应用系统主要包括各类终端。终端分为功能型手持终端、普通型智能双模手持终端、增强型智能双模手持终端、物联网终端、便携终端和车载终端等多种型号，如图 8-5 所示。

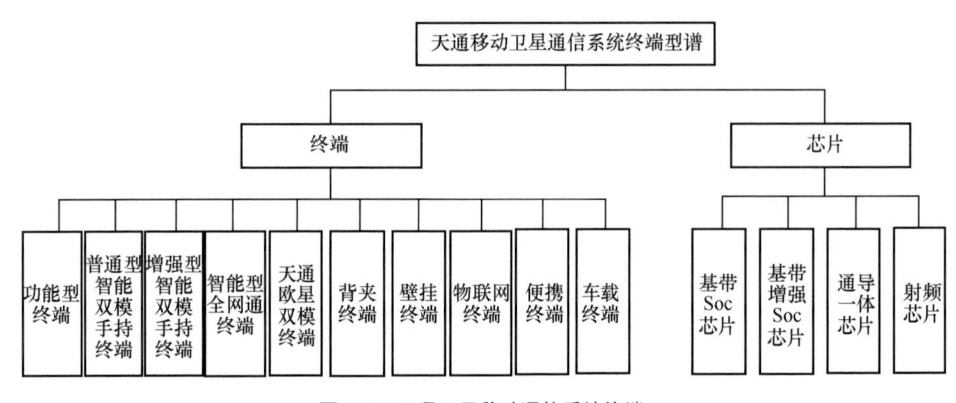

图 8-5　天通卫星移动通信系统终端

天通卫星移动通信系统终端支持 PS 域 IP 数据业务和 CS 域业务，卫星语音和短信通信是天通系统的核心业务。终端携带方便、操作简单，是应急通信、抢险救援、业务勘探、远海航行、边防巡检等作业场景必不可少的通信保障手段。

天通终端核心芯片继承了北斗定位功能，结合地理信息系统，能够为用户提供

人员、车辆、船舶、飞机等的定位服务和轨迹跟踪服务，主要应用于旅游探险、交通运输、地质勘探、电力巡查、海洋渔业等行业。天通终端采用全芯片化设计，有效降低了设备功耗和体积，结合 S 频段良好的抗雨衰特性，使得天通系统特别适用于广域范围内的物联网信息采集应用。

8.2.2　典型高轨卫星通信系统宽带站型

典型高轨卫星通信系统宽带站型可以大致分为两类：一类是使用常规透明转发器的地球站，另一类是使用高通量卫星的地球站，如图 8-6 所示。

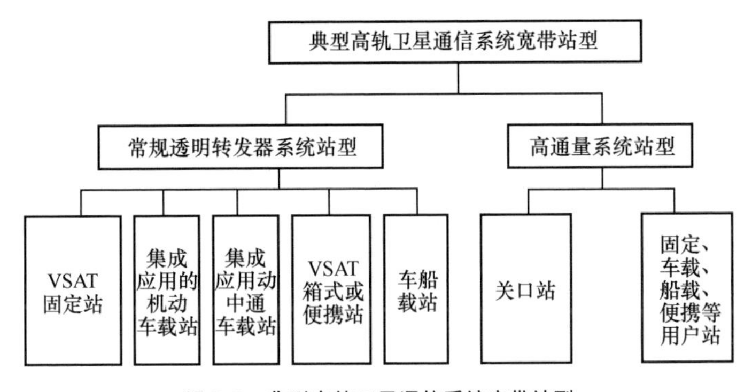

图 8-6　典型高轨卫星通信系统宽带站型

使用常规透明转发器的地球站主要包括几类不同体制的 VSAT 地球站，即 FDMA/DAMA 体制、MF-TDMA 体制或者 DVB-RCS 体制的地球站或者多体制综合集成的地球站，这些地球站可以工作于固定业务的 C、X、Ku、Ka 等不同频段。C 频段卫星资源越来越少，且该频段频率相对较低，相同口径天线相比其他频段（如 Ku 和 Ka）增益低，支持的地球站速率低，因此，通常优先应用于可用度要求高、受天气影响小的气象水文、空中管制等领域的固定站；X 频段为军用频段，常用于美国和欧洲的军用站型；目前全球大量应用的宽带地球站为 Ku 和 Ka 频段地球站，其具有支持速率高、天线口径小等优点，也方便机动平台和动中通平台装载。

近年来，随着高通量卫星的发展，地球站向支持更高速率、多波束、可波束切换以及低成本、轻型化、小型化的方向发展。为了能够灵活使用透明转发卫星和高通量卫星的 Ku 和 Ka 频段资源，对多频段（尤其是 Ku/Ka 双频段）、多模式（支持多体制）的站型需求越来越迫切。

在常规透明转发器模式下，大多应用 VSAT 地球站构成专网，关口站与用户站的特点不突出，而高通量卫星通信系统则不同，需要一个或者多个关口站支持大量用户站之间的互通交换或者用户站与地面网用户之间的互联互通。

8.2.3 典型低轨星座系统站型（终端）

典型低轨星座地面站分为关口站和用户站两类，用户站可分为通信型终端和物联网型终端，如图 8-7 所示。通信型终端普遍支持语音、短消息和低速数据，如 Iridium 系统的 Iridium 9555、Iridium 9575、Iridium Pilot 及 GlobalStar 系统的 GSP1700、Sat-Fi 等型号；物联网型终端是物联网中连接传感网络层和传输网络层、实现数据采集及向网络层发送数据的设备。针对近年来物联网应用需求的日益增长，各卫星通信系统都在推出自己的物联网终端产品，其中 ORBCOMM 系统的物联网终端产品种类繁多，应用也比较广泛。

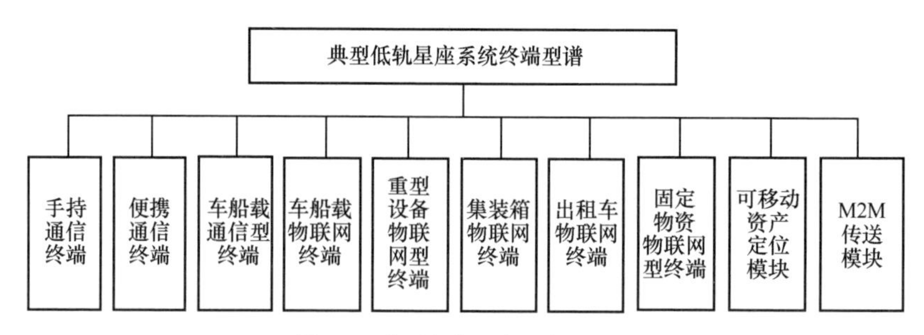

图 8-7　典型低轨星座用户站型谱

ORBCOMM 系统最大的特点是它仅支持双向短数据而不支持语音。它的用户终端定位能力强、重量轻、小巧便携，适合市场需要，应用广泛且性价比高。基于 ORBCOMM 公司自有的窄带数据通信低轨星座 OG1、OG2 以及代理部分海事 M2M 物联网数据服务，ORBCOMM 为全球企业提供端到端的运输监控综合服务，包括车队管理、船舶管理以及集装箱货物、重型装备的远程追踪及管理服务。其中集装箱运输的监控服务一直是 ORBCOMM 的主攻业务领域。

Iridium 星座第二代系统除搭载传统的移动通信业务载荷外，针对物联网应用需求，还搭载了短脉冲数据（Short Burst Data，SBD）服务载荷、ADS-B 业务载荷[28]、AIS 载荷，提供飞行监视和追踪、船舶位置监控等物联网服务。

GlobalStar 系统经过多年的发展运营，在全球范围内利用一系列型谱化终端，为个人用户、企业用户提供交通运输、油气开采、海事、森林防护、紧急救援等多个领域的完整的系统解决方案，满足用户在任何位置、全天候的移动语音通话、数据传输、短消息发送、物联网服务等需求。

8.2.4　典型中继卫星系统站型（终端）

中继卫星系统站型（终端）主要包括地面段站型、用户段航天器类用户终端以及用户段非航天器类用户终端，如图 8-8 所示。地面段的地面用户终端站是任务主站，负责完成正常情况下的中继卫星跟踪、测控、用户数据调制解调及传输等任务；测距转发站配合地面终端站完成对中继卫星的多站测距定轨；标校站包括 Ka 标校站和 S 标校站，分别完成中继卫星星间链路天线的在轨标校。

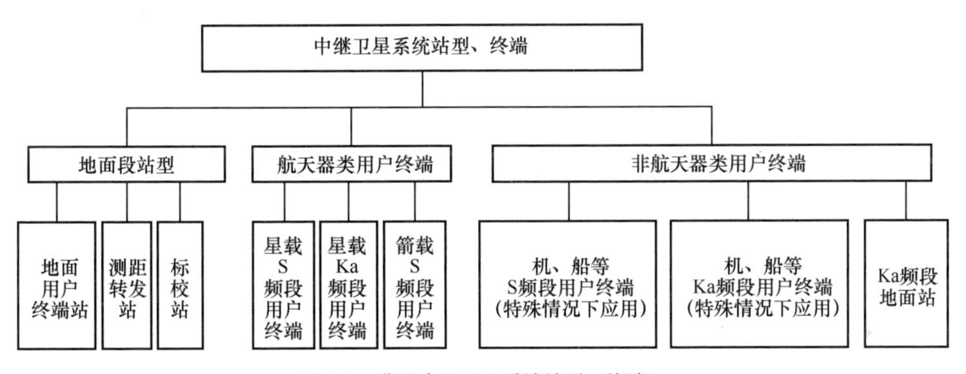

图 8-8　典型中继卫星系统站型（终端）

根据中继卫星系统的应用特点，用户段终端分为航天器类用户终端和非航天器类用户终端两大类。航天器类用户终端是指在卫星、载人飞船、目标飞行器、运载火箭上装载的终端；非航天器类用户终端是指在地面、舰船、飞机等远程高机动平台上安装的终端，用户终端也分为 S 频段终端和 Ka 频段终端。

8.2.5　典型高轨卫星通信系统军用站型（终端）

（1）典型宽带军用站型

宽带军用站型既可以使用军用卫星频段，也可以使用民用卫星频段。另外，军用站型因受到陆、海、空装载平台的约束，站型配置和站型形态有较大差别。按照地面段站型和用户段站型分类的典型宽带军用站型如图 8-9 所示。

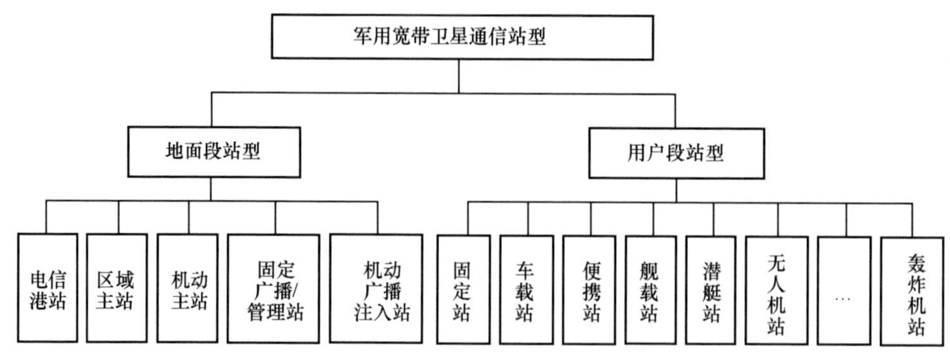

图 8-9　典型宽带军用站型

地面段站型是系统常态化运行的基础设施部分，也是用户段站型能够正常工作的重要依托。地面段站型主要包括电信港站、区域主站、机动主站、固定广播/管理站、机动广播注入站，该类站型的作用主要是支撑组网、支持卫星网信息落地交换和与地面网互联互通或为系统提供广播信息注入功能、提供卫星网络管理功能。电信港站的具体功能是支持多体系和多频段卫星通信网互通、支持各类信息安全接入、支持各类地面固定机动网络安全互联互通；区域主站的具体功能通常是电信港站功能的裁剪；机动主站是可以机动到相关任务区域的主站，具有机动用户站管理和控制中心功能。

用户段站型又分为固定、车载、便携、舰载、潜艇、无人机、轰炸机等多种类型。固定站单频段天线配置较多，便携、箱式以及各类平台的机动和动中通站基本支持 Ka/Ku 双频段甚至多频段配置。

（2）典型抗干扰站以及抗干扰与宽带一体站

对于抗干扰体系，不同国家采用的频段不完全相同，多数上行链路为 EHF 频段，下行链路为 Ka 频段，或者上下行链路均为 Ka 频段。美军宽带与抗干扰系统站型种类繁多，典型代表主要有仅支持宽带模式的电信港站型、区域 Hub 站型和广播站型，仅支持抗干扰模式的指挥所站、保密抗干扰可靠战术移动站、抗干扰便携站和抗干扰岸基/舰艇站等；宽带与抗干扰一体化站型主要有陆、海、空军的各种多频段多波形站型[29]，如图 8-10 所示。

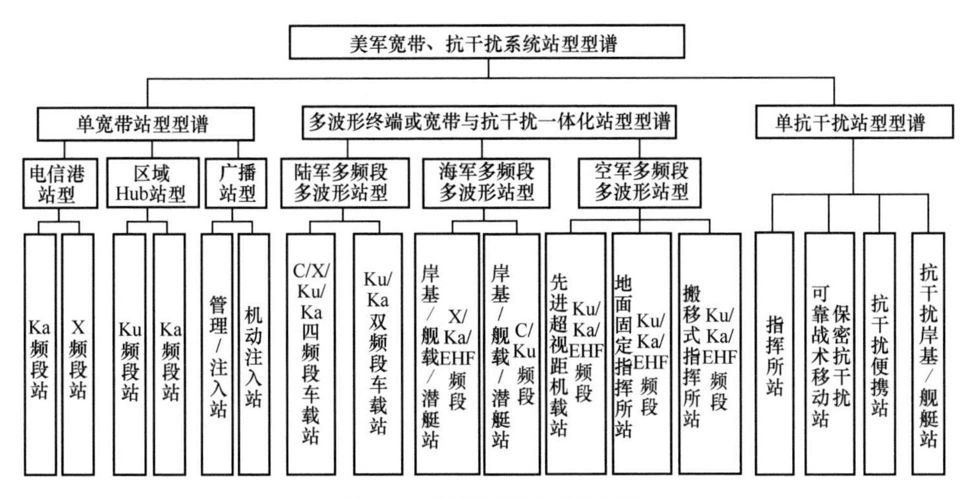

图 8-10　典型抗干扰与宽带站型

（3）典型窄带军用移动业务终端

美军典型窄带军用移动业务终端主要分为传统的 UFO 终端和基于 JTRS 的电台一体化 MUOS 终端。UHF、L 频段窄带移动终端由于频段低，容易与电台等多种无线手段集成，因此其型谱普遍被纳入 JTRS 统筹考虑，形成包含卫星通信功能在内的多功能终端，也有部分仅支持卫星通信波形的传统 UFO 终端，如图 8-11 所示。

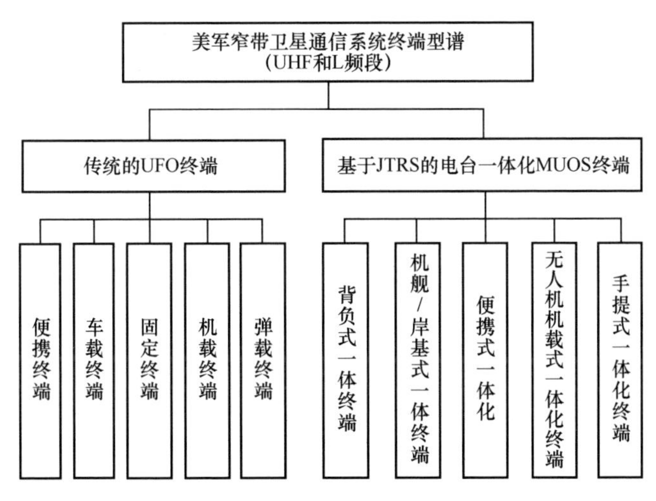

图 8-11　典型窄带军用移动业务终端

8.3 网络分类及典型应用

8.3.1 卫星、载荷配置及对应网络特点

卫星及载荷配置一方面与支持的业务有关，另一方面，载荷即使支持同类业务，也会有多样化的配置选择，或者随着技术的不断进步而不断改变。不同卫星、载荷配置的特点对比见表 8-6。

表 8-6 不同卫星、载荷配置的特点对比

卫星类型	典型卫星举例	典型卫星网络特点	应用优缺点
GEO 移动业务卫星	UFO 系统（军用）、Thuraya、Inmarsat 系列、SkyTerra 系列、MUOS（军用）	UFO：卫星大波束，网络体制为传统 TDMA 或 FDMA 体制； Thuraya：卫星多波束，网络体制为 GMR-1-3G； SkyTerra：4G-LTE； Inmarsat：传统的 FDMA 到 Ka 频段类 DVB-RCS 体制； MUOS：地面移动 WCDMA 体制改进	UFO 和早期的 Inmarsat：小站单跳通、端对端建链时间短； 其他多波束卫星主要采用改进的地面移动体制网络
LEO 移动星座	Iridium 星座、GlobalStar 星座、ORBCOMM 星座	Iridium 星座：有星间链路，支持语音、低速和高速数据传输及航空航海监视； GlobalStar：无星间链路，支持语音、数据传真和定位； ORBCOMM：无星间链路，支持数据通信和定位服务	全球覆盖、终端更小
GEO 固定业务常规透明转发器卫星	Intelsat 系列、亚太系列等	大波束转发器、多专网并存，卫星资源按带宽分配给专网用户，专网可采用不同体制，按需支持单跳和双跳	用户组专网灵活
GEO 高通量卫星（固定业务）	中星系列、亚太 6D 等	多波束，多关口站业务分担，用户之间双跳通信	公网性质，所有用户在一个网内，不同用户群组成虚拟子网
LEO 宽带（固定业务）星座	在建中	星间组网或星间无链路，用户规模为数百到数万	小口径站支持高速率；全球覆盖，终端复杂度高

8.3.2 高轨宽带网络应用

8.3.2.1 FDMA/MCPC 系统

FDMA/MCPC 是频分多址/每载波多路卫星通信系统，分为中低速 FDMA/MCPC 系统和高速 FDMA/MCPC 系统。中低速 FDMA/MCPC 系统速率支持 2Mbit/s 和 8Mbit/s，资源分配方式为预分配，最典型的应用是用于电话中继之间的干线传输，通常设置一对 2Mbit/s 载波，约占用 6MHz 卫星带宽资源。与中低速 FDMA/MCPC 系统相比，高速 FDMA/MCPC 系统的速率有很大提升，从几十 Mbit/s 提升到几百 Mbit/s，但是会占用更大带宽，需要更大天线口径的地球站支持，如图 8-12 所示。

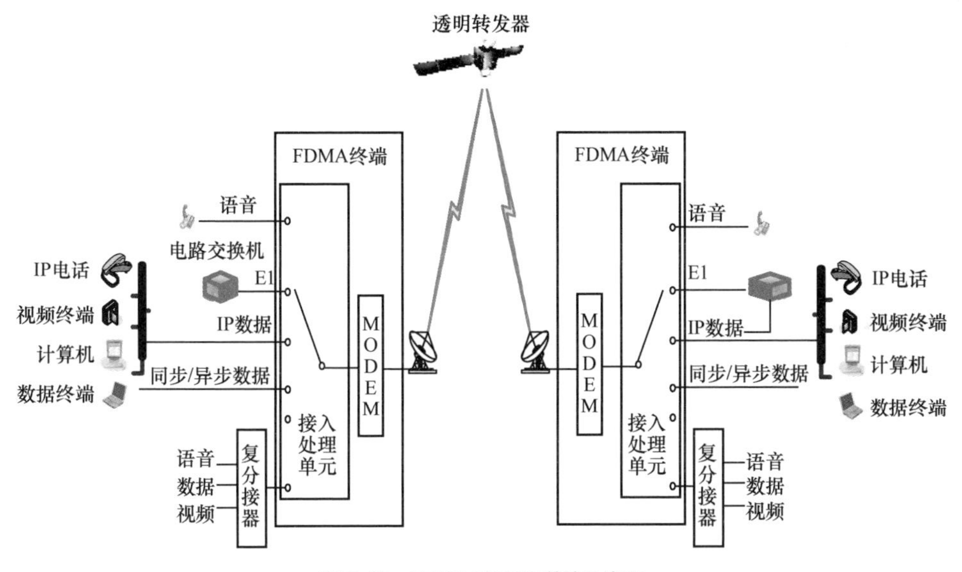

图 8-12　FDMA/MCPC 系统示意图

8.3.2.2 FDMA/DAMA 系统

FDMA/DAMA 系统是较早的 VSAT 系统之一，支持稀路由语音业务，后来逐步发展为支持基于电路复接和 IP 业务的中速率系统，其系统模型如图 8-13 所示。

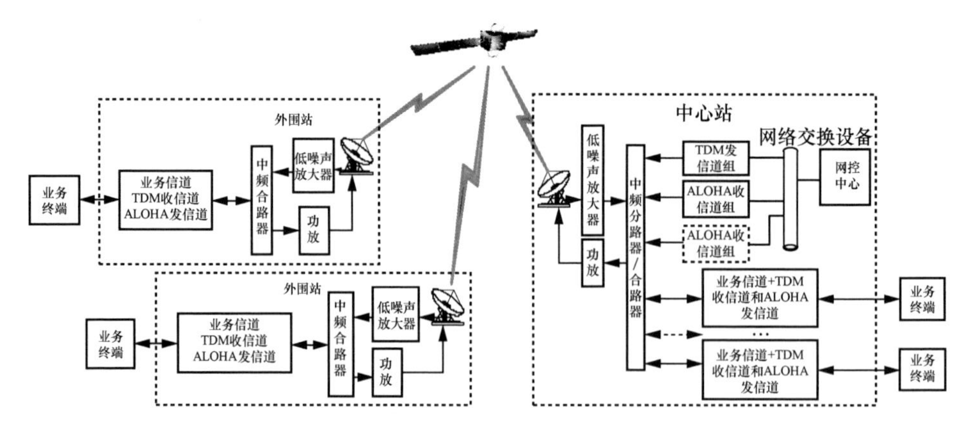

图 8-13　FDMA/DAMA 系统示意图

8.3.2.3　MF-TDMA 系统

MF-TDMA 技术体制是 20 世纪 90 年代在 TDMA 技术体制基础上发展起来的一种新型 VSAT 技术体制。当系统工作在一个载波上时，MF-TDMA 系统退化为单频 TDMA 卫星通信系统；当系统工作在多载波上时，网络规模成倍增加，MF-TDMA 系统克服了传统 TDMA 体制地球站较大、网络规模变化不灵活的缺点，借鉴了 FDMA 的设计思想，将 FDMA 和 TDMA 进行了融合，系统使用载波跳频，降低信号突发速率，达到缩小天线尺寸、降低发射功率、扩展网络规模的目的。MF-TDMA 系统模型如图 8-14 所示。

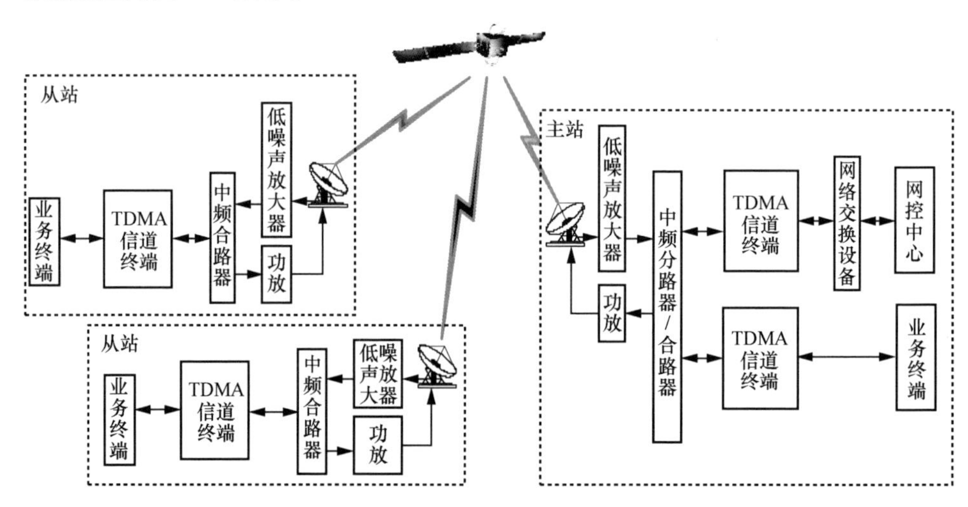

图 8-14　MF-TDMA 系统示意图

MF-TDMA 卫星通信系统是网状网络结构，任意站之间进行通信时只需要一跳即可到达；其时隙申请方式也非常灵活，可以根据业务量的动态变化实时申请一个或多个时隙，信道利用率比较高，其主要优势体现在以下几个方面。

- 全网状网，组网灵活快速。MF-TDMA 卫星通信系统可采用网状网络的结构，网内任意地面站都支持点到点单跳连接，不需要经过主站处理，这使得该系统组网灵活快速。
- 易于实现大小站的兼容。由于 MF-TDMA 卫星通信方式对各地球站和转发器在时间和频率上进行了分割，并根据各站业务量的大小统筹按需分配来决定各站的可用频率和时隙，因此可以实现大小站兼容。

8.3.2.4　DVB–RCS 系统

DVB-RCS 是针对卫星数据业务发展需求推出的一套双向交互 VSAT 星状系统。前向采用 DVB 标准，反向通常主要采用 MF-TDMA 体制（特殊情况下，设置 FDMA 连续载波），如图 8-15 所示。

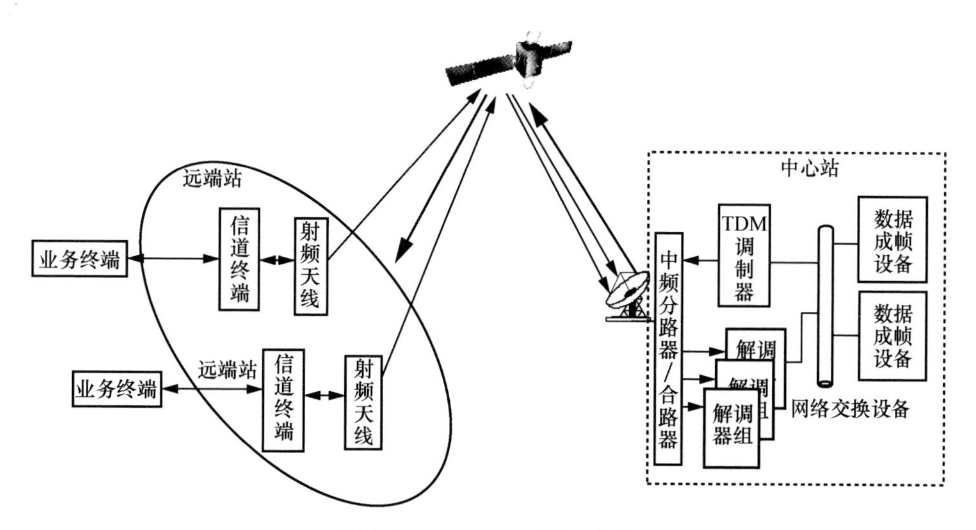

图 8-15　DVB-RCS 系统示意图

这类系统具有以下特点：一是小站之间两跳连接，建链时间长、传输时延长；二是小站天线口径小，成本低；三是系统远端站的接收和发送速率较高；四是系统容量大；五是中心站为单一故障点；六是系统适合使用高通量卫星转发器。

8.3.2.5　高通量卫星网络系统

DVB-RCS 网络使用常规透明转发器时，可以占用一个转发器，在整星覆盖的大地域范围内基本可以满足用户的使用需求。而使用高通量卫星时，相当于每波束部署一套 DVB-RCS，每波束仅覆盖一个区域，一颗星下部署多套系统，所有波束共同覆盖整星覆盖的范围。高通量卫星的波束数量比常规透明转发器的波束数量多，因此高通量卫星整星容量极大。基于高通量卫星的 DVB-RCS 示意图如图 8-16 所示。

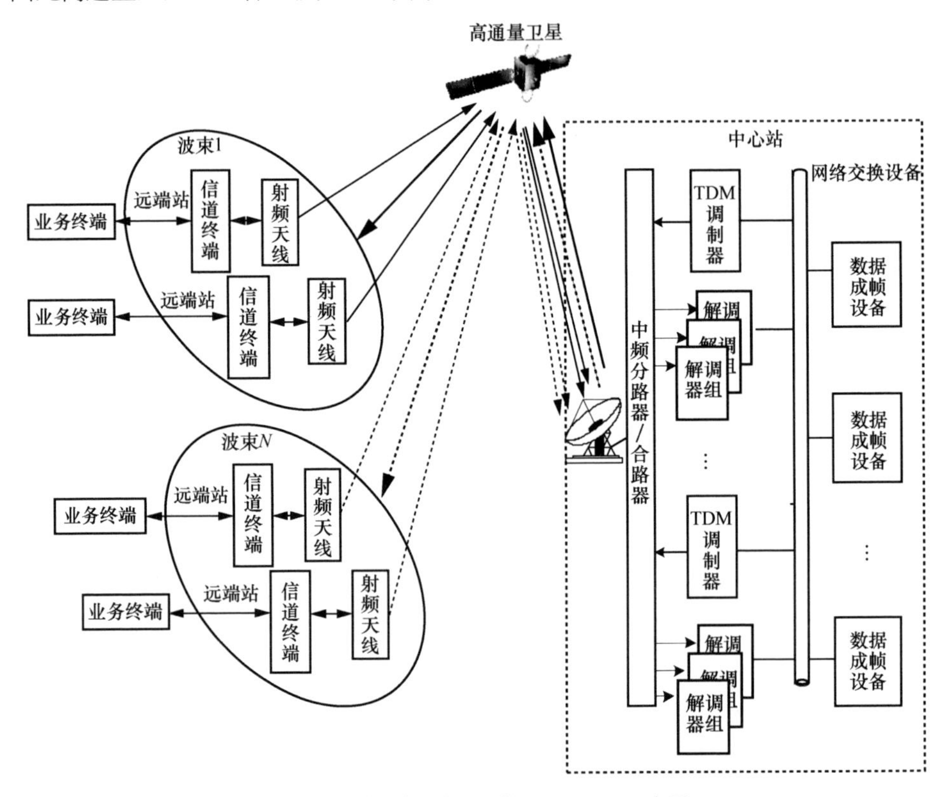

图 8-16　基于高通量卫星的 DVB-RCS 示意图

8.3.3　中继卫星网络应用

天基传输网络中的中继卫星可以为航天器发射段提供天基测控能力，为以遥感卫星为主的航天器用户提供常态化测控和数据中继服务，为低轨通信星座等提供常态化测控能力。中继卫星网络的业务特征与通信卫星完全不同：服务对象不同，中

继卫星服务于航天器，相对于卫星通信而言，服务的用户数量级减少；从中继卫星地面站到航天器主要是低速测控信息，而从航天器到地面站则是高速遥感数据信息；中继卫星由于载荷能力限制，单星通常同一时刻只为少量甚至一个航天器用户服务。随着相控阵天线技术的发展，目前已经可以通过相控阵进行大范围扫描[30]，实现同时对多个航天器的管理控制，但是遥感信息的传输服务能力还无法同时满足大量用户的服务需求。信息中继与管控应用示意图如图 8-17 所示。

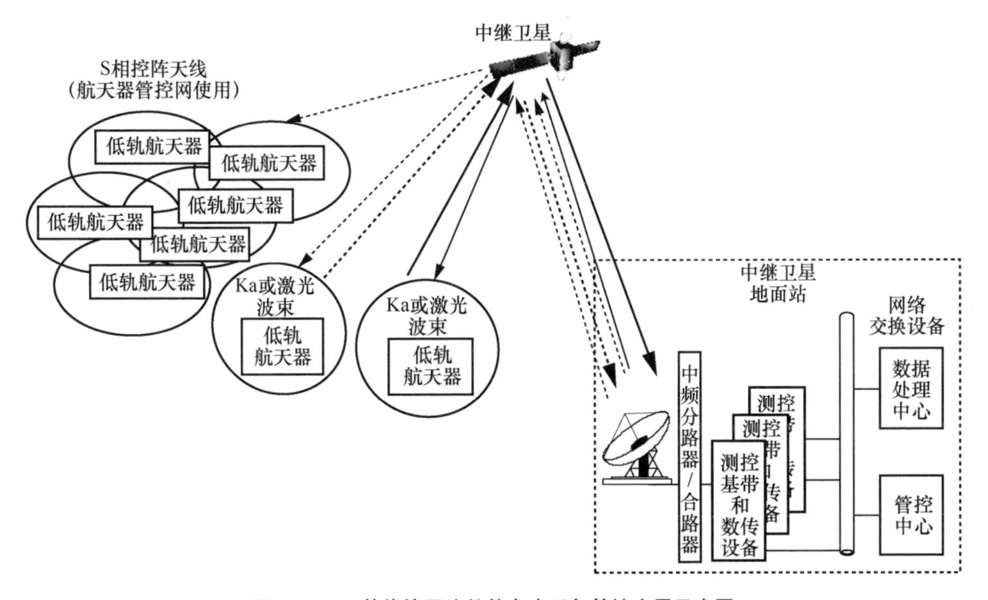

图 8-17　天基传输网络的信息中继与管控应用示意图

8.4　不同行业和场景的典型应用

8.4.1　应急行业应用

8.4.1.1　机动应急通信

（1）需求特点

通常所说的应急通信以机动通信为主，是指应对突发紧急情况或其他特殊任务的通信保障，是一种快速反应、灵活机动，但不一定全年全天全时段工作的通信方式。当发生洪涝、干旱、极端天气、海洋灾害、森林火灾等自然灾害时，一般可根据灾害现场特点，在灾害发生区域部署通信设备，并与位于灾害区外的指挥所通联。由于卫星通信具备广域覆盖、与地型无关等特性，其成为机动应急通信的必用手段，机动应急通信可应用于国家应急体系或者行业应急体系。机动应急通信的典型应用方向如图 8-18 所示。

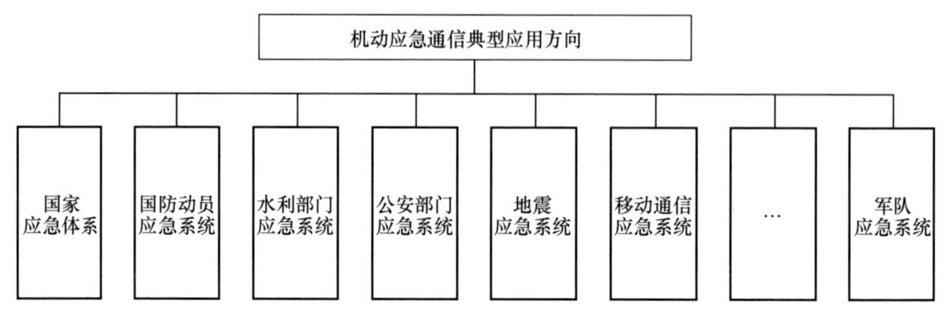

图 8-18　机动应急通信的典型应用方向

国家应急体系是一个分层多级的体系架构。机动应急通信应用于自然灾害等突发事件发生时的整个救援指挥等场景，也应用于重大任务通信保障场景，如奥运安保等。国防动员应急系统需要考虑地方与军队的协同互通；公安部门、水利部门、地震等应急系统与国家应急体系相似，只是连接的指控系统更加行业化和专业化；移动通信应急系统的通信核心是发挥基站间承载网链路被中断或者基站被毁时的应急手段作用。

（2）网络构建

适合机动应急通信的卫星通信体制可从两个场景考虑，一是指挥中心与前方现场之间的网络，二是现场卫星通信网络。指挥中心与现场之间的网络需要考虑一个中心对多个现场的需求，通常采用 VSAT 系统，提供宽带传输能力。经常采用的是 FDMA/MCPC 或者 FDMA/MCPC/DAMA 卫星通信系统，因为这种体制的链路稳定可靠、设备简单、资源和卫星选择便捷，方便构成不同点之间的非全贯通网状网络连接；MF-TDMA 由于具有网状组网、节省资源的特点，被用于多个应急现场同时与指挥所通信，尤其是现场间需要协同交互的情况，便于各节点实时掌握全面灾害态势；DVB-RCS 系统也有应用，但由于其中心站复杂，不易装车，需要依托固定

站，另外其需要双跳，高速业务传输浪费资源的情况较严重；在国家应急体系中，主要采用 FDMA/MCPC 体制，以便越级指挥链路按需建立。无论采用哪种体制，机动卫星通信通常优先选用 Ku 或 Ka 频段。

前面的章节分析了高通量卫星的应用特点，其卫星多波束天线的特点与 DVB-RCS 星状组网特点高度吻合，因此推动了 DVB-RCS 系统的广泛应用，也必将推动其在应急通信中的应用。为了便于现场指挥，在各种便携指挥箱中可以集成天通、Inmarsat 等低频段卫星移动通信系统，应急部门可配备这类系统的手持、便携、车载等终端，构建现场范围与现场指挥中心、后方指挥中心的窄带通信网络。机动应急通信可依托的卫星通信基础网络如图 8-19 所示。

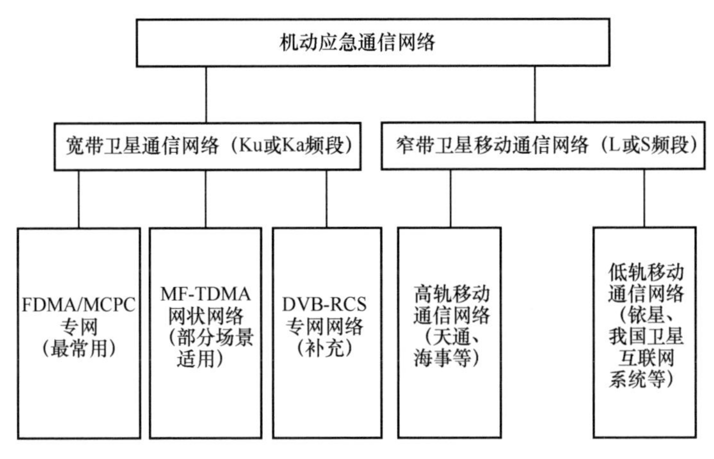

图 8-19 机动应急通信可依托的卫星通信基础网络

（3）典型应用

如图 8-20 所示，应急通信网络实际上是以卫星通信为主的机动通信网和地面网（地面移动网和地面固定网）的融合应用，增强地面网被毁或者地面网拥塞时的通信能力，尤其要发挥卫星通信与地理环境和距离无关的优势。

8.4.1.2 遇险救生应急通信

（1）需求特点

遇险救生是一种十分重要的应急通信模式，通常是极低速、小终端、一键操作或者自动启用模式。以卫星通信为代表的天基传输网在遇险救生中具有十分重要的作用。

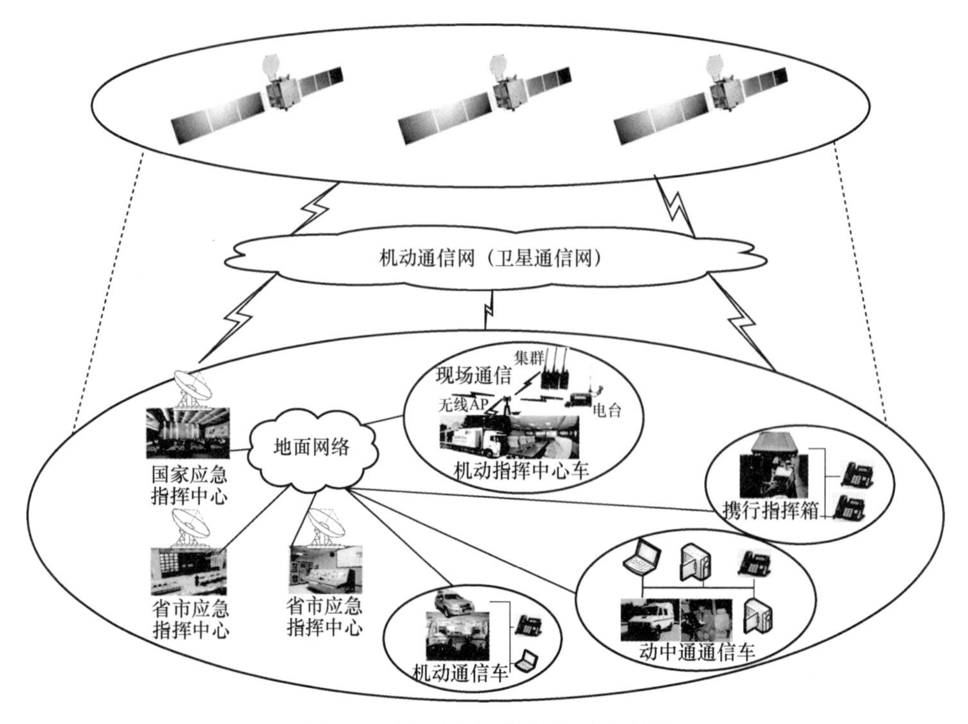

图 8-20　机动应急通信最简系统示意图

（2）网络构建

遇险救生需要的是专用体制网络，目前 Inmarsat 等卫星移动通信系统支持遇险救生模式；我国天通一号卫星通信系统也具有该模式；低轨卫星移动通信系统也非常适合遇险救生这类小终端、低速率的应用；北斗系统不仅具有全球覆盖能力，而且据有短信通信功能，也是遇险救生的一种重要手段。图 8-21 给出了遇险救生应急通信可依托的卫星通信基础网络。

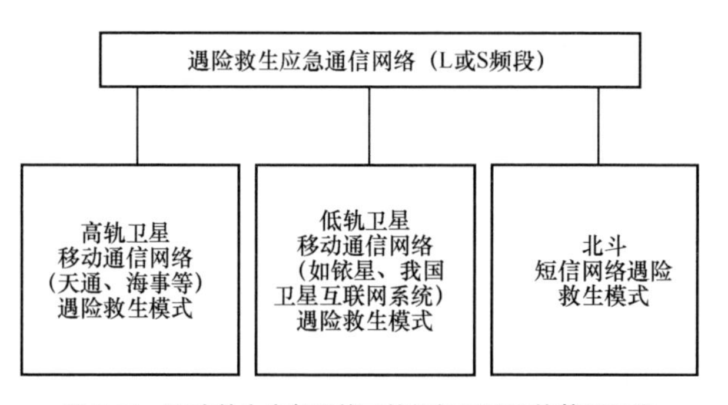

图 8-21　遇险救生应急通信可依托的卫星通信基础网络

（3）典型应用

遇险救生卫星通信网的典型应用场景如图 8-22 所示，大量遇险救生终端与相关卫星通信系统的关口站共同构成独立或者虚拟网络，关口站与遇险救生信息处理中心连接。遇险救生信息处理中心实时处理收到的遇险救生信息，为救援行动提供决策支持。

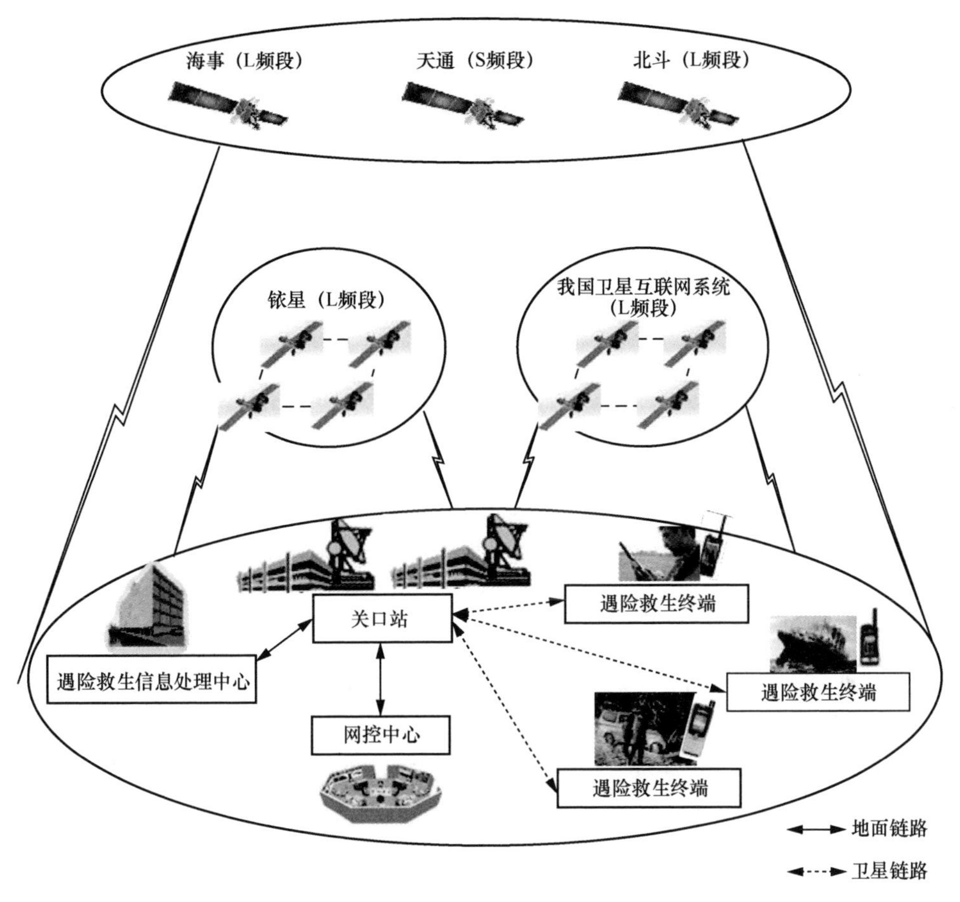

图 8-22　遇险救生卫星通信网的典型应用场景

8.4.2　普惠应用

8.4.2.1　应用特点

普惠应用是为社会、政治、经济发展，为提高人民生活水平而提供广泛服务的一种应用。当今社会，尤其在中国，互联网、移动网正在提供普惠服务。但是互联网、移动网有其部署的局限性；工作和生活在山区、沙漠、戈壁等偏远地区的人们在地域上极度分散，且地形复杂、光缆铺设成本高、移动基站建设难，常规通信方式不易覆盖、日常通信手段匮乏，造成了这些地区经济、教育、医疗、文化生活等方面水平的落后，不利于当地发展。以卫星通信为主的天基传输网络可以弥补这一不足，通过卫星通信网络实现无死角信息覆盖，提供到村到家的上网娱乐、电子商务等互联网信息服务，即将普遍的互联网和移动网服务进行无缝延展，消除数字鸿沟，惠及整个社会。

8.4.2.2 网络构建

普惠应用由于用户数众多、覆盖面极广，且为不对称应用，特别适合采用 DVB-RCS 星状网系统，可以充分发挥这类网络远端站用户终端小、支持速率高的优点。若基于常规透明转发器构建全国范围的普惠网络，可能需要多星多网才能满足；而高通量卫星下的 DVB-RCS 网络，单星单网便可以支持海量用户，且由于卫星能力强，远端站更小，与普惠应用十分切合。构建普惠应用可依托的卫星通信基础网络如图 8-23 所示。

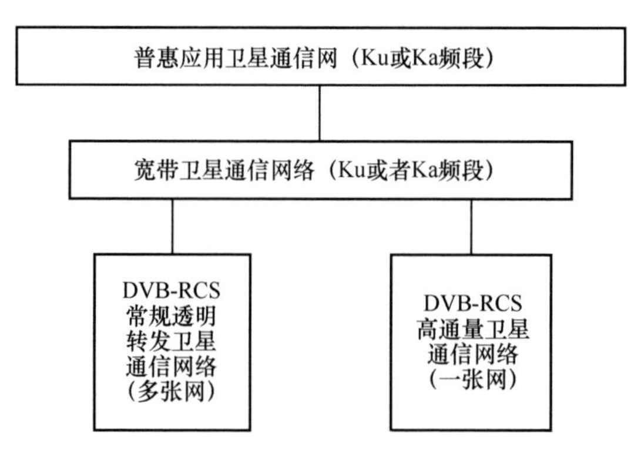

图 8-23　普惠应用可依托的卫星通信基础网络

8.4.2.3 典型应用

村村通是普惠应用的典型例子，村村通卫星通信系统可包括一个或多个卫星关口站以及众多卫星远端站。关口站之一作为中心站使用，连接互联网、固定电话网和移动网。远端站建于村镇，尤其是偏远地区、海岛等移动通信不发达或光缆不方便铺设

的地方。远端站作为热点站使用，供移动电话、固定网用户汇聚，在接入卫星通信网后，通过与中心站或关口站连接的互联网服务提供者（Internet Service Provider，ISP）访问地面互联网和地面电话网，实现多网互通，完成远端站所在地区的语音通话、网上娱乐、远程教育、电子商务等通信保障。普惠应用的典型应用场景如图 8-24 所示。

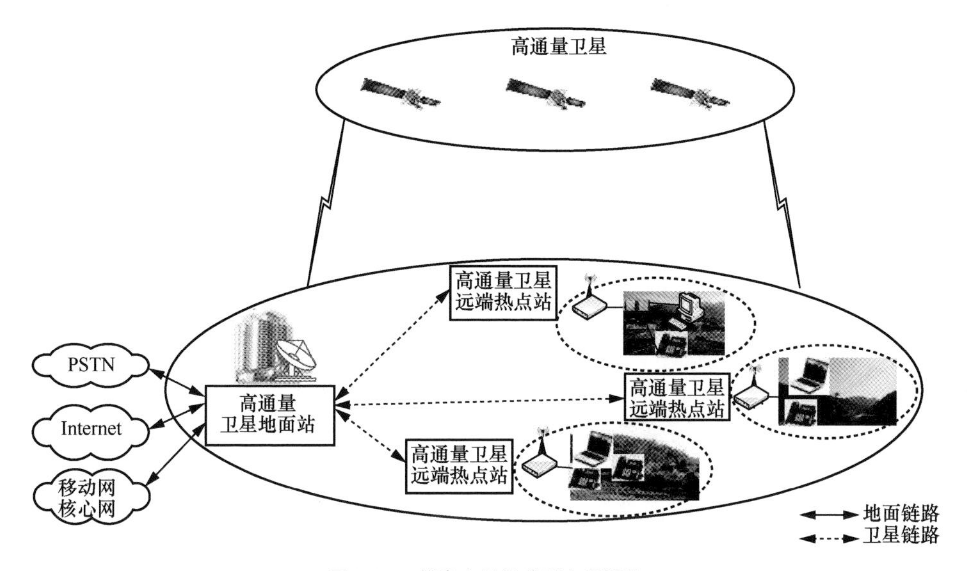

图 8-24　普惠应用的典型应用场景

8.4.3　外交使馆及海外企业应用

8.4.3.1　外交使馆应用

（1）需求特点

卫星通信是外交使馆必用的通信手段。与其他卫星通信应用场景相比，其突出特点是跨国、跨洲通信，要求近全球覆盖；外交使馆应用的另一个突出特点是有全天候不间断通信的需求。

（2）网络构建

外交卫星通信网集成了宽带网络和窄带移动网络，其中宽带网络是网络构建的核心。宽带网络目前可选择的基础网络不外乎前面提到的 FDMA/MCMC、MF-TDMA、DVB-RCS 3 种，可选择的卫星也不外乎常规透明转发器和高通量卫星转发器，宽带网络重点解决使馆间的综合业务宽带通信，不同区域的使馆间有可能采用不同的网络；窄带移动网络主要解决外交人员的远程移动通信需求。Inmarsat、Iridium、天通及我国卫星互联网等系统可以为外交使馆应用构建虚拟网络，如图 8-25 所示。

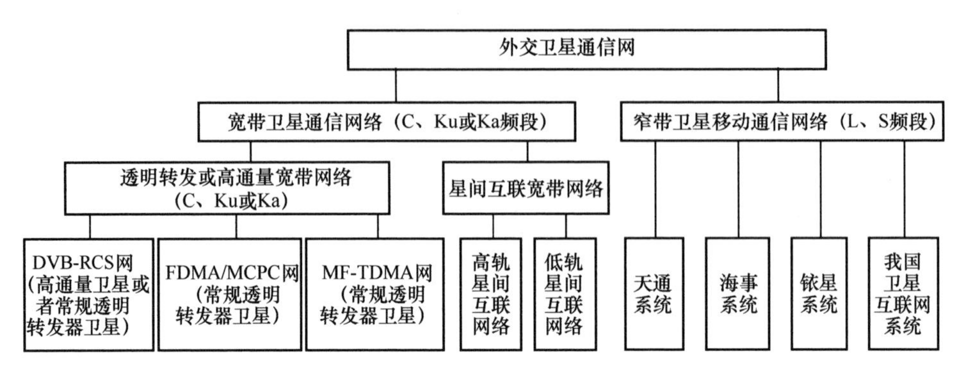

图 8-25　外交使馆应用服务可依托的卫星通信基础网络

（3）典型应用

要构建近全球覆盖的外交卫星通信网络，有可能需要租用亚太地区、欧洲等的卫星。构建多颗卫星覆盖的外交卫星通信网络，很可能会涉及不同体制的网络，需要在有两颗或两颗以上卫星覆盖的地球站设立国际中继节点，在国际中继节点实现不同体制网络之间的适配互通，通过中继节点的跨星跨网、多级网络级联、多星联合覆盖等功能实现全球外交机构通信保障。基于宽带网络的外交卫星通信网典型应用场景如图 8-26 所示。

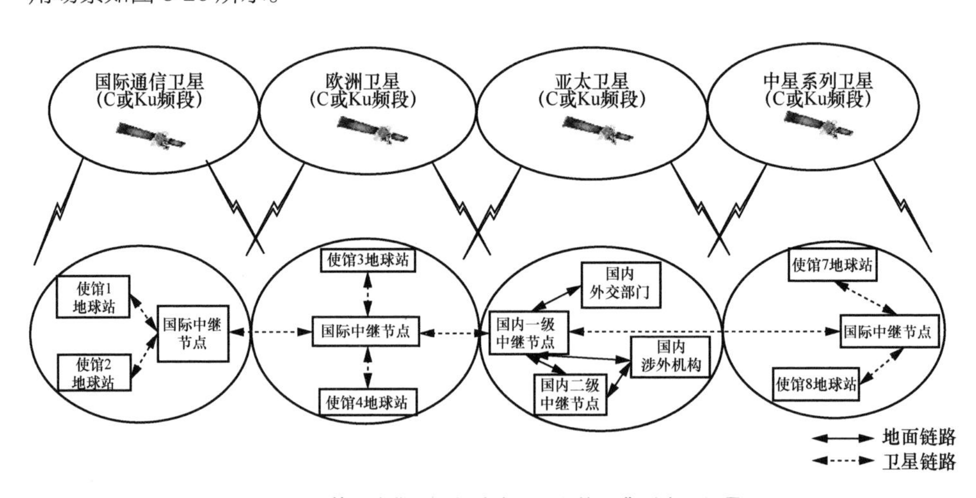

图 8-26　基于宽带网络的外交卫星通信网典型应用场景

基于全球星间组网的外交卫星通信网如图 8-27 所示。可以看出，各外交使馆站点可以经星间链路、星间网络直接互通，不再需要通过中继站中继。未来 5 年我国将建成高低轨星间互联的网络，外交通信保障能力将大幅度提高。

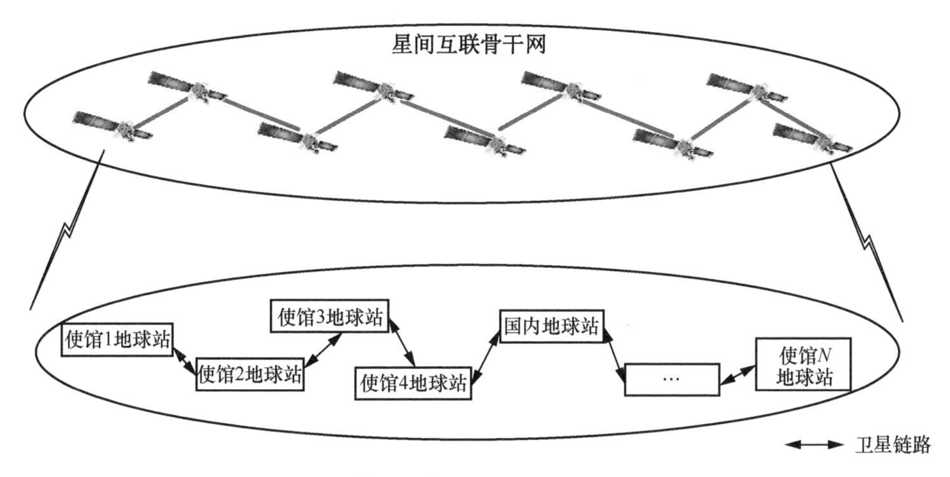

图 8-27　基于全球星间组网的外交卫星通信网

8.4.3.2　涉外企业应用

（1）需求特点

不同地域的企业通过部署卫星通信地球站，可实现涉外企业业务部门之间的通信，以及涉外企业海外业务站点与国内的通信。不同于外交使馆的网络，涉外企业网络依据各自企业的需要可以建设专网或者虚拟专网，不同企业的卫星通信网络之间相对独立；每个企业网络未必需要全球覆盖，一般仅需要覆盖国内总部和企业所在地，但从整个涉外企业来看，需要近全球覆盖的卫星通信能力，以满足行业总体通信需要。

（2）网络构建

海外企业的卫星通信网络构建可依托的基础网络与外交卫星通信网络基本相同，如图 8-25 所示。

（3）典型应用

两种典型应用场景如图 8-28 所示，即单星支持境内外互通和双星支持境内外互通。

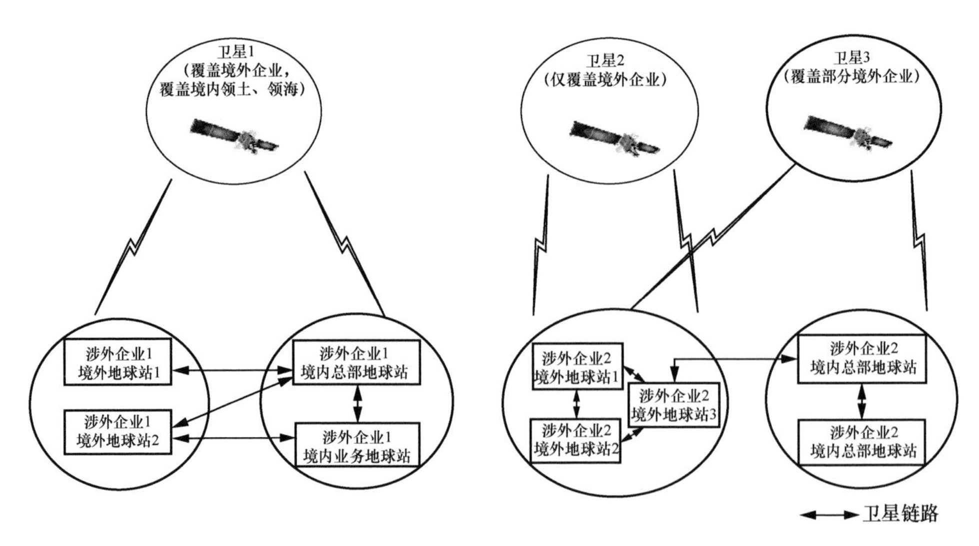

图 8-28　单星支持境内外互通和双星支持境内外互通的两种典型应用场景

采用具有全球星间组网能力的卫星通信系统构建涉外企业卫星通信网络，如图 8-29 所示。

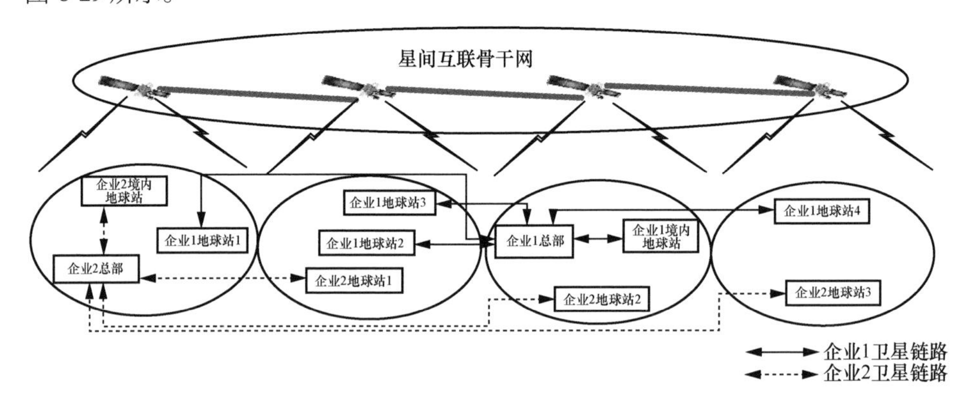

图 8-29　基于全球星间组网的涉外企业卫星通信网络

8.4.4　气象水文行业应用

8.4.4.1　需求特点

气象水文行业对卫星通信的需求呈现出部署立体化、时间全天侯、传输高时效、信息高更新、速率大跨度、业务多类型、网络多拓扑、雨天高适应等特点，具体分析如下。

- 部署立体化体现在气象水文业务卫星通信网的地球站需要部署于海上、空中、陆地等各类平台，且点多、分散、偏远。
- 时间全天候体现在气象水文业务卫星通信网一旦建成，需要全年连续工作，没有间断。
- 传输高时效体现在气象水文业务网对气象水文信息的采集和产品分发要求支持实时数据传输能力，以获取与实际场景一致的信息。
- 信息高更新与传输高时效相关，数据更新越频繁，更新率越高，获得的数据越实时。
- 速率大跨度是指传输速率可以是几十 kbit/s 到几 Mbit/s。
- 业务多类型是指业务涵盖高速数据广播、多播、点播、高清视频天气会商、非实时数据等多种类型。
- 网络多拓扑体现在需要支持星状、网状、树状多业务拓扑并存，组网灵活性要求高。
- 雨天高适应是指某一环境下的雨水越多，需要传输的数据越多，对网络可用性要求越高。

8.4.4.2　网络构建

构建气象水文业务网的基本技术体制网络可以是专网，也可以是各行业共用的卫星通信网。在宽带业务方面，可以选择 DVB 单项广播、卫星数字视频广播第二代标准扩展（Digital Video Broadcasting Extensions-Satellite Second Generation，DVB-S2X）、MF-TDMA，或者综合应用这几种体制网络。气象水文行业与其他行业不同的是受到雨衰的影响，系统可用度会降低，因此通常首选抗雨衰性能好的 C 频段，这意味着地球站需要配置 C 频段天线和射频设备，还需要协调 C 频段的卫星资源；当然，Ku 和 Ka 频段也是可选频段，但是需要留有足够的雨衰余量。当网络支持的速率较低时，比如不需要支持视频会商的情况下，可以选择将卫星移动通信网作为基础网络，比如天通系统，选用此类系统不需要租用卫星资源，只需要交付流量费用，这是因为此时共用天通系统的关口站，网络没有完全独立，相当于在天通大网中配置属于自己的虚拟子网。气象水文行业可依托的卫星通信基础网络如图 8-30 所示。

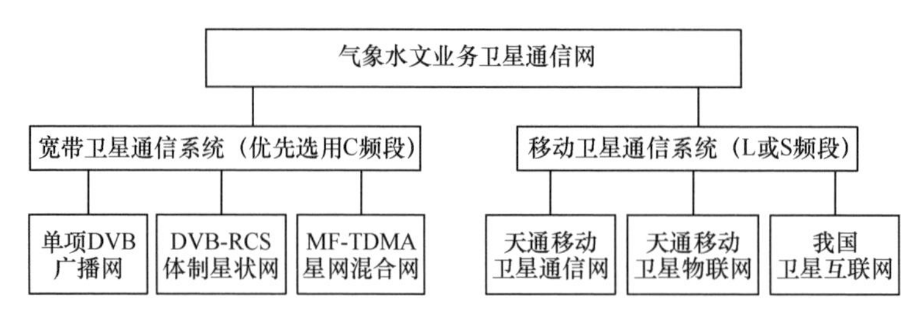

图 8-30　气象水文行业应用可依托的卫星通信基础网络

8.4.4.3　典型应用

气象水文行业的典型应用主要有 3 种场景，如图 8-31 所示。一是产品分发场景，采用 DVB 体制构建专网，气象水文产品中心通过专网的卫星和各部门所在地的专网远端站将信息分发到气象水文信息使用部门；二是气象水文业务部门之间的业务网，采用 MF-TDMA 体制构建专网，可以实现多级树状分发、多级信息汇聚、网状等多种网络拓扑并存，视频会商、气象水文信息采集、气象水文产品分发等多种业务并存；三是基于天通卫星通信网，构建气象水文信息采集虚拟子网。

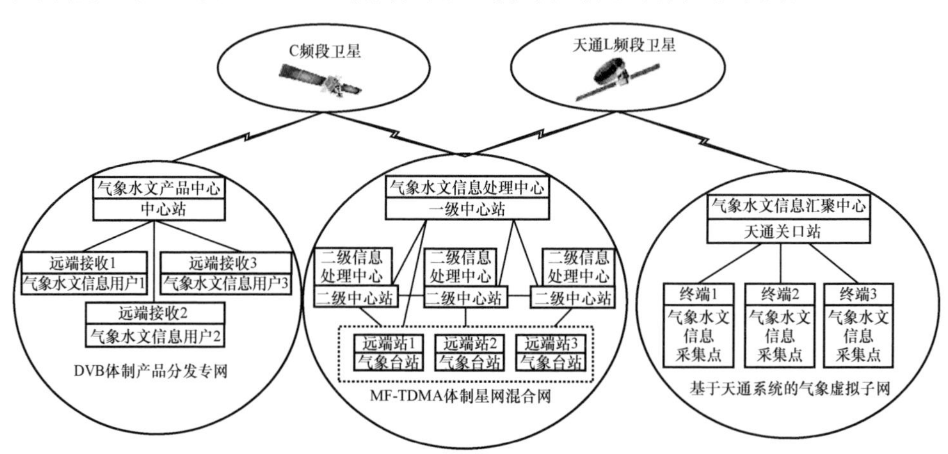

图 8-31　气象水文行业的 3 种典型应用场景

8.4.5　航空应用

8.4.5.1　需求特点

卫星通信是航空通信系统的重要手段。相对于其他通信手段来说，卫星通信线

路稳定可靠、覆盖范围大、通信距离远，是航空运营人员解决运行控制通信问题的有效手段。目前航空公司支持在每架飞机与地面运行控制中心之间建立卫星语音通信，以解决运行控制通信和监视等问题，提升对飞机的运行控制和监控能力，持续确保飞行安全。

航空应用主要指陆空通信模式，又分为前舱通信和后舱通信。前舱通信是飞行员分别与地面管制员和航空公司签派员的通信，属于航空通信业务中的卫星航空移动业务，是安全业务；后舱通信是乘客与地面人员的通信，属于航空通信业务中的非安全业务通信。前后舱通信方式都支持语音和数据，前舱通信要求卫星通信使用的频段为主要业务频段。前舱和后舱的应用模式和通信特点不同，其网络构建方案也不同。

8.4.5.2　前舱网络构建及典型应用

前舱卫星通信网络构建涉及飞机的飞行安全，必须符合航空行业有关国际和国内标准。从全球看，目前用于前舱通信的网络主要以 Inmarsat 为典型代表，可依托的卫星通信基础网络如图 8-32 所示。Inmarsat 系统因其具有近全球覆盖特性和 L 频段的宽波束特性，不仅适应民航国际化航线的特性，满足飞机平台移动需求，而且系统运营历史悠久，技术和产品十分成熟。但 Inmarsat 系统不能覆盖两极，极区航线不能保障，因此，目前多采用 Iridium 低轨星座系统作为补充。我国的天通卫星通信系统从频段和链路能力来看可以提供前舱通信保障，但是由于覆盖区域受限，国际航线应用有盲区，只能应用于国内航线或者部分国际航线的飞机。在我国正在建设的卫星互联网系统（L 频段）建成后，在国际频率协调完成的情况下，其可以为极区航线提供一定的保障能力。

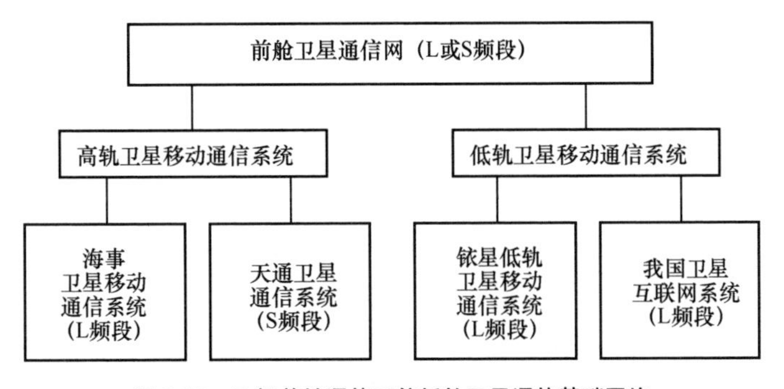

图 8-32　飞机前舱通信可依托的卫星通信基础网络

典型应用如图 8-33 所示，依托 Inmarsat、Iridium、天通或我国卫星互联网等系统，实现飞行员与地面指控中心管制员和派遣员的通信。

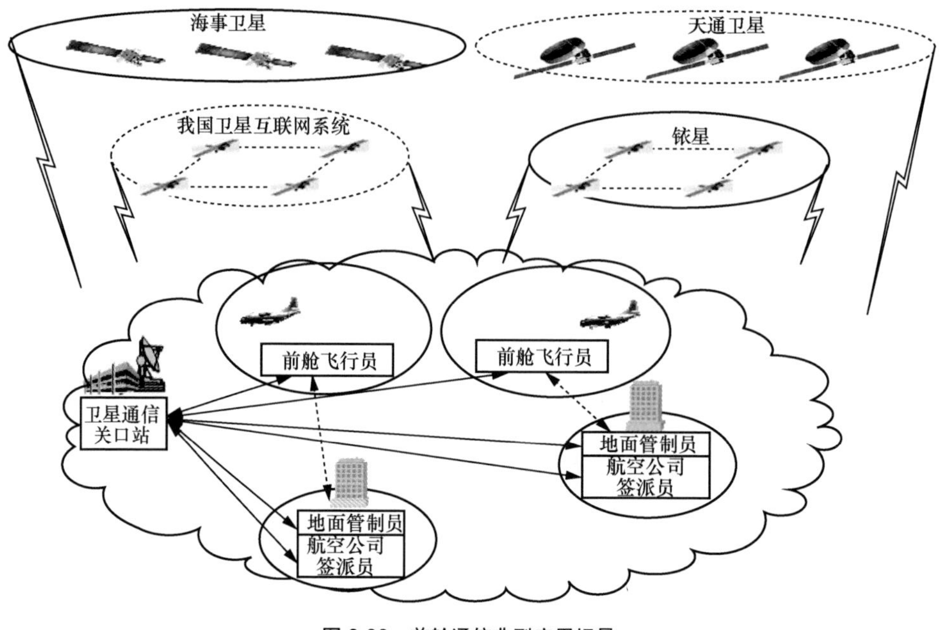

图 8-33 前舱通信典型应用场景

8.4.5.3 后舱网络构建及典型应用

后舱卫星通信网主要为乘客提供宽带互联网服务，可使用宽带卫星通信系统。这类系统选择较多，可以选择 Ku 或 Ka 频段，租用高通量卫星网络服务或非高通量卫星资源。仅依靠我国卫星，不能满足国际航线近全球服务的需求，因此需要租用国际上相关运营商的卫星。如果使用专用网络，需要解决跨星资源切换问题；如果使用高通量卫星，需要解决跨星网漫游问题。飞机后舱通信可依托的卫星通信基础网络如图 8-34 所示。

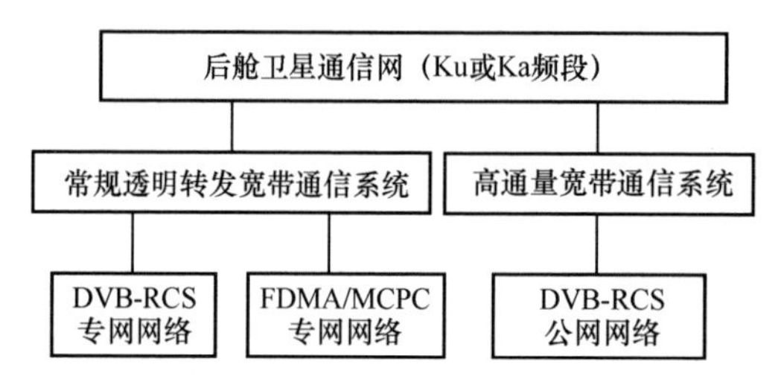

图 8-34 飞机后舱通信可依托的卫星通信基础网络

图 8-35 给出了后舱通信应用场景，飞机后舱乘客通过宽带卫星通信网，经地面关口站享受互联网服务以及与地面移动和地面固定电话网通信。

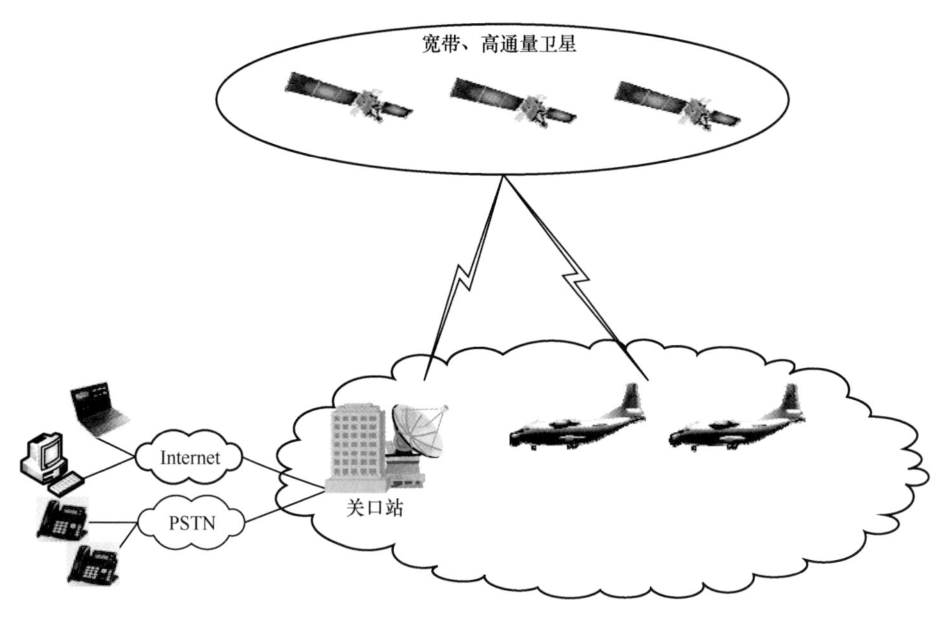

图 8-35　后舱通信应用场景

8.4.6　航海保障应用

8.4.6.1　需求特点

近年来，数字化、服务化、智能化成为发展的热点，智能化会促进各类数据的建立和数字化发展，而数字化必然会带来传输带宽的增长需求，服务化则会带来提升用户体验的需求。航海行业需要岸基系统确保全面、及时、有效地对船舶推送信息，承担海上安全、应急响应、环境保护和船岸信息互传的支撑保障任务。海上通信需要向数字化、网络化和综合化方向转变，实现从以“遇险安全通信”为主要目的向“遇险安全通信”“通信服务”及“多元化航保信息服务”齐头并进式发展转变。

8.4.6.2　网络构建

构建航海保障卫星通信网可依托的网络包括宽带卫星通信各类相关网络，比如

FDMA/MCPC 网络、DVB-RCS 网络、MF-TDMA 网状网络以及 C、Ku、Ka 频段，用于保障岸海之间的综合业务，包括船上乘客的上网服务、各类远程通信服务等；也可依托卫星移动通信网构建安全保障服务，包括必要的岸基信息向舰船的推送、海员通信等。航海保障卫星通信网可依托的基础专用网络和基础公用网络如图 8-36 所示。

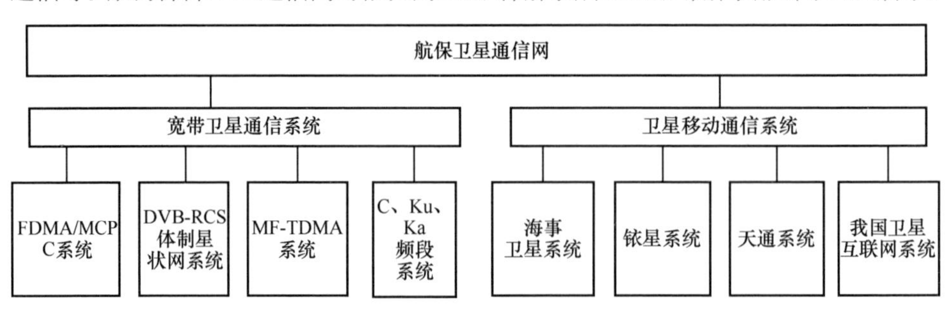

图 8-36　航海保障应用可依托的卫星通信基础网络

8.4.6.3　典型应用

利用卫星通信网络可以构建基于海洋浮标、潜标、浮台等的海洋环境信息获取传输系统，各平台装载卫星通信终端，实现对海洋浮标探测数据的自动实时安全传输，通过此系统向主管单位传输海洋气象、电磁、海浪、洋流、海洋资源、海洋污染等海洋环境信息数据。此外，通过卫星通信网络，还可对海上平台雷达、AIS、光电、电磁及其他传感设备获取的综合探测信息进行传输上报，形成支持系统决策的海洋态势信息数据。基于天基传输网络的航海保障典型应用场景如图 8-37 所示。

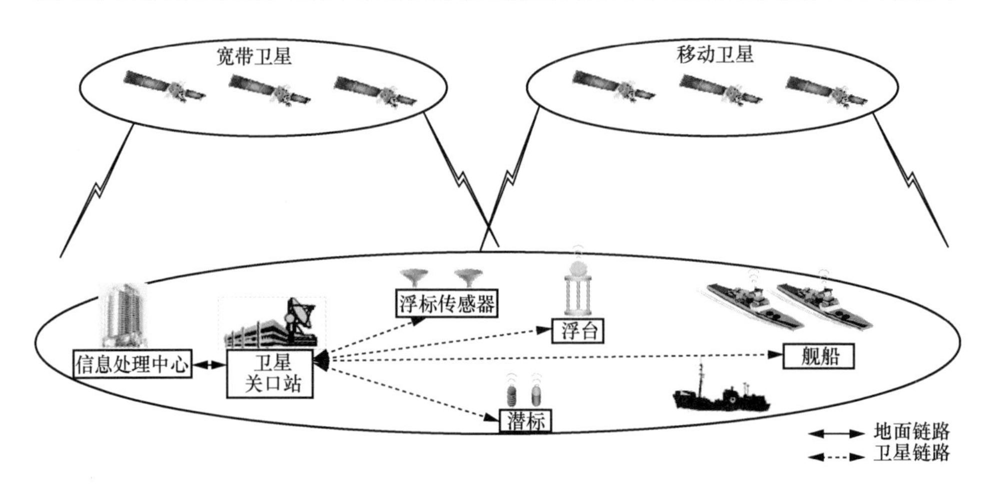

图 8-37　基于天基传输网络的航海保障典型应用场景

8.4.7　天基物联网应用

8.4.7.1　需求特点

天基物联网是近年来的发展热点，随着智能化和万物互联的需求牵引以及卫星通信对物联网支持能力的提升，天基物联网将得到越来越多的应用。天基物联网需求特点大致分为以下两种：一是海量用户、超小型超低成本终端、超低速率以及高时效性；二是与地面物联网融合应用。

8.4.7.2　网络构建

天基物联网应用主要以低频段的高/低轨卫星移动通信为主，满足超小型化需求。推荐使用的网络包括 Inmarsat、Iridium、天通及我国卫星互联网等系统。天基物联网应用可依托的卫星通信基础网络如图 8-38 所示。

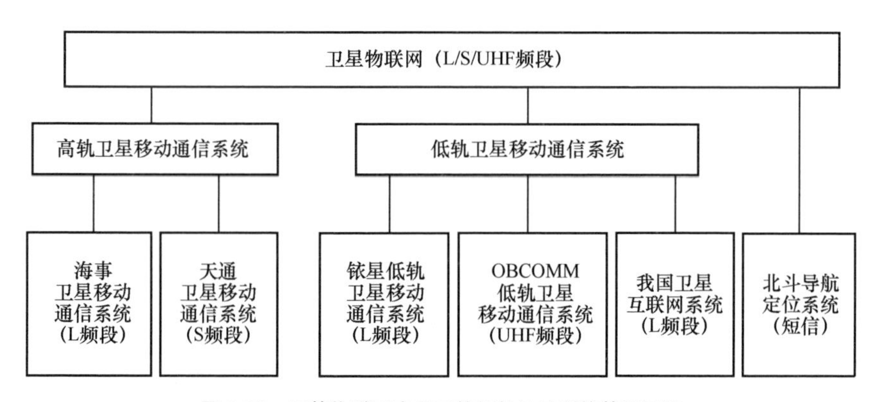

图 8-38　天基物联网应用可依托的卫星通信基础网络

8.4.7.3　典型应用

天基物联网典型应用场景如图 8-39 所示。天基物联网可应用于不同的行业，天基物联网由通信终端和相关关口站组成。物联网必须具有与终端相连的传感器和与关口站相连的各行业的物联网信息处理中心。天基物联网目前采用高低轨、多系统融合方式满足不同的应用需求。卫星互联网终端也可以作为区域中众多物联网的汇聚接入点使用。

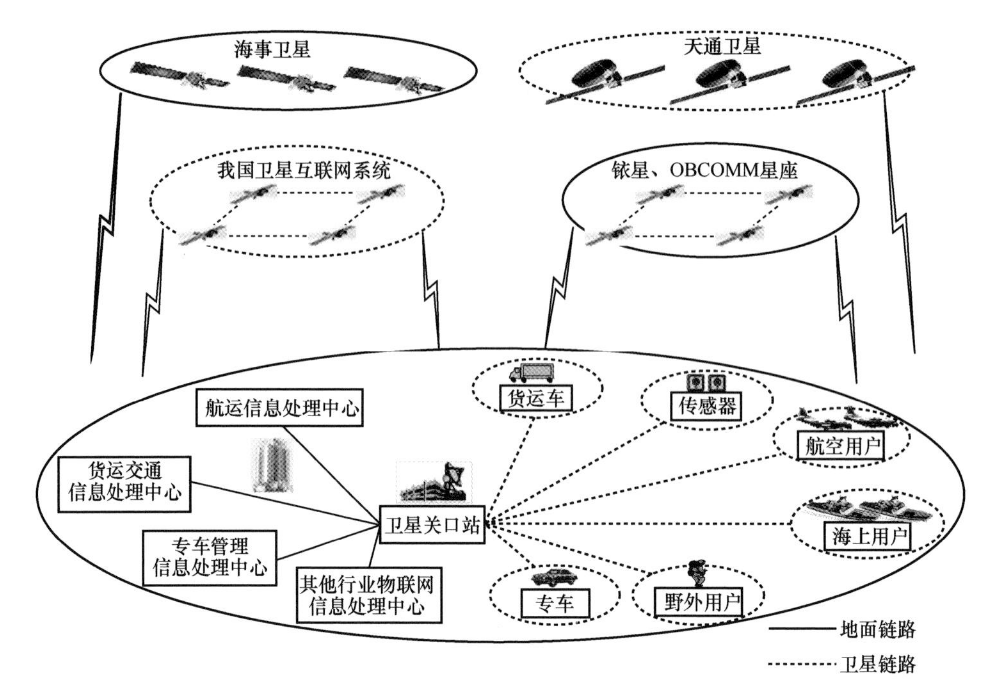

图 8-39　天基物联网典型应用场景

8.4.8　天基测控及航天器管控应用

8.4.8.1　需求特点

随着航天装备的发展，我国航天器数量急剧增加，对航天测控能力和航天器的管控能力提出了新的需求。航天器测控主要指对大量遥感卫星以及低轨星座卫星的测控，仅依靠地基测控网和数量有限的中继卫星已经不能满足需求；由于分布在太空的航天器数量众多，地面需要适时了解其运行情况、整体态势等，因此提出了天基测控及航天器管控网络的构想。

8.4.8.2　网络构建

天基测控及航天器管控网络的构建主要依托地基测控网、高轨中继卫星、低轨互联网卫星等系统，如图 8-40 所示。

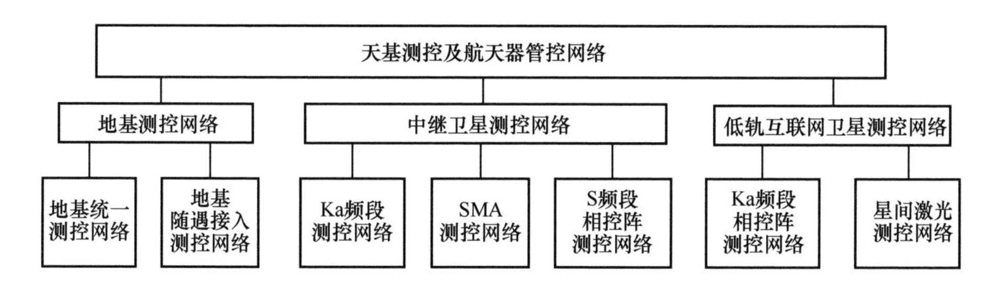

图 8-40　天基测控及航天器管控应用可依托的卫星通信基础网络

8.4.8.3　典型应用

天基测控及航天器管控的应用场景如图 8-41 所示。中继卫星的 S 相控阵天线全景扫描模式支持对众多低轨航天器的测控和管控；低轨互联网星座可以作为低轨遥感卫星的中继测控和数传星座。高低轨结合提供测控和管控服务，可提高系统的弹性、可靠性以及用户数。另外，中继卫星也可以为火箭等飞行器提供发射段测控服务。

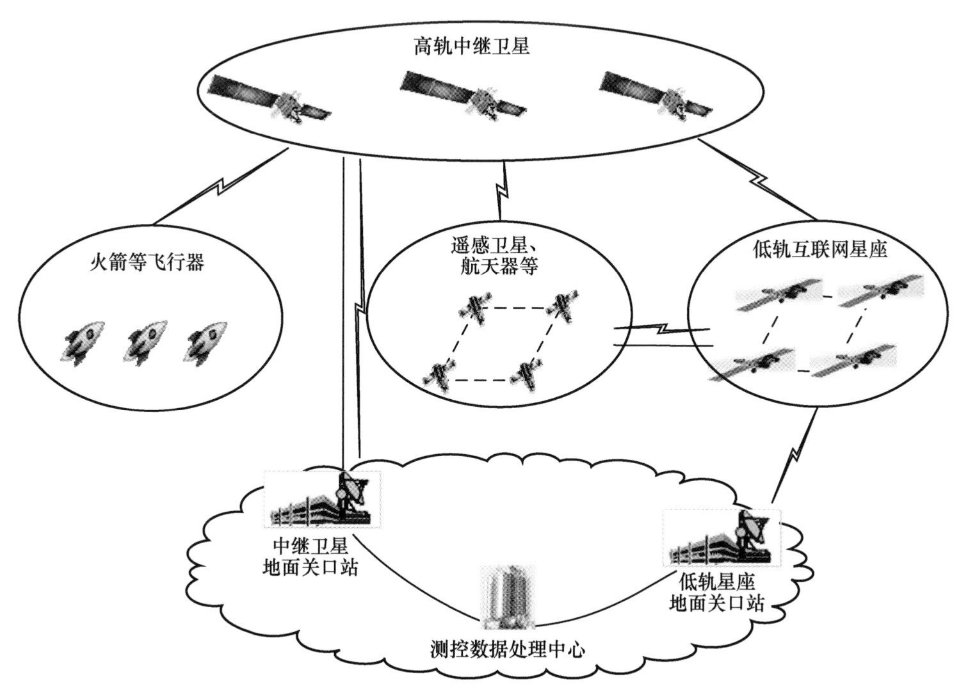

图 8-41　天基测控及航天器管控的应用场景

8.5 小结

本章比较系统地阐述了终端、网络类型和典型应用。天基传输网络本身体系多，系统多，频段多，站型多，垂直行业应用多。本书重点阐述天基传输网络的应用，但是因为应用要依托网络，网络由众多站型和某类卫星支撑才能构建，卫星的类型相对少，前面章节也有描述；另外，应用系统构建通常基于已经在轨可使用的卫星，因此本章重点成体系地梳理了站型、基础网络类型，以及基于基础网络和站型的典型行业应用系统的构建方法。

第9章 新发展方向和新技术

本章主要给出了两个方面的新技术研究方向：天基传输网络的内外融合方向和人工智能方向。对于人工智能方向，从基本理解、基础算法、典型应用方向、制约因素、研究方法等方面给出了作者自己的思考。

9.1 天基传输网络的内外融合发展

9.1.1 主要融合方向

当前，体系融合、系统融合、专业融合成为电子信息系统领域的重要发展趋势，与天基传输网络相关的领域融合趋势更加突出：一方面，天基传输网络领域内的不同系统呈现融合趋势；另一方面，天基传输网络对外融合趋势明显。天基传输网络专业领域内不同系统和专业的融合，比如移动宽带化、宽带移动化的发展，使得卫星移动通信和宽带通信有了交叠区，海事卫星第五代卫星系统是移动宽带化的典型代表。航天器与陆、海、空等用户的一体化组网需求使得卫星通信与卫星中继体系融合备受关注。天基传输网络的内外融合发展方向示意图如图 9-1 所示。

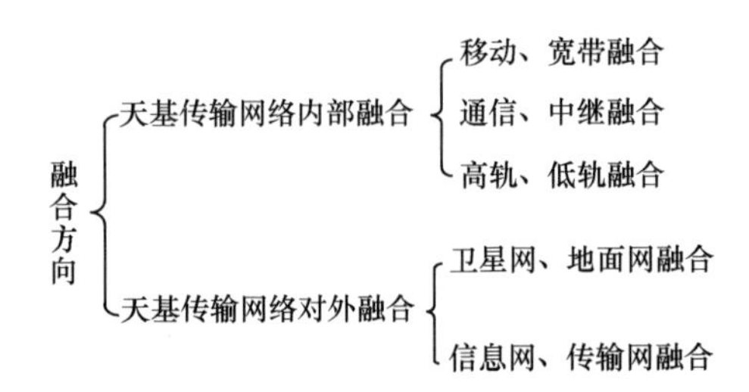

图 9-1　天基传输网络的内外融合发展方向示意图

9.1.2 天基传输网络内部融合

9.1.2.1 移动与宽带融合

随着数字化的发展，数据传输需求日益增长，移动通信已经从满足个人通话向满足移动多媒体综合业务转变。另外，随着卫星通信 Ku、Ka 高频段动中通技术的突破以及成本的一再降低，宽带卫星通信支持移动业务也具备了一定的基础。而地面移动从 4G 到 5G 的发展、高速率支持的需要，使得地面移动通信逐步突破使用低频段的限制，向更高频段拓展。

移动和宽带融合的关键点是频段和体制是否可以趋于类同。前面章节已经讲到，在过去的 10～20 年间，宽带卫星通信技术体制和卫星移动通信技术体制路线大不相同，宽带卫星通信解决面向较小用户规模的中高速率组网传输，通常采用专门针对卫星通信设计的 FDMA/SCPC、FDMA/MCPC、MF-TDMA、TDM/MF-TDMA 以及 DVB-S2 技术体制；而大多数个人卫星移动通信系统（工作于 L 或 S 频段）采用了基于地面移动通信 GSM、WCDMA、LTE 等改进的体制，如 GMR-1、GMR-2 等。而海事卫星第五代卫星系统作为全球首个采用 Ka 频段实现宽带移动通信的系统，采用了宽带 DVB-S2 技术体制，支持宽带移动业务；与同样使用 Ka 频段的宽带卫星通信系统相比，其占用更少的 Ka 频段带宽。而中国电子科技集团公司第五十四研究所开展的天象低轨双星试验系统也验证了在高频段、星上处理、星间组网模式场景时，下行采用变速率时分复用（Variable Bit-rate Time Division Multiplexing，VTDM）、上行采用变速率 MF-TDMA 技术体制，是一种可行的低轨宽带移动体制方案，或者称之为低轨宽带体制方案。

随着地面 5G 技术的发展及其对卫星通信领域的渗透，基于地面 5G 技术体制进行适应性改进，使其适用于卫星通信领域的研究已经比较深入[31]。个人卫星移动通信采用 L 或 S 低频段，支持手机等小型用户。由于链路能力受限，基于地面 5G 技术改进的体制只能支持较低速率，限制了其在个人卫星移动通信系统中的应用；而将基于地面 4G 技术改进的体制应用于个人卫星移动通信更具有可行性。

随着宽带移动化和移动宽带化的发展，Ku、Ka 频段也逐步应用于卫星移动通信。然而在这种情况下，需要解决的一个问题是到底选择类似海事卫星系统的宽带体制，还是选择基于地面 4G/5G 改进的移动体制？尽管两者均可实现，但是在性价比、复杂度等方面有较大差异，需要有更多的试验数据和更长时间的实际应用来检验。当然，最优的技术路线也可能是这两种技术路线的综合。

9.1.2.2 通信与中继融合

第 1.2.2 节清晰地给出了卫星通信和卫星中继的不同。卫星通信就是设置在地球表面（包含陆地、海洋、空中和临近空间）的地球站之间通过宇宙站（通信卫星）转发而进行的通信，中小型客机在数千米高度飞行，大型客机在平流层内大约 11km 高度飞行，作战飞机在 20km 甚至 20km 以上高空飞行，临近空间是高度为 20～100km 的空域，这些平台均已实现卫星通信。卫星中继的用户站或者用户终端工作在外大气层。卫星通信是地球站和地球站之间的通信，而卫星中继通信是用户终端与地面终端站之间的测控与数据传输，图 9-2 给出了当前卫星中继系统与卫星通信系统的关系示意图。

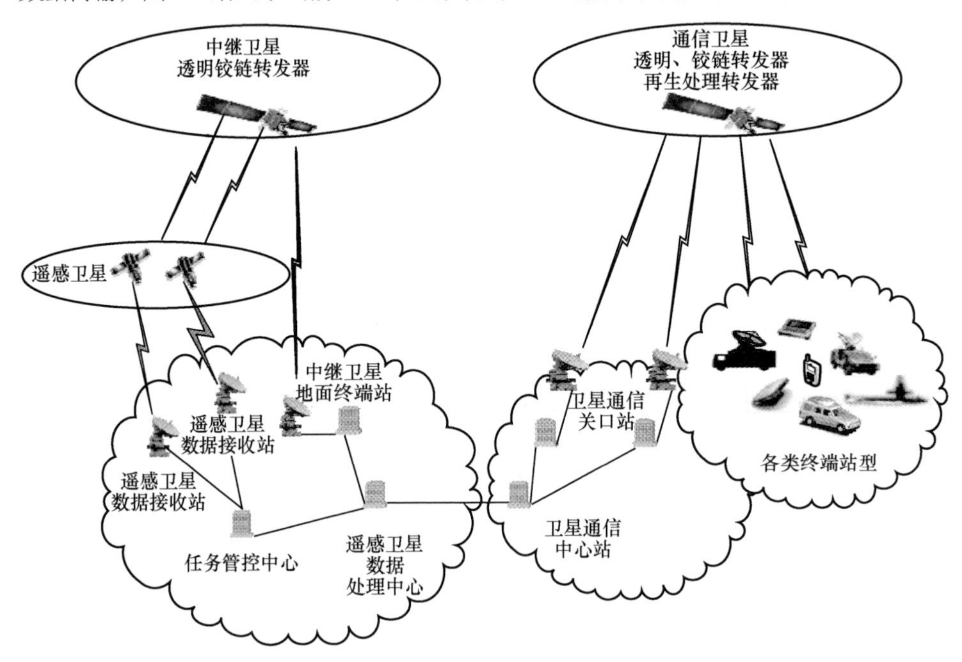

图 9-2 卫星中继系统和卫星通信系统的关系示意图

随着天基系统的发展，各类航天器数量快速增加，尤其是遥感类的卫星数量逐步增加，信息回传到地面的压力十分大，对中继卫星支持多目标信息实时中继的需求日益凸显。另外，人们对获取数据和产品的时效性提出越来越高的要求，传统遥感卫星将数据周期性非实时传回地面，或者通过中继卫星按照任务规划的时段将获

得的信息传回地面，时延太长，时效性太低。人们构想中继卫星和通信卫星星间组网，或功能综合，同时结合信息智能在轨处理形成产品，不需要落地就能直接分发给用户。这使得卫星通信和卫星中继的融合成为备受关注的研究方向。但是这一愿景的实现还需要进一步深入研究星上智能信息在轨处理是否能够形成产品，能形成什么产品，这直接影响卫星通信和卫星中继融合的发展进程。另外，航天器需要精准测控才能在一定时段内保持与中继卫星的连接，而卫星通信用户（地球站）随时随地都能对准卫星，并利用其进行通信。因此卫星通信和卫星中继融合的实现还需要开展进一步的深入研究。卫星通信和卫星中继融合的两条发展路线分别如图 9-3 和图 9-4 所示，究竟哪条路线更优还需要综合考虑各种因素。

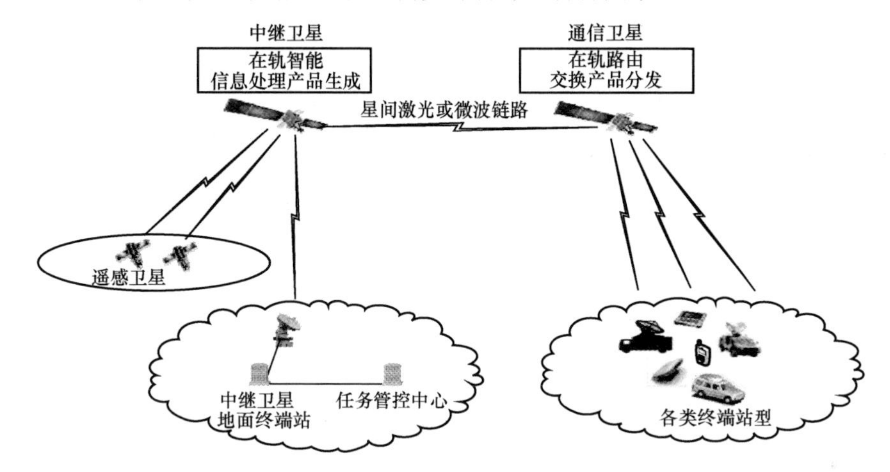

图 9-3　基于通信卫星与中继卫星星间关联组网的融合方式

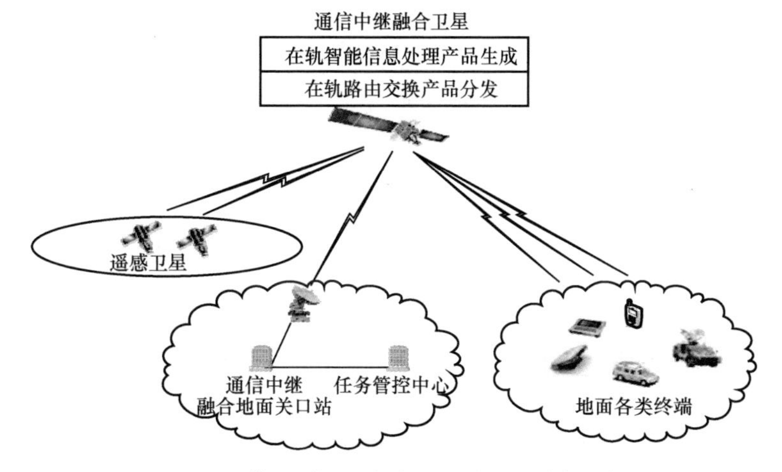

图 9-4　基于通信卫星与中继卫星的星上融合方式

9.1.2.3 高轨与低轨融合

传统上，卫星通信系统中都是将高轨卫星作为通信卫星，低轨通信星座只是高轨卫星通信的补充，而卫星中继系统也是如此，且目前全球大多中继卫星也是高轨卫星。但是随着低轨宽带星座的快速发展，这种局面有可能会被打破。高低轨卫星通信系统融合和高低轨卫星中继系统融合的示意图分别如图 9-5 和图 9-6 所示。

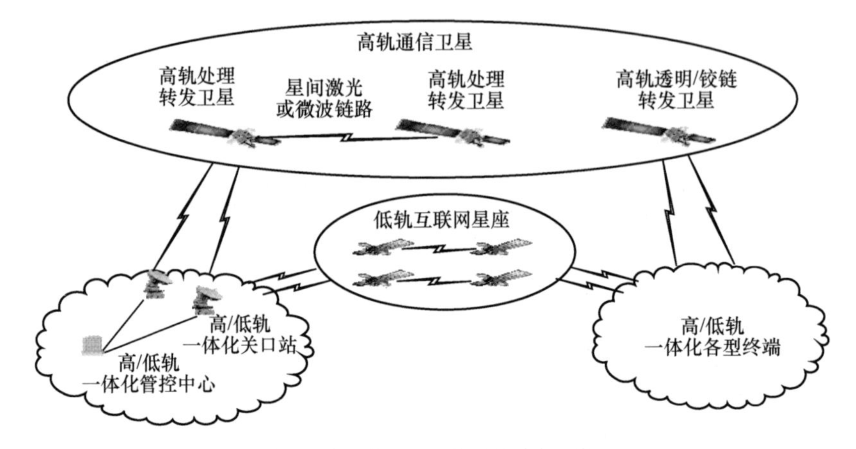

图 9-5　高低轨卫星通信系统融合示意图

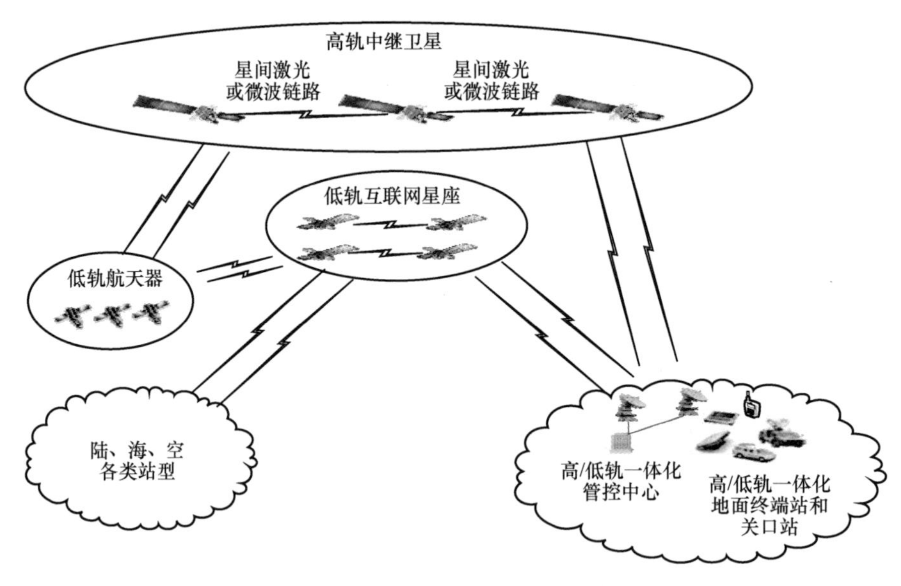

图 9-6　高低轨卫星中继系统融合示意图

（1）高/低轨宽带卫星通信系统融合

低轨宽带星座具有速率高、全球覆盖等特点，给传统使用高轨宽带卫星通信系统的用户带来新的高性能期盼。但是低轨宽带星座存在地面终端成本高、切换频繁、波束需要灵活调配等特点，使得在相当长的一段时间处于以高轨系统为主、低轨系统为辅逐步发展至高/低轨混合应用的状态。在宽带卫星通信系统中，低轨宽带系统的市场占有率超过高轨宽带系统的市场占有率还需要很长的时间。因此高/低轨融合设计使得卫星地球站能够实现融合，是当前的需求所在[32]。高/低轨宽带卫星通信系统融合主要包括频段融合、体制融合、站型融合、管控融合和应用融合等方面，如图 9-7 所示。

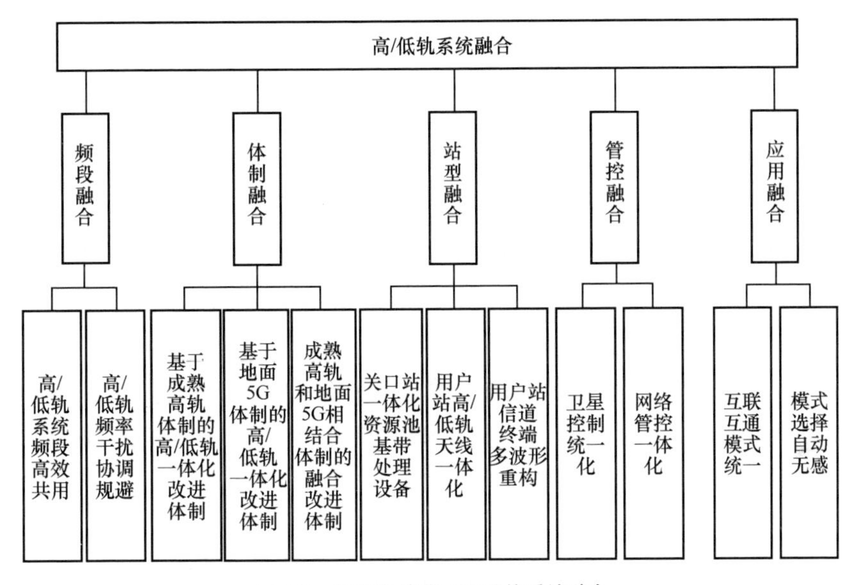

图 9-7　高/低轨宽带卫星通信系统融合

- 频段融合主要为了实现高/低轨系统既能采用相同频段（如 Ka 频段），又不互相干扰。尤其针对用户侧，设计应考虑天线和射频一体化的技术可行性以及低成本的可行性。
- 体制融合目前有 3 种技术路线。第一种是基于成熟的高轨宽带体制进行适应性改进后也能适用于低轨星座场景，可保持高/低轨基本技术体制一致，仅参数选择不同。第二种是基于地面 5G 体制进行改进，形成源于地面 5G、与卫星特点相结合的高轨和低轨宽带体制，这种技术路线有待于验证资源代价以及与用户规模的匹配性。两种技术体制的优缺点以及对需求的适应性需要经过一段时间的研究。第三种是吸收了前两种体制优点的最优的卫星通信宽带体制。

- 站型融合方面，首先关口站要考虑支持高轨和低轨不同波形的一体化资源池基带处理设备；然后用户站侧需要考虑天线的一体化设计、射频的一体化与小型化设计、基带的多波形自适应重构设计。
- 管控融合方面，针对卫星的管控，可以统一操作习惯、统一协议；针对网络的管控，可以统一综合管理功能。
- 应用融合主要指与应用场景紧耦合、与其他信息系统互联互通、高低轨模式的自适应无感切换等。

（2）高/低轨卫星移动通信系统融合

高/低轨卫星移动通信系统的融合与高/低轨宽带系统的融合类似，但重点和进展不同。由于移动通信带宽窄、终端小，对 5G 空中接口的使用有一定约束，目前行业内基本认可高/低轨移动通信体制均基于地面 2G、3G、4G 体制的融合；更重要的是高轨卫星移动通信基于地面移动通信体制进行改进的路线已经有多个成功案例，而宽带卫星通信目前仅有军事卫星通信演进的体制，基于地面移动通信体制的改进在宽带卫星通信系统的应用还不够成熟。

当然，高/低轨移动通信系统的融合除了技术体制方面与高/低轨宽带系统不同，其他涉及站型融合、管控融合、应用融合等方面的思路相近。相对于高低轨宽带系统，高/低轨卫星移动通信系统的融合更加容易实现。

（3）高/低轨卫星中继系统融合

卫星中继系统将航天器用户信息中继到地面终端站，同时将地面站对航天器的测控信息中继到航天器，传统中继卫星均为高轨卫星。低轨互联网星座的发展提供了全球准实时覆盖的大量卫星[33]，人们很容易想到，如果低轨互联网星座可以中继航天器用户，那么可以同时支持分布于全球不同位置的航天器，实时通过低轨互联网星座将信息中继到地面，或者在智能技术的支持下，直接将航天器信息在轨处理形成产品后分发给各类用户。这在某种程度上也实现了通信与中继的融合。因为航天器和低轨互联网星座的卫星均处于运动状态，相对动态性比航天器与高轨中继卫星要复杂，所以要实现高/低轨中继功能的融合需要克服很多关键技术方面的困难。相关的关键技术方向如图 9-8 所示。

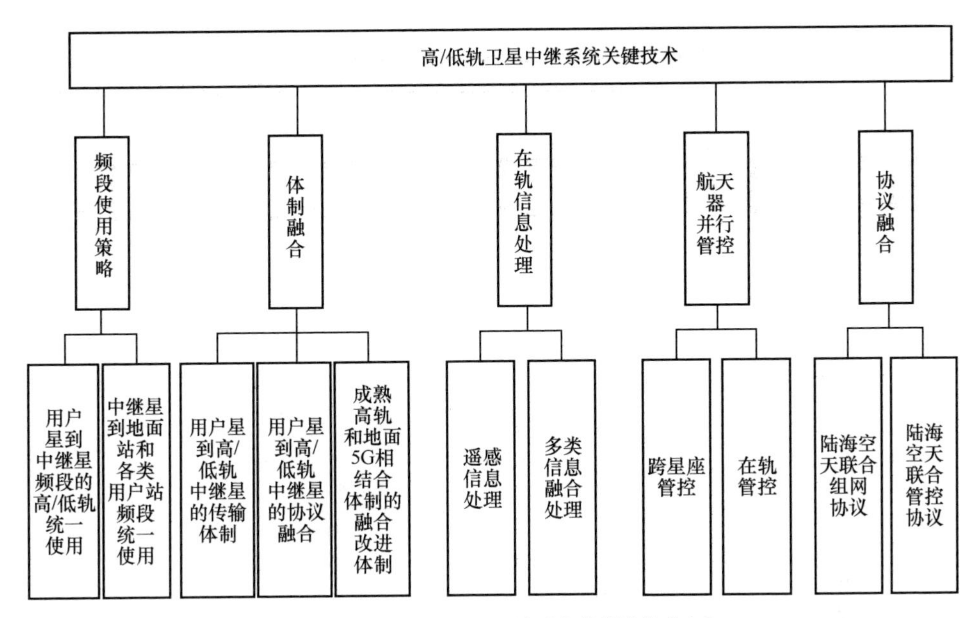

图 9-8 高/低轨卫星中继系统融合的关键技术方向

9.1.3 天基传输网络对外融合

9.1.3.1 卫星网与地面网融合

卫星网与地面网的融合体现在多个方面，比如卫星网与互联网的融合涉及互联互通、综合应用，尤其是 IP 在卫星网中的应用和增强改进，成为实现卫星网和互联网混合应用的关键因素。卫星移动网与地面移动网的融合体现在网络架构的融合、协议的融合等方面，面向 6G 的卫星移动网络和地面移动网络面临更深层次的融合。

（1）体系架构融合

如图 9-9 所示，目前卫星移动网和地面移动网相对独立，尤其是频谱独立占用、独立调度和分配。卫星移动网的协议基于地面移动网进行改进，卫星移动网和地面移动网可通过核心网实现互联互通，共享移动网和互联网各类服务；在不久的将来，卫星移动网和地面移动网有可能实现频谱和协议的高度融合。

（2）频谱共用

按照国际电信联盟的规定，目前的卫星移动通信和地面移动通信各自占用不同的频段。随着频段资源的日益紧张以及卫星网与地面网融合的不断深入，基于用户统一的天地频率资源共用、动态分配成为可能。如图 9-10 所示，设置天地网络控制中心和天地共用资源池，实时接收来自终端的申请，按照合适的策略在天地网络控制中心和小区中心分配资源。

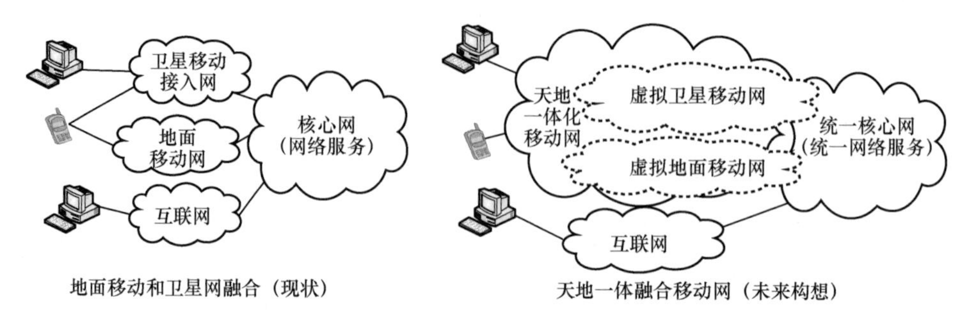

图 9-9　卫星移动网和地面移动网融合示意图

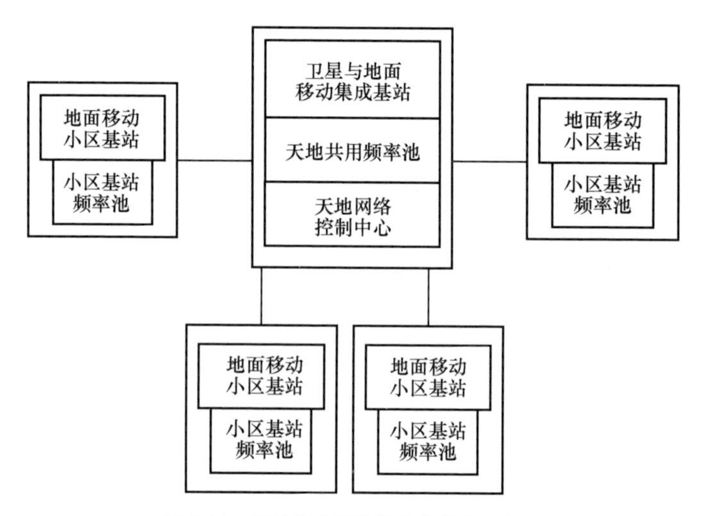

图 9-10　天地融合系统的频率共用示意图

9.1.3.2　信息网与传输网融合

在天基传输网络中，信息网与传输网的融合体现在以下几个方面：首先是信息终端与通信终端的融合，这实际上在地面移动通信网已经有所体现，手机的照相和摄像功能、语音录制功能本身就会产生信息，而通信功能则实现这些信息的无线网络传输。随着人工智能和传感器小型化的发展，通信功能和信息获取处理功能的融合越来越普遍。另外，空间段感知类卫星和通信类卫星也在逐步融合，或者说是感知星座和通信星座的融合。

（1）感知类卫星和通信类卫星的融合

感知类卫星和通信类卫星的融合即卫星平台的融合，同一卫星平台承载通信载荷和感知类载荷。整体上看这类卫星可以以通信为主，兼顾一定的遥感功能，作为遥感卫星体系的增强；或者以遥感为主，具有一定的通信功能，作为卫星通信体系的增强，而不是代替原有的卫星通信体系和遥感卫星体系。

（2）遥感卫星和通信卫星紧密铰链融合

遥感卫星和通信卫星紧密铰链融合可以是通信卫星支持遥感卫星节点的信息传输，也可以是通信卫星与中继卫星融合，支持遥感卫星接入。

（3）遥感卫星星座和通信卫星星座融合

遥感卫星星座和通信卫星星座融合是在低轨通信星座的某些轨道面插入遥感卫星，使遥感卫星获取的数据信息可以通过低轨星座构成的网络及时回传给需要信息的用户。由于遥感卫星星座的轨道特性与通信星座不同，被嵌入通信星座的遥感卫星对信息的获取受到一定的限制。但是由于这种融合可实现全球“随看随传”的效果，其应用备受期待。如果遥感载荷足够小，也可以直接将其搭载在通信卫星上。遥感卫星星座和通信卫星星座融合示意图如图 9-11 所示。

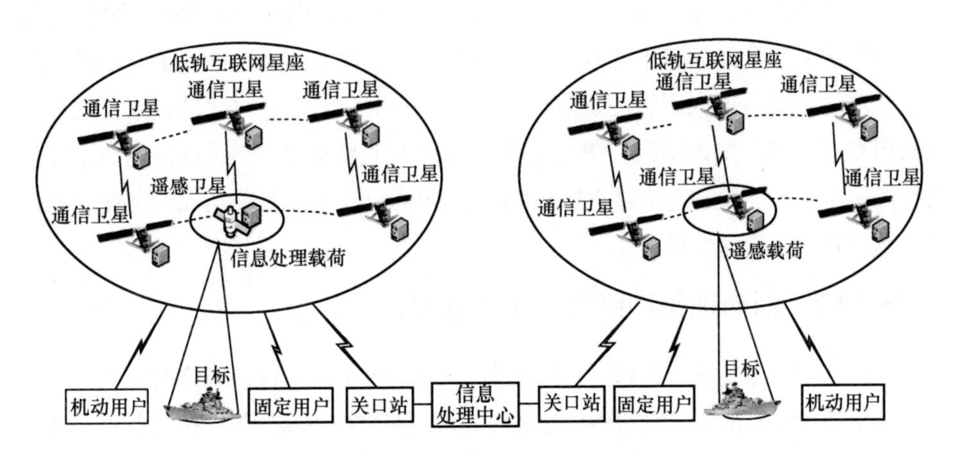

图 9-11　遥感卫星星座和通信卫星星座融合示意图

9.2 人工智能技术及应用

9.2.1 人工智能与通信网络

9.2.1.1 通信网络人工智能研究现状

人工智能不是一个新概念，早在20世纪50年代就已经被提出，早期的人工智能基本包含符号式人工智能和机器学习两个方向。符号式人工智能旨在借助人类的知识，将人类的知识转移至机器，并使机器按照特定的预设规则进行工作。然而研究者随后发现符号式人工智能的能力十分有限，因而转向研究通过引导系统进行学习的技术，也就是机器学习。

近年来，基于深度学习（基于多层神经网络模仿人脑认知模型的机器学习）的人工智能技术在计算机视觉、自然语言等信息处理领域获得巨大成功，然而在通信网络领域似乎发展缓慢，这是因为：一方面计算机视觉、自然语言人工智能需要的数据相对容易获取，而通信网络面对的约束条件更多、数据获取难度更大，且可靠性要求更为严苛；另一方面，深度学习的数据依赖性、高昂的计算代价、不可解释性和不确定性以及安全隐患等问题逐渐凸显，促使“大数据+大算力+深度学习”的人工智能向“小样本+轻量化+知识、数据双驱动”的人工智能转变，这无疑对通信网络的人工智能发展产生了推动作用，尤其是对通信网络，通过综合利用专家系统、知识图谱、深度学习等各种人工智能方法，并进行创新，才能使智能化有更大飞跃。而随着6G技术的研究和发展，人工智能与通信网络关联的理论算法将会有较大突破。

9.2.1.2 面向通信网络的人工智能算法

面向通信网络的人工智能（AI for Net）被认为是现有通信网络的人工智能赋能。不论是计算机视觉、自然语言处理等领域还是通信网络领域，人工智能基本算法相同。当前的主流算法可以按照基于知识的算法、基于数据的算法、基于仿生的算法来梳理，如图9-12所示。

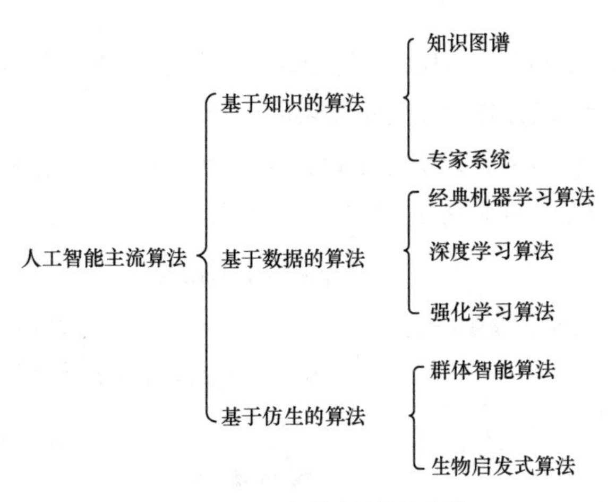

图 9-12　人工智能主流算法分类

基于知识的算法主要包括知识图谱和专家系统。知识图谱由知识以及知识之间的关系组成。知识或者实体的内部特性使用属性值对来表示，知识之间的关系通过两个实体之间相连接的边来表示。与传统的基于关键字匹配的搜索引擎工作原理不同的是，知识图谱利用概念实体的匹配度将与搜索相关的更全面的知识体系返回给用户。专家系统已成为人工智能领域中非常活跃、非常受重视的领域之一，是一种特定领域内具有专家水平的程序系统。

基于数据的算法主要包括经典机器学习算法、深度学习算法、强化学习算法。机器学习简单来说是通过优化方法挖掘数据中的规律的学科；深度学习是使用神经网络作为参数结构进行优化的机器学习算法；强化学习是不仅能利用现有数据，还可以通过对环境的探索获得新数据，并利用新数据循环往复地更新迭代现有模型的机器学习算法。

基于仿生的算法是模仿生物系统的功能和行为来建造技术系统的一种科学方法。其大致可分为群体智能算法和生物启发式算法。群体智能算法是模拟自然生物种群智能行为的优化方法，具有良好的寻优性能，在求解大规模复杂问题时具有较高的效率，如蚁群算法、人工蜂群算法和狼群算法等。生物启发式算法指以生物界的各种自然现象或过程为灵感，进而提出的一系列启发式智能计算方法，如遗传算法、退火算法等。

9.2.1.3　面向人工智能的通信网络挑战

我们可以认为面向通信网络的人工智能主要属于 5G 和 5.5G，而面向人工智能的通信网络（Net for AI）则是 6G 及未来无线网络的中流砥柱。在 6G 网络中，通信网络将传输和收集机器学习所需的海量数据，希望人工智能和 6G 无线网络的交错会为未来无线网络产生新的理论提供启示。

在 6G 的相关文献中，无线通信深度神经网络、通信支持分布式学习架构以及深度学习支持语义通信等研究方向存在九大挑战，如图 9-13 所示。

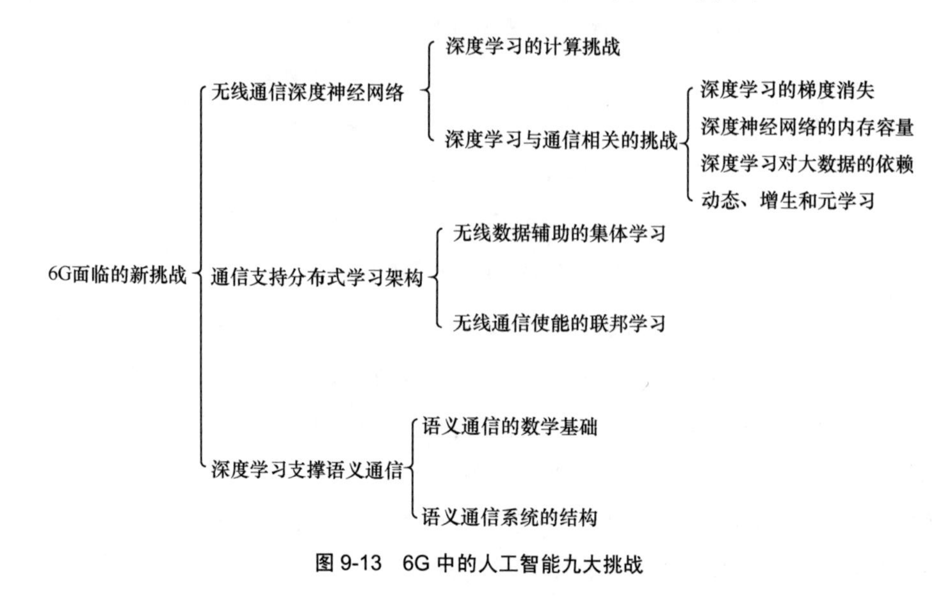

图 9-13　6G 中的人工智能九大挑战

无线通信深度神经网络包括深度学习中的计算挑战以及深度学习与通信相关的挑战。深度学习与通信相关的挑战主要是深度学习的梯度消失，深度神经网络的内存容量，深度学习对大数据的依赖，动态、增生和元学习等。

通信支持分布式学习架构面临的挑战主要有两个方面：无线数据辅助的集体学习、无线通信使能的联邦学习。

深度学习支持语义通信的挑战主要包括语义通信的数学基础和语义通信系统的结构两个方面。

9.2.2　人工智能与天基传输网络

9.2.2.1　典型方向及研究情况

（1）人工智能应用方向

图 9-14 给出了卫星通信典型的人工智能研究方向和应用场景，包括跳波束、抗

干扰、流量预测、信道建模、能源管理、天地接口、行为建模、遥测、遥感、干扰管理、电离层闪烁检测、资源管理、路由管理等方面。

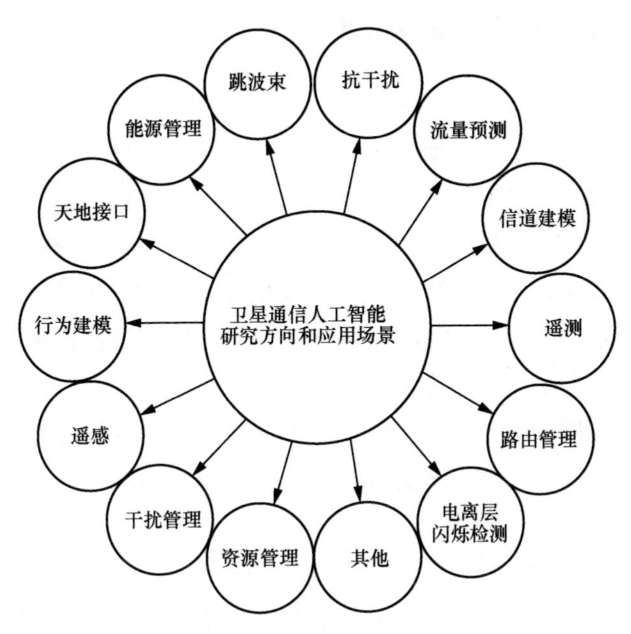

图 9-14 人工智能研究方向和应用场景

（2）典型场景算法研究情况

人工智能典型算法的应用场景及提出时间见表 9-1。

表 9-1 典型算法的应用场景及提出时间

分类	具体算法	波束跳变与成型算法最早提出时间	路由算法最早提出时间	频率分配算法最早提出时间	功率分配算法最早提出时间
传统优化算法（启发式算法）	基因算法	2006 年[34]	2011 年[35]	2006 年[34]	2010 年[36]
	粒子群算法			2020 年[37]	2017 年[38]
	模拟退火	2014 年[39]		2014 年[39]	2018 年[40]
强化学习	Q 学习	2020 年[41]	2020 年[42]	2018 年[43-44]	2018 年[43]
	策略梯度				2019 年[45]
监督学习	神经网络			1997 年[46]	

从表 9-1 不难看出，在卫星通信领域，人工智能基本停留在传统优化算法阶段。近几年已经有基于强化学习的算法提出，但是距离实际应用还有较大差距。

9.2.2.2 问题及后续研究方法

（1）突出问题

由前文可以看出，以卫星通信为典型代表的人工智能技术研究和应用存在与一般通信网络人工智能研究和应用同样的难题，主要体现在以下几个方面。

一是数据难获取，不像地面移动网和互联网属于共用网络，卫星通信网络一般是专用网络，网络数据产生于各个专用网络、专用设备，没有数据无法进行模型训练。

二是算法不成熟。人工智能算法在复杂的通信网络中的应用需要深入研究改进，正如 6G 中的人工智能九大挑战。

三是知识图谱没有建立。由于网络规模和用户有限，人们的研究热情不高。

四是专业性强。需要花费一定的精力才能够理解专业机理，进而找到与人工智能的结合点。

（2）后续研究方法

随着卫星互联网的飞速发展，天基传输网络可能由专用网络向公共网络转变，人工智能技术的研究与应用将得到迅速发展。人工智能技术研究包括以下几个方面。

一是从简单到复杂，从嫁接到内生。借鉴人工智能消费品的一些成果和思路，从简单操作开始。以卫星通信地球站操作为例，结合机器人的设计思想，增加语音、障碍物等环境传感器，可以先将手动操作升级为语音控制操作，将键盘操作升级为语音操作；当然并不是装个传感器这样简单，实现语音操作需要对多种工况的各类动作算法进行研究和训练，由于可能仅涉及产品局部，数据较易获取，基于获取的数据进行模型和算法训练具有可行性。

二是建立开放的网络环境，尤其是网络使用方和网络建设方的数据共享。数据只掌握在网络使用方手中，无疑会影响整个行业的智能化进程。网络建设方需要基于网络数据开发各种人工智能引擎，以提高使用方的使用效果。

三是加快建立天基传输网络的专家系统和知识图谱。对于复杂的天基传输网络来说，单一的基于数据的人工智能算法难以取得满意的效果，基于专家系统和知识图谱的人工智能方法必不可少。

四是重视各种场景的数据建设。不仅是用户使用过程中的网络数据，各种典型场景的数据建设也十分重要，比如地形对卫星通信天线的影响数据、道路状况对动中通天线的影响数据、天气对链路的影响数据、不同任务对网络业务量的影响数据、不同干扰样式的干扰效果数据等。

五是加大深度学习与其他方法相结合的创新理论算法的研究力度。正如 6G 中的人工智能九大挑战，每一项在未来的天基传输网络中都更具有挑战性。

9.2.3　小结

本章主要给出了两个方面的新技术研究方向，一是天基传输网络的内外融合方向，二是人工智能方向。天基传输网络的内外融合方向已经具有一定的基础和成果，但是从实际应用来看，还没有形成融合的能力；通信中继融合、高低轨融合、信息网与传输网融合等方向预计未来几年会取得显著进步。对于人工智能方向，从基本理解、基础算法、典型应用方向、制约因素、研究方法等方面给出了作者自己的思考，旨在引起高度重视和广泛关注，全方位促进该方向的发展。

参考文献

[1] 吴建平, 姜会林, 丁莹, 等. 天地一体化网络发展现状及趋势研究[R]. 2012.

[2] 吴曼青, 吴巍, 周彬, 等. 天地一体化信息网络总体架构设想[J]. 卫星与网络, 2016(3): 30-36.

[3] 闵士权. 我国天地一体化综合信息网络构想[J]. 卫星应用, 2016(1): 27-37.

[4] 国家发展改革委, 财政部, 国防科工局. 国家民用空间基础设施中长期发展规划(2015—2025年)[J]. 卫星应用, 2015(11): 64-70.

[5] 闵士权. 我国天地一体化信息网络构想(一)[J]. 数字通信世界, 2016(6): 28-29.

[6] 张乃通, 赵康健, 刘功亮. 对建设我国“天地一体化信息网络”的思考[J]. 中国电子科学研究院学报, 2015, 10(3): 223-230.

[7] 沈荣骏. 我国天地一体化航天互联网构想[J]. 中国工程科学, 2006, 8(10): 19-30.

[8] 朱贵伟. 美军卫星通信弹性体系发展研究[J]. 国际太空, 2015(12): 33-41.

[9] 许华醒. 量子通信网络发展概述[J]. 中国电子科学研究院学报, 2014, 9(3): 259-271.

[10] 汪春霆, 张俊祥, 潘申富, 等. 卫星通信系统[M]. 北京: 国防工业出版社, 2012.

[11] CHERUBINI G, ELEFTHERIOU E, OLCER S. Filtered multitone modulation for very high-speed digital subscriber lines[J]. IEEE Journal on Selected Areas in Communications, 2002, 20(5): 1016-1028.

[12] 李超. Polar Codes 编译码算法研究及应用[D]. 成都: 电子科技大学, 2013.

[13] 孙晨华, 李辉, 张方明, 等. MF-TDMA 宽带卫星通信网络[M]. 北京: 电子工业出版社, 2021.

[14] 梅文华, 等. 跳频通信[M]. 北京: 国防工业出版社, 2005.

[15] 赵尚弘, 吴继礼, 李勇军, 等. 卫星激光通信现状与发展趋势[J]. 激光与光电子学进展, 2011, 48(9): 28-42.

[16] 赵静, 赵尚弘, 李勇军, 等. 星间激光链路数据中继技术研究进展[J]. 红外与激光工程, 2013, 42(11): 3103-3110.

[17] 罗阳. 宽带卫星通信系统多址接入与带宽分配策略研究[D]. 重庆: 重庆大学, 2014.

[18] 孙晨华, 张亚生, 何辞, 等. 计算机网络与卫星通信网络融合技术[M]. 北京: 国防工业出版社, 2016.

[19] 朱红, 刘婧, 张怡, 等. 一种宽带通信卫星系统点对点协议模型[J]. 空间电子技术, 2016, 13(2): 31-34.

[20] 王旭阳, 孙晨华, 马广龙. 基于标识/位置分离的卫星网路由架构研究[J]. 无线电工程, 2014, 44(3): 8-10, 72.

[21] SUN C H, YIN B, DOU Z B, et al. A routing protocol combining link state and distance vector for GEO-GEO satellite backbone network[J]. Mobile Networks and Applications, 2019, 24(6): 1937-1946.

[22] 岳雅楠. 软定义光交换技术及实验系统设计[D]. 北京: 北京邮电大学, 2015.

[23] 杨冠男, 李文峰, 张兴敢. 天地一体化信息网络协议体系与传输性能简析[J]. 中兴通讯技术, 2016, 22(4): 39-45.

[24] 谢希仁. 计算机网络[M]. 北京: 电子工业出版社, 2008.

[25] 郭铭. 移动通信简史: 从 1G 到 5G[M]. 北京: 北京邮电大学出版社, 2020.

[26] LAGRANGE X, GODLEWSKI P, TABBANE S. GSM 网络与 GPRS[M]. 顾肇基, 译. 北京: 电子工业出版社, 2002.

[27] CCSDS. IP over CCSDS space links, recommendation for spcase data system standards: CCSDS 702. 1-B-1[Z]. 2012.

[28] 王洪全, 刘天华, 欧阳承曦, 等. 基于星基的 ADS-B 系统现状及发展建议[J]. 通信技术, 2017, 50(11): 2483-2489.

[29] 邓连印, 邓忠辰. 美军典型卫星通信应用装备发展分析[J]. 卫星应用, 2015(2): 45-49.

[30] 樊文平, 卢建新. 运载火箭遥测数据天基中继技术研究[J]. 无线电工程, 2017, 47(8): 36-39.

[31] 王胡成, 徐晖, 孙韶辉. 融合卫星通信的 5G 网络技术研究[J]. 无线电通信技术, 2021, 47(5): 535-542.

[32] 孙晨华, 章劲松, 赵伟松, 等. 高低轨宽带卫星通信系统特点对比分析[J]. 无线电通信技术, 2020, 46(5): 505-510.

[33] 孙晨华, 庞策. 低轨卫星互联网体系和技术体制研究发展路线思考[J]. 无线电通信技术, 2021, 47(5): 521-527.

[34] ANGELETTI P, PRIM D F, RINALDO R. Beam hopping in multi-beam broadband satellite systems: system performance and payload architecture analysis[C]//Proceedings of 24th AIAA International Communications Satellite Systems Conference. Reston: AIAA, 2006.

[35] RAO Y, WANG R C. Performance of QoS routing using genetic algorithm for Polar-orbit LEO satellite networks[J]. AEU - International Journal of Electronics and Communications,

2011, 65(6): 530-538.

[36] ANZALCHI J, COUCHMAN A, GABELLINI P, et al. Beam hopping in multi-beam broadband satellite systems: system simulation and performance comparison with non-hopped systems[C]//Proceedings of 2010 5th Advanced Satellite Multimedia Systems Conference and the 11th Signal Processing for Space Communications Workshop. Piscataway: IEEE Press, 2010: 248-255.

[37] PACHLER N, LUIS J J G, GUERSTER M, et al. Allocating power and bandwidth in multibeam satellite systems using particle swarm optimization[C]//Proceedings of 2020 IEEE Aerospace Conference. Piscataway: IEEE Press, 2020: 1-11.

[38] DURAND F R, ABRÃO T. Power allocation in multibeam satellites based on particle swarm optimization[J]. AEU - International Journal of Electronics and Communications, 2017, 78: 124-133.

[39] CAMINO J T, MOURGUES S, ARTIGUES C, et al. A greedy approach combined with graph coloring for non-uniform beam layouts under antenna constraints in multibeam satellite systems[C]//Proceedings of 2014 7th Advanced Satellite Multimedia Systems Conference and the 13th Signal Processing for Space Communications Workshop. Piscataway: IEEE Press, 2014: 374-381.

[40] COCCO G, DE COLA T, ANGELONE M, et al. Radio resource management optimization of flexible satellite payloads for DVB-S2 systems[J]. IEEE Transactions on Broadcasting, 2018, 64(2): 266-280.

[41] HU X, ZHANG Y C, LIAO X L, et al. Dynamic beam hopping method based on multi-objective deep reinforcement learning for next generation satellite broadband systems[J]. IEEE Transactions on Broadcasting, 2020, 66(3): 630-646.

[42] GONG X T, SUN L J, ZHOU J, et al. Adaptive routing strategy based on improved Q-learning for satellite Internet of Things[C]//Proceedings of the 2020 International Conference on Security, Privacy, and Anonymity in Computation, Communication, and Storage, 2021: 161-172.

[43] FERREIRA P V R, PAFFENROTH R, WYGLINSKI A M, et al. Multiobjective reinforcement learning for cognitive satellite communications using deep neural network ensembles[J]. IEEE Journal on Selected Areas in Communications, 2018, 36(5): 1030-1041.

[44] HU X, LIU S J, CHEN R, et al. A deep reinforcement learning-based framework for dynamic resource allocation in multibeam satellite systems[J]. IEEE Communications Letters, 2018, 22(8): 1612-1615.

[45] LUIS J J G, GUERSTER M, DEL PORTILLO I, et al. Deep reinforcement learning for conti-

nuous power allocation in flexible high throughput satellites[C]//Proceedings of 2019 IEEE Cognitive Communications for Aerospace Applications Workshop. Piscataway: IEEE Press, 2019: 1-4.

[46] FUNABIKI N, NISHIKAWA S. A gradual neural-network approach for frequency assignment in satellite communication systems[J]. IEEE Transactions on Neural Networks, 1997, 8(6): 1359-1370.

缩略语

英文缩写	英文全称	中文释义
3GPP	The 3rd Generation Partnership Project	第三代合作伙伴计划
ACI	Adjacent Channel Interference	相邻信道干扰
ACM	Adaptive Coding Modulation	自适应编码调制
ACU	Antenna Control Unit	天线控制单元
ADS-B	Automatic Dependent Surveillance-Broadcast	广播式自动相关监视
AEHF	Advanced Extremely High Frequency	先进极高频
AIS	Automatic Identification System	船舶自动识别系统
ALOS	Advance Land Observing Satellite	先进陆地观测卫星
AM	Acknowledge Mode	确认模式
AMF	Access and Mobility Management Function	接入和移动性管理功能
AOS	Advanced Orbiting System	高级在轨系统
API	Application Programming Interface	应用程序接口
APSK	Amplitude Phase Shift Keying	幅度相移键控
ARP	Address Resolution Protocol	地址解析协议
ARQ	Automatic Repeat Request	自动重传请求
AS	Access Stratum	接入层
ASK	Amplitude Shift Keying	幅移键控
ATM	Asynchronous Transfer Mode	异步传输模式
B-DMC	Binary-input Discrete Memoryless Channel	二级制输入离散无记忆信道
BER	Bit Error Ratio	误码率

（续表）

英文缩写	英文全称	中文释义
BFSK	Binary Frequency Shift Keying	二进制频移键控
BGP	Border Gateway Protocol	边界网关协议
BGP-LS	BGP Link-State	BGP 链路状态协议
BPSK	Biphase-Shift Keying	双相移键控
BSC	Base Station Controller	基站控制器
BSS	Base Station Subsystem	基站子系统
BSSAP	Base Station System Application Part	基站子系统应用部分
BSSMAP	Base Station Subsystem Management Application Part	基站子系统管理应用部分
BST	Base Station Transceiver	基站收发信机
BTSM	BTS Management	基站管理
CC	Call Control	呼叫控制
CCSDS	The Consultative Committee for Space Data Systems	空间数据系统咨询委员会
CDMA	Code Divesion Multiple Access	码分多址
CFAR	Constant False Alarm Rate	恒虚警率
CFDP	CCSDS File delivery Protocol	CCSDS 文件传输协议
CM	Connection Management	连接管理
CN	Core Network	核心网
CPFSK	Continuous Phase Frequency Shift Keying	连续相位频移键控
CS	Circuit Switch	电路交换
CSI	Channel State Information	信道状态信息
DAMA	Demand Assigned Multiple Access	按需分配多路寻址
DCA	Dynamic Channel Allocation	动态信道分配
DFI	Deep Flow Inspection	深度流检测
DFT-S-OFDM	Discrete Fourier Transform Spread OFDM	基于离散傅里叶变换扩展的正交频分复用
DKAB	Dual Keep Alive Burst	双激活保持突发
DLCI	Data Link Connection Identifier	数据链路连接标识
DNS	Domain Name System	域名系统

（续表）

英文缩写	英文全称	中文释义
DOCSIS	Data-Over-Cable Service Interface Specifications	同轴电缆数据接口规范
DPI	Deep Packet Inspection	深度包检测
DS/DSSS	Direct Sequence Spread Spectrum	直接序列扩频
DSCS	Defense Satellite Communication System	国防卫星通信系统
DSP	Digital Signal Processor	数字信号处理器
DTAP	Direct Transfer Application Part	直接传输应用部分
DTCH	Dedicated Traffic Channel	专用业务信道
DTH	Direct to Home	直接入户
DTN	Delay Tolerant Network	容迟网络
DRTS	Data Relay Test Satellite	数据中继试验卫星
DU	Distributed Unit	分布单元
DVB	Digital Video Broadcast	数字视频广播
DVB-RCS	Digital Video Broadcast Return Channel via Satellite	卫星数字视频广播反向信道
DVB-S2	Digital Video Broadcasting-Satellite Second Generation	卫星数字视频广播第二代标准
DVB-S2X	Digital Video Broadcasting Extensions-Satellite Second Generation	卫星数字视频广播第二代标准扩展
EIRP	Effective Isotropic Radiated Power	有效全向辐射功率
ESA	European Space Agency	欧洲航天局
ETSI	European Telecommunications Standards Institute	欧洲电信标准组织
FCCH	Frequency Correction Channel	频率校正信道
FDCA	Fast Dynamic Channel Allocation	快速动态信道分配
FDD	Frequency-Division Duplex	频分双工
FDMA	Frequency Division Multiple Access	频分多址
FH/FHSS	Frequency Hopping Spread Spectrum	跳频扩频
FIR	Finite Impulse Response	有限冲激响应
FMT	Filtered Multi-Tone	滤波多音调制
FPGA	Field Programmable Gate Array	现场可编程门阵列
FSK	Frequency Shift Keying	频移键控

（续表）

英文缩写	英文全称	中文释义
FTP	File Transfer Protocol	文件传输协议
GBS	Global Broadcasting System	全球广播系统
GEO	Geostationary Earth Orbit	地球静止轨道
GFP	Generic Framing Procedure	通用成帧协议
GGSN	Gateway GPRS Support Node	GPRS 网关支持节点
GIG	Global Information Grid	全球信息栅格
GLONASS	Global Navigation Satellite System	全球导航卫星系统
GMM	GPRS Mobility Management	GPRS 移动性管理
GMR	GEO-Mobile Radio Interface Specifications	GEO 卫星移动通信系统空口技术规范
GMSC	Gateway Mobile Switching Center	关口移动交换中心
GMSK	Gaussian Minimum Frequency-Shift Keying	高斯最小频移键控
GPRS	General Packet Radio Service	通用分组无线业务
GPS	Global Positioning System	全球定位系统
GS	Gateway Station	关口站
GSM	Global System for Mobile Communications	全球移动通信系统
GTP	GPRS Tunnel Protocol	GPRS 隧道协议
GTS	Gateway Transceiver Station	关口站收发设备
HARQ	Hybrid-ARQ	混合自动重传请求
HCA	Hybrid Channel Allocation	混合信道分配
HDLC	High Level Data Link Control	高级数据链路控制
HEO	Highly Elliptical Orbit	高椭圆轨道
HLR	Home Location Register	归属位置寄存器
HTS	High Throughput Satellite	高通量卫星
HTTP	Hyper Text Transfer Protocol	超文本传输协议
HTTPS	Hypertext Transfer Protocol Secure	超文本传输安全协议
IBS/IDR	Intermediate Data Rate/Inter Domain Routing	中等数据速率/域间路由选择
ICI	Inter-Carrier Interference	载波间干扰
ICMP	Internet Control Message Protocol	因特网控制消息协议

（续表）

英文缩写	英文全称	中文释义
IETF	Internet Engineering Task Force	因特网工程任务组
IANA	Internet Assigned Numbers Authority	因特网编号管理局
IETF	Internet Engineering Task Force	因特网工程任务组
IGMP	Internet Group Management Protocol	互联网组管理协议
IGSO	Inclined Geo-Synchronous Orbit	倾斜地球同步轨道
IM/DD	Intensity Modulation Direct Detecton	强度调制直接检测
IMS	IP Multimedia Subsystem	IP 多媒体子系统
IoT	Internet of Things	物联网
IP	Internet Protocol	互联网协议
IRIS	Internet Routing in Space	空间互联网路由
IS-95	Interim-Standard 95	双模宽带扩频蜂窝系统的移动台-基站兼容标准
IS-IS	Intermediate System-to-Intermediate System	中间系统到中间系统
ISDN	Intergrated Services Digital Network	综合业务数字网
ISI	Intersymbol Interference	符号间干扰
ISP	Internet Service Provider	互联网服务提供者
ISS	International Space Station	国际空间站
ISUP	ISDN User Part	ISDN 用户部分
ITU	International Telecommunications Union	国际电信联盟
ITU-R	ITU-Radiocommunicationssector	国际电信联盟无线电通信组
ITU-T	ITU-T for ITU Telecommunication Standardization Sector	国际电信联盟电信标准部
Iu-PS	Packet Service Interface Unit	分组业务接口单元
JAXA	Japan Aerospace Exploration Agency	日本宇宙航空研究开发机构
JIE	Joint Information Environment	联合信息环境
JTRS	Joint Tactical Radio System	联合战术无线电系统
LDPC	Low Density Parity Check	低密度奇偶校验
LEO	Low Earth Orbit	低地球轨道
LNA	Low Noise Amplifier	低噪声放大器

（续表）

英文缩写	英文全称	中文释义
LTE	Long Term Evolution	长期演进技术
M2M	Machine to Machine	机器到机器
MAC	Media Access Control	媒体访问控制
MCPC	Multiple Channel Per Carrier	每载波多路
MEO	Medium Earth Orbit	中地球轨道
MES	Mobile Earth Station	移动地球站
MF-CDMA	Multiple Frequency-Code Division Multiple Access	多频码分多址
MF-TDMA	Multiple Frequency-Time Division Multiple Access	多频时分多址
MFSK	Multiple Frequency Shift Keying	多进制频移键控
MGW	Media Gateway	媒体网关
MIB	Management Information Base	管理信息库
MM	Mobile Management	移动性管理
MME	Mobile Management Entity	移动性管理实体
MPEG	Moving Picture Experts Group	动态图像专家组
MS	Mobile Station	移动台
MSC	Mobile Switching Center	移动交换中心
MSK	Minimum Frequency-Shift Keying	最小相位频移键控
MUOS	Mobile User Objective System	移动用户目标系统
NAS	Non-Access Stratum	非接入层
NAS-MM	NAS Message Management	NAS 消息管理
NAS-SM	NAS Session Management	NAS 会话管理
NAS-MM	NAS Message Management	NAS 消息管理
NAS-SM	NAS Session Management	NAS 会话管理
NASA	National Aeronautics and Space Administration	美国国家航空航天局
NAT	Network Address Translation	网络地址转换
NCC	Network Control Center	网络控制中心
NFV	Network Functions Virtualization	网络功能虚拟化
NSS	Network Station Subsystem	网络子系统

（续表）

英文缩写	英文全称	中文释义
OFDM	Orthogonal Frequency Divison Multiplexing	正交频分复用
OpenAMIP	Open Standard Antenna Modem Interface Protocol	开放标准天线调制解调器接口协议
OSI	Open Systems Interconnection	开放系统互连
OSPF	Open Shortest Path First	开放最短路径优先
OSS	Operational Support System	运行支撑系统
P-GW	Public Data Network GateWay	公用数据网网关
PBCH	Physical Broadcast Channel	物理广播信道
PCM	Pulse Code Modulation	脉冲编码调制
PDCP	Packet Data Convergence Protocol	分组数据汇聚协议
PDU	Protocol Data Unit	协议数据单元
PHY	Physical Layer	物理层
POP3	Post-Office Protocol Version 3	邮局协议版本 3
PS	Packet Switch	分组交换
PS-CG	PS Charging Gateway	分组域计费网关
PSK	Phase Shift Keying	相移键控
PSTN	Public Switched Telephone Network	公用电话交换网
PVC	Permanent Virtual Circuit	永久虚电路
QAM	Quadrature Amplitude Modulation	正交振幅调制
QoS	Quality of Service	服务质量
QPSK	Quadrature Phase-Shift Keying	四相移相键控
RANAP	Radio Access Network Application Part	无线接入网络应用部分
RARP	Reverse Address Resolution Protocol	逆地址解析协议
RCST	Return Channel Satellite Terminal	回传信道卫星终端
RIP	Routing Information Protocol	路由信息协议
RLC	Radio Link Control	无线链路控制协议
RNC	Radio Network Controller	无线网络控制器
RRC	Radio Resource Control	无线电资源控制

（续表）

英文缩写	英文全称	中文释义
RSM-A	Regenerative Satellite Mesh-A	基于星上再生处理的网状卫星系统通信标准 A
RSM-B	Regenerative Satellite Mesh-B	基于星上再生处理的网状卫星系统通信标准 B
RTCP	Real-time Transport Control Protocol	实时传输控制协议
RTP	Real-time Transport Protocol	实时传输协议
S-GW	Serving GateWay	服务网关
SBA	Service Based Architecture	服务式架构
SBD	Short Burst Data	短脉冲数据
SC-TDM	Single Carrier-Time Division Multiplexing	单载波时分复用
SCCP	Signaling Connection Control Part	信令连接控制部分
SCID	Spacecraft Identifier	航天器标识符
SCPC	Single Channel Per Carrier	单路单载波
SCPS	Space Communication Protocol Standards	空间通信协议标准
SCTP	Stream Control Transmission Protocol	流控制传输协议
SDAP	Service Data Adaptation Protocol	服务数据适配协议
SDCA	Slow Dynamic Channel Allocation	慢速动态信道分配
SDMA	Space Division Multiple Access	空分多址
SDN	Software Defined Network	软件定义网络
SDS	Satellite Data System	卫星数据系统
SFD	Saturation Flux Density	饱和通量密度
SGSN	Serving GPRS Support Node	GPRS 服务支持节点
SIP	Session Initiation Protocol	会话起始协议
SM	Session Management	会话管理
SMF	Session Management Function	会话管理功能
SMS	Short Message Service	短消息业务
SMTP	Simple Mail Transfer Protocol	简单邮件传输协议
SNMP	Simple Network Management Protocol	简单网络管理协议
SNR	Signal to Noise Ratio	信噪比

（续表）

英文缩写	英文全称	中文释义
SOVA	Soft Output Viterbi Algorithm	软输出维特比算法
SPP	Space Packet Protocol	空间分组协议
SS	Supplementary Service	补充业务
SSO	Sun Synchronous Orbit	太阳同步轨道
TD-SCDMA	Time Division-Synchronous Code Division Multiple Access	时分同步码分多路访问
TDD	Time-Division Duplex	时分双工
TDM	Time Division Multiplexing	时分复用
TDMA	Time Division Multiple Access	时分多址
TEID	Tunnel Endpoint Identifier	隧道端点标识
TM	Transparent Mode	透明模式
TUP	Telephone User Part	电话用户部分
UDP	User Datagram Protocol	用户数据报协议
UE	User Equipment	用户设备
UFO	UHF Follow-On	特高频后续
UHF	Ultrahigh Frequency	特高频
UM	Unacknowledged Mode	非确认模式
UPF	User Plane Function	用户面功能
VCI	Virtual Channel Identifier	虚信道标识符
VLR	Visitor Location Register	漫游位置寄存器
VoIP	Voice Over Internet Protocol	IP 电话
VP	Virtual Path	虚路径
VPI	Virtual Path Identifier	虚路径标识符
VPN	Virtual Private Network	虚拟专用网络
VSAT	Very Small Aperture Terminal	甚小口径天线终端
VTDM	Variable Bit-rate Time Division Multiplexing	变速率时分复用
WCDMA	Wideband Code Division Multiple Access	宽带码分多址
WiMax	World Interoperability for Microwave Access	全球微波接入互操作性
WGS	Wideband Global Satellite	宽带全球卫星

名词索引